21世纪新概念全能实战规划教材

中文版
AutoCAD
2022
基础教程

马飞 马斌◎编著

北京大学出版社
PEKING UNIVERSITY PRESS

内 容 简 介

AutoCAD是一款功能强大的辅助设计软件，广泛应用于建筑设计、机械绘图、装饰装潢、园林景观等相关行业领域。

本书以案例为引导，系统并全面地讲解了最新版AutoCAD 2022辅助设计的相关功能与技能应用。内容包括：AutoCAD 2022入门知识与基础操作，二维图形的绘制与编辑修改，图层、块和设计中心的应用，图案填充与对象特性，图形尺寸标注方法，文本、表格的创建与编辑，三维图形的创建与修改，动画、灯光、材质与渲染应用。在本书的最后还安排了一章案例实训的内容，通过本章的学习，可以提升读者使用AutoCAD辅助设计的综合实战水平。

全书内容安排由浅入深，语言通俗易懂，实例题材丰富多样，每个操作步骤的介绍都清晰准确。特别适合广大职业院校及计算机培训学校作为相关专业的教材用书，同时也可作为广大AutoCAD初学者、设计爱好者的学习参考书。

图书在版编目(CIP)数据

中文版AutoCAD 2022基础教程 / 马飞，马斌编著. — 北京：北京大学出版社，2023.3
ISBN 978-7-301-33745-5

Ⅰ.①中… Ⅱ.①马… ②马… Ⅲ.①AutoCAD软件 – 教材 Ⅳ.①TP391.72

中国国家版本馆CIP数据核字（2023）第026375号

书　　　　名	中文版AutoCAD 2022基础教程
	ZHONGWEN BAN AutoCAD 2022 JICHU JIAOCHENG
著作责任者	马飞　马斌　编著
责 任 编 辑	刘沈君
标 准 书 号	ISBN 978-7-301-33745-5
出 版 发 行	北京大学出版社
地　　　　址	北京市海淀区成府路205号　100871
网　　　　址	http://www.pup.cn　　　新浪微博：@北京大学出版社
电 子 信 箱	pup7@pup.cn
电　　　　话	邮购部 010–62752015　发行部 010–62750672　编辑部 010–62570390
印 刷 者	三河市博文印刷有限公司
经 销 者	新华书店
	787毫米×1092毫米　16开本　19.75印张　475千字
	2023年3月第1版　2023年3月第1次印刷
印　　　　数	1–3000册
定　　　　价	69.00元

Preface 前言

AutoCAD是目前最流行的辅助设计软件之一，其功能非常强大，使用起来非常方便。AutoCAD 2022凭借高智能化、直观生动的交互界面和高速强大的图形处理功能，广泛应用于建筑设计、机械绘图、装饰装潢、园林景观等相关行业领域。

本书内容介绍

本书以案例为引导，系统并全面地讲解了最新版AutoCAD 2022辅助设计的相关功能与技能应用。内容包括：第1章 AutoCAD 2022快速入门；第2章 AutoCAD 2022的基础操作；第3章 创建常用二维图形；第4章 编辑二维图形；第5章 图层、图块和设计中心；第6章 图案填充与对象特性；第7章 尺寸标注与查询；第8章 文本、表格的创建与编辑；第9章 创建常用三维图形；第10章 编辑常用三维图形；第11章 动画、灯光、材质与渲染；第12章 商业案例实训。通过学习前面1~11章的内容，读者可以掌握AutoCAD 2022软件相关功能模块的操作应用，通过最后一章案例实训的学习，可以提升读者使用AutoCAD辅助设计的综合实战水平。

本书特色

（1）由浅入深，易学易懂。全书内容安排由浅入深，语言通俗易懂，实例题材丰富多样，每个操作步骤的介绍都清晰准确。特别适合广大职业院校及计算机培训学校作为相关专业的教材用书，同时也可作为广大AutoCAD初学者、设计爱好者的学习参考用书。

（2）内容全面，图解操作。本书内容翔实，系统全面，采用"步骤讲述＋配图说明"的方式进行编写，操作简单明了，浅显易懂。图书配有丰富的学习资源，包括本书中所有案例的素材文件与最终效果文件。同时还配有与书中内容同步的多媒体教学视频，帮助读者轻松掌握AutoCAD 2022辅助设计技能。

（3）案例丰富，实用性强。全书安排了23个"课堂范例"，帮助初学者认识和掌握相关工具、命令的实战应用；安排了31个"课堂问答"，帮助初学者解答学习过程中的疑难问题；安排了11个"上机实战"和11个"同步训练"的综合例子，提升初学者的实战技能水平；除第12章外，每章后面都安排有"知识能力测试"的习题，认真完成这些测试习题，可以巩固知识技能。

本书知识结构图

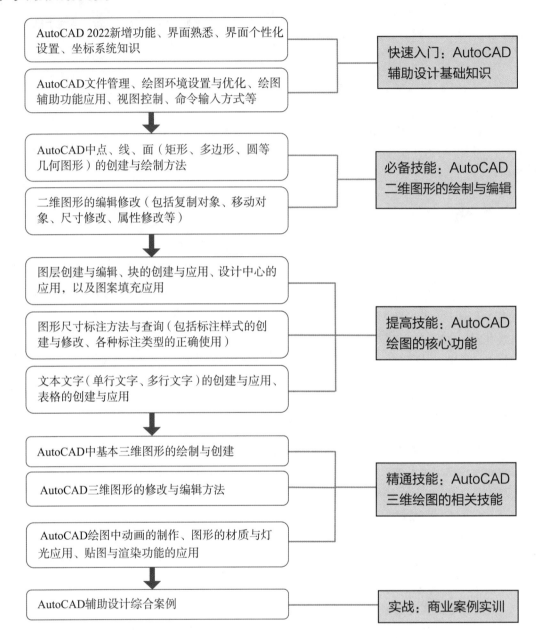

教学课时安排

本书综合了 AutoCAD 2022 软件的功能应用，现给出本书教学的参考课时（共 68 个课时），主要包括老师讲授 42 课时和学生上机实训 26 课时两部分，具体见下表。

章节内容	课时分配	
	教师讲授	学生上机
第 1 章　AutoCAD 2022 快速入门	1	1
第 2 章　AutoCAD 2022 的基础操作	2	1
第 3 章　创建常用二维图形	3	2
第 4 章　编辑二维图形	4	3
第 5 章　图层、块和设计中心	4	2
第 6 章　图案填充与对象特性	4	2
第 7 章　尺寸标注与查询	5	3
第 8 章　文本、表格的创建与编辑	4	2
第 9 章　创建常用三维图形	4	2
第 10 章　编辑常用三维图形	4	2
第 11 章　动画、灯光、材质与渲染	3	2
第 12 章　商业案例实训	4	4
合　计	42	26

学习资源与下载说明

本书附赠相关学习资源和教学视频，具体内容如下。

1. 素材文件

指本书中所有章节实例的素材文件。可以参考图书讲解内容，打开对应的素材文件进行同步操作练习。

2. 结果文件

指本书中所有章节实例的最终效果文件。读者在学习时，可以打开结果文件，查看其实例效果，为自己在学习中的练习操作提供帮助。

3. 视频教学文件

本书为读者提供了与书同步的视频教程。读者可以通过相关的视频播放软件打开每章中的视频文件进行学习，并且每个视频都有语音讲解，非常适合零基础的读者学习。

4. PPT 课件

本书为教师提供了非常方便的 PPT 教学课件，方便教学使用。

5. 习题及答案

本书提供了3套"知识与能力总复习题"，便于检测读者对本书内容的掌握情况。章节后面的"知识能力测试"及3套"知识与能力总复习题"的参考答案，可参考下载资源中的"参考答案"文件。

6. 其他赠送资源

本书为了提高读者对软件的实际应用水平，综合整理了"设计软件在不同行业中的学习指导"，方便读者结合其他软件灵活掌握设计技巧，学以致用。

温馨提示：以上资源，请用手机微信扫描下方二维码关注微信公众号，输入本书77页的资源下载码，获取下载地址及密码。

创作者说

本书由凤凰高新教育策划，由马飞、马斌老师合作编写。在本书的编写过程中，我们竭尽所能地为您呈现最好、最全的实用功能，但仍难免有疏漏和不妥之处，敬请广大读者不吝指正。若您在学习过程中产生疑问或有任何建议，可以通过E-mail与我们联系。读者信箱：2751801073@qq.com。

CONTENTS 目 录

AutoCAD 2022

第1章
AutoCAD 2022快速入门

　　AutoCAD是美国Autodesk公司开发的一款计算机辅助设计软件，是目前市场上使用率非常高的计算机辅助绘图和设计软件，广泛应用于机械、建筑、室内装饰装潢设计等领域，可以轻松实现各类图形的绘制。本章将对AutoCAD 2022的新增功能、应用领域、工作界面等进行介绍，帮助读者为后期的学习打下良好的基础。

学习目标

- 了解 AutoCAD 2022 的新增功能
- 熟练掌握 AutoCAD 2022 的启用及退出方法
- 熟练掌握 AutoCAD 2022 工作界面的应用方法

1.1 认识 AutoCAD

使用AutoCAD 2022之前，首先要对软件有清晰的认识。

1.1.1 AutoCAD 概述

AutoCAD（Autodesk Computer Aided Design）是美国Autodesk公司开发设计的一款交互式绘图软件，用于二维及三维设计、绘图。AutoCAD作为最灵活的绘图软件之一被应用于各个领域，具有如下特点。

（1）具有完善的图形绘制功能。

（2）具有强大的图形编辑功能。

（3）可以采用多种方式进行二次开发或用户定制。

（4）可以进行多种图形格式的转换，具有较强的数据交换能力。

（5）支持多种硬件设备。

（6）支持多种操作系统。

（7）具有通用性、易用性，适用于各类用户。

随着软件版本的不断更新，AutoCAD的功能也越来越强大，已经从最初简易的二维绘图软件发展为集三维设计、通用数据库管理及 Internet 通信于一体的通用计算机辅助绘图软件，如图 1-1 所示。AutoCAD 与 3ds Max、Lightscape、Photoshop 等图形处理软件相结合，能够实现具有真实感的三维透视和动画图形，如图 1-2 所示。

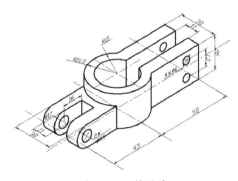

图 1-1　三维设计

图 1-2　具有真实感的三维透视图形

1.1.2 AutoCAD 2022新增功能

AutoCAD 由最早的 V1.0 版升级到了目前的 2022 版。AutoCAD 2022 提供了更快、更可靠的全新安装和展开体验，可以更快地启动和运行。

温馨提示　AutoCAD 2022 底部的状态栏进行了整体优化，更实用、便捷，硬件加速效果很明显。

接下来简单介绍AutoCAD 2022 的新增功能。

1. 【开始】选项卡升级

AutoCAD 2022 增加了【开始】选项卡的新功能，改进了与 Autodesk Docs 的连接，现在，使用【开始】选项卡访问 Autodesk Docs 上的文件响应更快。

AutoCAD 成功启动后，进入【开始】选项卡界面，该界面亮显常用版块：继续工作、开始新工作、了解、参与，在【学习】版块单击【新特性】命令，可以打开网页版新功能。

技能拓展

【开始】选项卡会亮显最常见的需求，如下。

（1）继续工作：从上次离开的位置继续工作。

（2）开始新工作：从空白状态、样板内容或已知位置的现有内容开始新工作。

（3）了解：浏览产品、学习新技能或提高现有技能、发现更改内容或接收相关通知。

（4）参与：参与客户社区、提供反馈或者联系客户帮助或支持。

2. 跟踪功能

AutoCAD 2022 在 Web 和移动应用程序中创建跟踪，将图形发送或共享给协作者，以便他们可以查看跟踪其内容。功能略有不同，具体取决于所使用的应用程序版本。

3. 【计数】选项板

AutoCAD 2022 的新功能还包括【计数】选项板，该选项板可以用来显示和管理当前图形中计数的块。当处于活动计数中时，【计数】选项板显示在绘图区域的顶部。【计数】选项板包含对象和问题的数量，以及其他用于管理计数的对象的控件。

温馨提示

【计数详细信息】图标会根据当前计数是否包含错误而变化。单击❶按钮或⚠按钮打开【计数】选项板并查看更多详细信息。单击❶按钮显示计数条件，包括计数的对象的常规特性，以及用户定义的任何块属性和参数。单击⚠按钮显示计数条件，包括常规特性、用户定义的块属性和参数，以及计数的对象的问题报告。问题包括重叠、分解或重命名的对象。

4. 浮动图形窗口

AutoCAD 2022 可以将某个图形文件选项卡拖离 AutoCAD 应用程序窗口，从而创建一个浮动图形窗口。浮动图形窗口功能的优势：可以同时显示多个图形文件，而无须在选项卡之间切换。

在文件名称后单击【新图形】按钮，新建图形文件"Drawing1"，鼠标指针移动到"Drawing1"名称栏上，按住鼠标左键不放，向下拖动，即可创建"Drawing1"的浮动窗口。

温馨提示

浮动窗口可以将一个或多个图形文件移动到另一个监视器上。

5. 三维图形技术预览

AutoCAD 2022 包含为 AutoCAD 开发的全新跨平台三维图形系统的技术预览，以便利用所有功能强大的现代 GPU 和多核 CPU 来为更大的图形提供流畅的导航体验。

默认情况下，该技术预览处于禁用状态。启用后，现代图形系统将采用"着色"视觉样式接管视口。现代图形系统最终可能会取代现有三维图形系统。由于此功能是技术预览，因此详细信息和功能可能会随时更改。

6. 修改的命令行选项

在命令行窗口中，左侧区域的【自定义】按钮可以设置"自动完成项目"，也可以打开【选项】面板；在命令提示与输入行最左端显示的是【最近使用的命令】按钮，保存了最近使用的命令。AutoCAD 2022 修改了命令行选项，不再是默认的命令窗口，而是在绘图区显示命令行。要使用命令窗口，可将命令行拖动到左下角状态栏上方，释放鼠标，即可显示命令窗口。

7. 工具集新特征

标准工具集模板中心某些模板已更新。在 AutoCAD Mechanical 2022 中编辑现有工程图中的零件时，系统可能会提示用户更新工具集。

8.【共享图形】按钮

共享指向当前图形副本的链接，以在 AutoCAD Web 应用程序中查看或编辑，包括所有相关的 DWG 外部参照和图像。

共享的工作方式类似于 AutoCAD 桌面中的 ETRANSMIT。共享文件包括所有相关从属文件，如外部参照文件和字体文件。任何有该链接的用户都可以在 AutoCAD Web 应用程序中访问该图形，该链接将于其创建的七天之后过期。可以为收件人选择两个权限级别：【仅查看】和【编辑和保存副本】。在【自定义快速访问工具栏】中单击【共享】按钮 ，即可打开【共享指向当前图形副本的链接】对话框。

1.1.3　AutoCAD应用领域

AutoCAD 通用性强，操作简单，易学易用，用户群体庞大，其主要应用领域包括建筑、工程和施工（AEC）、机械制造、地理信息系统（GIS）、测绘与土木工程、设施管理、电气、电子等领域。

除此之外，AutoCAD 还有一些鲜为人知的应用，例如，服装业中的服装制版和标识制作等。在追求精确尺寸且操作简单的辅助设计软件中，AutoCAD 可谓是当之无愧的领头羊。

1.2　AutoCAD 的启动与退出

安装AutoCAD 2022后，接下来介绍AutoCAD 2022 的启动与退出方法。

1.2.1　启动 AutoCAD 2022

安装 AutoCAD 2022 程序后，桌面自动创建 AutoCAD 2022 快捷图标，可通过该图标启动软件，具体步骤如下。

步骤 01　使用鼠标在桌面上双击 AutoCAD 2022 快捷图标，如图 1-3 所示。

步骤 02　即可启动程序，进入【开始】选项卡，如图 1-4 所示。

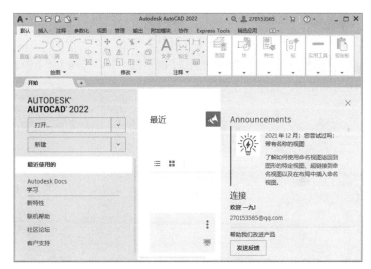

图 1-3　双击图标　　　　　　　　　　　图 1-4　进入【开始】选项卡

技能拓展

除了双击桌面图标外，还有以下方法可以启动 AutoCAD 2022。

（1）菜单命令。在程序图标 A 上右击，选择【打开】选项。

（2）双击磁盘里【*.dwg】格式的图形文件，其文件图标为 ▦。

步骤 03　单击【新建】按钮，如图 1-5 所示。

步骤 04　即可进入 AutoCAD 2022 的工作界面，如图 1-6 所示。

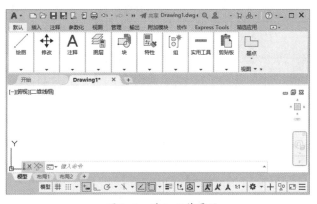

图 1-5　单击【新建】按钮　　　　　　　图 1-6　进入工作界面

AutoCAD 2022 启动完成后，程序会自动新建一个名为【Drawing1.dwg】的文件，表示软件启动成功。

1.2.2 关闭图形并退出 AutoCAD 2022

在完成 AutoCAD 2022 程序的使用后，即可关闭图形并退出程序。具体操作步骤如下。

步骤 01 在 AutoCAD 的工作界面中有两组控制按钮，使用时可以在不关闭软件的情况下关闭图形。单击绘图区域右上角的【关闭】按钮✕，如图 1-7 所示。

步骤 02 在打开的【AutoCAD】提示框中单击【是】或【否】按钮，即可在不关闭程序的情况下关闭图形文件，如图 1-8 所示。

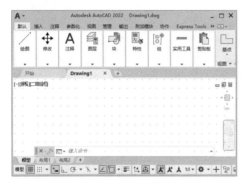

图 1-7 单击【关闭】按钮

图 1-8 单击【否】按钮

步骤 03 单击 AutoCAD 2022 应用程序窗口右上角的【关闭】按钮✕，即可退出 AutoCAD 2022 应用程序，如图 1-9 所示。

图 1-9 单击【关闭】按钮退出程序

技能
拓展

如果用户是第一次保存此文件，或者在一个图形文件中进行了一些操作或更改，但又没有保存文件，那么在关闭时将弹出一个对话框，提示是否对这些更改进行保存，这时根据需要选择【是】或【否】；若要继续绘制图形，单击【取消】按钮，返回 AutoCAD 应用程序操作状态，图形不关闭。

技能
拓展

除了使用按钮组外，还有以下方法可以关闭并退出程序。

（1）使用菜单命令。单击【菜单浏览器】按钮 A▾，选择【退出 Autodesk AutoCAD 2022】命令。

（2）使用键盘快捷键。按快捷键【Alt+F4】，即可退出 AutoCAD 2022 应用程序。

1.3 AutoCAD 界面介绍

为了方便初学者快速入门，二维绘图操作都在【草图与注释】工作空间中进行。本节将以【草图与注释】工作空间为例，介绍 AutoCAD 2022 的工作界面，主要分为应用程序、标题栏、功能区、绘图区域、命令窗口、状态栏 6 个部分。

1.3.1 应用程序

应用程序是指以 AutoCAD 的标志定义的一个按钮 **A·**，单击这个按钮可以打开一个下拉菜单，其中包含了【新建】【保存】【打开】【打印】等常用命令，也包括了搜索命令的搜索栏和文档列表区域，如图 1-10 所示。

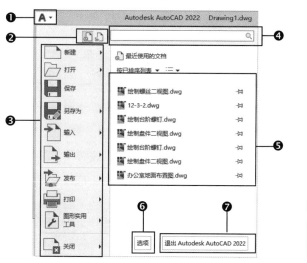

温馨提示
如果不小心启动了不想使用的命令，按【Esc】键退出即可。

图 1-10　【应用程序】菜单

❶【应用程序】按钮**A·**	单击**A·**按钮，打开下拉菜单
❷快速查看使用文档情况	【最近使用的文档】和【打开的文档】两个按钮，通过以图标或小、中、大预览图来显示文档名，鼠标指针在文档名上停留时，会显示一个预览图形和其他的文档信息，可以更快、更清晰地查看最近使用过或正在使用的文件情况
❸文件管理命令	在菜单左侧区域罗列的命令，如新建、打开、保存、输出、发布、打印、图形实用工具、关闭等，可根据绘图需要调用相应的命令
❹查找工具	菜单浏览器内的查找工具按钮，在查找中输入英文或汉字，软件会把程序里包含这个英文或汉字的所有条目以列表方式罗列出来
❺最近使用的文档	显示【最近使用的文档】的具体内容
❻【选项】按钮	单击该按钮可打开【选项】对话框，设置相关内容
❼【退出 Autodesk AutoCAD 2022】按钮	单击该按钮即可退出 AutoCAD 2022 应用程序

1.3.2 标题栏

标题栏是指 AutoCAD 2022 工作界面顶部区域中的内容，包括快速访问工具栏、工作空间、标题名称和控制按钮组。

1. 快速访问工具栏

快速访问工具栏的主要作用在于【快速访问】，也就是为了方便用户快速使用这些工具而设置的工具栏。具体操作步骤如下。

> **步骤 01** 启动 AutoCAD 2022 后，默认显示的快速访问工具栏如图 1-11 所示。
> **步骤 02** 单击【自定义快速访问工具栏】的展开按钮 ，打开快捷菜单，如图 1-12 所示。

温馨提示

在【自定义快速访问工具栏】快捷菜单中，可以根据需要自定义该工具栏。例如，将某个工具添加进来或将某个工具删除等。

图 1-11　默认的快速访问工具栏　　　　图 1-12　展开快捷菜单

> **步骤 03** 可以显示功能，如要显示【菜单栏】，在快速访问工具栏中单击展开按钮 ，选择【显示菜单栏】命令，如图 1-13 所示。
> **步骤 04** 快速访问工具栏下方即可显示菜单栏，再次单击【自定义快速访问工具栏】的展开按钮 ，在快捷菜单中选择【隐藏菜单栏】命令，即可隐藏菜单栏，如图 1-14 所示。

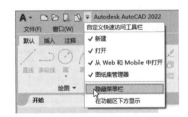

图 1-13　选择命令　　　　　　　　　图 1-14　选择命令

技能拓展

单击【快速访问工具栏】右侧的展开按钮 ，在【自定义快速访问工具栏】菜单里需要显示的命令前单击，出现 ✔，此命令即会显示。反之，单击 ✔，则取消显示。

2. 工作空间

为了满足不同用户的使用要求，AutoCAD 2022 提供了【草图与注释】【三维基础】和【三维建模】3 种工作空间模式，用户可以根据需要选择工作空间。具体操作步骤如下。

> **步骤 01** 启动 AutoCAD 2022 后，默认显示【草图与注释】工作空间，单击【草图与注释】下拉按钮，选择【三维建模】命令，如图 1-15 所示。

步骤 02 当前工作空间即转换为【三维建模】工作空间，如图 1-16 所示。

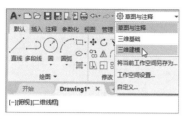

图 1-15 选择命令

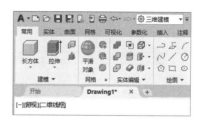

图 1-16 显示效果

技能
拓展

在状态栏中单击【切换工作空间】按钮 ⚙▼，也可以对工作界面进行切换。

3. 标题名称

标题名称位于 AutoCAD 2022 程序窗口的顶端，显示当前正在执行的程序名称及文件名等信息。在程序默认的情况下，创建的图形文件标题名称显示为 "Autodesk AutoCAD 2022 Drawing1.dwg"，如图 1-17 所示。如果打开的是一张保存过的图形文件，则显示的是文件名，如图 1-18 所示。

图 1-17 默认标题名称

图 1-18 以文件名显示的标题名称

4. 控制按钮组

标题栏的最右侧存放了 3 个按钮 _ 🗗 ✕，依次为【最小化】按钮 ━、【恢复窗口大小】按钮 🗗、【关闭】按钮 ✕，单击其中的某个按钮，将执行相应的操作。

1.3.3 功能区

AutoCAD 2022 的功能区位于标题栏的下方，在功能面板上的每一个图标都形象地代表一个命令，用户只需单击图标按钮，即可执行该命令。切换功能区的具体操作步骤如下。

步骤 01 启动 AutoCAD 2022 后，功能区默认显示内容如图 1-19 所示。

图 1-19 【默认】功能区

步骤 02 单击选项卡名称，如【注释】，功能区即显示【注释】内容，如图 1-20 所示。

图 1-20 【注释】功能区

1.3.4 绘图区域

AutoCAD 的绘图区域是绘制和编辑图形及创建文字和表格的区域。绘图区域主要包括文档标题栏、控制按钮、坐标系图标、十字光标和 ViewCube 工具等元素，如图 1-21 所示。

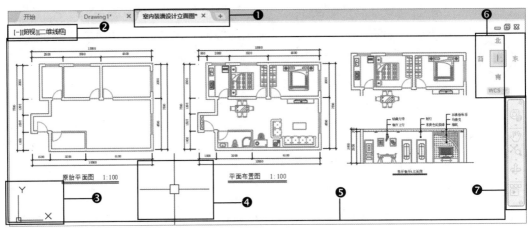

图 1-21 绘图区域

❶文档标题栏中的文件名	文档标题栏是从 AutoCAD 2014 开始出现的功能，可进行多项操作。①鼠标指针指向文档标题名称，则弹出面板显示当前绘图窗口的显示模式和可选择的显示模式。②在文档标题名称上右击，弹出快捷菜单，可选择命令执行相应操作
❷控制按钮	控制按钮包括【视口】控件、【视图】控件和【视觉样式】控件 3 个部分。【视口】控件用于设置绘图区域内排列的视口数量；【视图】控件用于更改标准预设视图；【视觉样式】控件用于更改模型的显示样式
❸坐标系	绘图区左下角显示的是当前的坐标系统，指示出当前作图的 X 轴方向和 Y 轴方向
❹十字光标	十字光标由两条相交的十字线和一个位于交点上的小方框组成。十字线用来显示鼠标指针相对于图形中其他对象的位置；而小方框叫作拾取框，用于选择或拾取对象。移动鼠标时，屏幕上的拾取框和十字线也随之移动
❺绘图区	工作界面中间的那片空白区域被称为图形窗口或绘图区域，可以将绘图区想象为一张纸，而且这张纸的大小是没有限制的

续表

❻ ViewCube 工具	ViewCube 是可以在模型的标准视图和等轴测视图之间进行切换的工具，通常以非活动状态显示在绘图区域的右上角，在视图更改时提供有关模型当前视点的直观反馈。将光标放置到 ViewCube 工具上时，该工具变为活动状态。可以拖动或单击 ViewCube，切换至可用预设视图之一、滚动当前视图或更改为模型的主视图
❼ 导航栏	包含导航控制盘、平移、缩放、动态观察等工具按钮的二维和三维导航工具

> **技能拓展**
>
> 有时候在绘图时需要同时打开几个文件，而当前窗口不能一次显示全部文件，只能逐一显示各文件，要在 AutoCAD 里进行多个文件之间的快速切换，可以使用快捷键【Ctrl＋Tab】。也可以单击文档标题栏中的文件名称，选取需要显示的文件。

1.3.5　命令窗口

绘图区下方是 AutoCAD 进行命令参数调整的区域，AutoCAD 2022 将命令窗口进行了调整，保留了【命令输入与提示区】，取消了【命令历史区】。调整该区域显示效果的具体操作步骤如下。

步骤 01 启动 AutoCAD 2022 后，命令输入与提示栏如图 1-22 所示。

步骤 02 输入并执行命令，命令提示效果如图 1-23 所示。

图 1-22　命令输入与提示栏

图 1-23　命令提示效果

步骤 03 在命令提示栏按住鼠标左键不放，如图 1-24 所示。

步骤 04 拖动到绘图区左下角释放鼠标左键，如图 1-25 所示。

步骤 05 即可显示为前版本的命令提示窗口，如图 1-26 所示。

图 1-24　按住鼠标左键不放

图 1-25　移动提示栏

图 1-26　显示效果

> **技能拓展**
>
> 命令历史区是显示系统反馈信息的地方，显示已经被执行完毕的命令。
>
> 命令输入与提示区是用户借助键盘输入 AutoCAD 命令的地方，当命令行显示命令提示符【键入命令】，即表示 AutoCAD 已处于准备接收命令的状态，此时通过键盘输入各种工具的英文命令或其快捷命令，然后按【Enter】键或空格键即可执行该命令。

使用命令窗口的具体操作步骤如下。

步骤01　启动程序后，命令历史区显示无操作；命令提示行显示为【键入命令】，表示可输入命令，如图1-27所示。

步骤02　输入【CIRCLE】命令C，提示框显示当前程序中首字母为C的命令，按空格键确定执行【CIRCLE】命令，如图1-28所示。

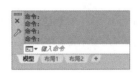

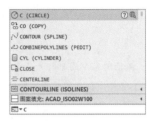

图1-27　命令窗口　　　　　　　　　　　　　　　　图1-28　输入命令

步骤03　系统执行命令时，该行显示操作提示，如提示在绘图区空白处单击指定圆心，根据提示输入【半径】，如300，按空格键确定，如图1-29所示。

步骤04　结束【CIRCLE】命令的操作；命令提示行显示为【键入命令】，如图1-30所示。

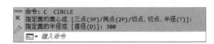

图1-29　执行命令　　　　　　　　　　　　　　　　图1-30　结束命令

技能拓展

在AutoCAD中，【Enter】键、空格键、鼠标左键都有确认执行命令的功能。由于空格键比【Enter】键操作起来更方便、快捷，因此除文字输入等特殊情况外，通常情况下可以使用空格键代替【Enter】键进行确认操作。命令行中"[ ]"中的内容表示各种可选项，各选项之间用"/"隔开；"<>"中的值为程序默认数值或此命令上一次执行的数值。

1.3.6　状态栏

状态栏位于AutoCAD工作界面的最下方，显示AutoCAD绘图状态属性。状态栏左侧为模型和布局切换选项卡，下侧为综合工具区域，如图1-31所示。

图1-31　状态栏

❶模型和布局切换选项卡	单击相应的按钮，即可在【模型】和【布局1】【布局2】之间进行切换
❷综合工具区域	包括辅助绘图工具和综合工具。辅助绘图工具主要用于设置一些辅助绘图功能，例如，设置点的捕捉方式、设置正交绘图模式、控制栅格显示等，虽然这些功能并不参与绘图，但是它们的作用更甚于绘图命令，因为它们可以使绘图工作更加流畅和方便。综合工具是对辅助绘图工具的补充

使用状态栏的具体操作步骤如下。

步骤 01 单击【布局 1】选项卡，绘图区显示为布局视口，如图 1-32 所示。

步骤 02 单击【栅格】按钮，使其呈蓝亮显示，即可打开栅格，如图 1-33 所示。

步骤 03 如果状态栏没有显示坐标，则单击【自定义】按钮 ☰，在菜单中勾选【坐标】复选框，如图 1-34 所示，状态栏即可显示坐标。

步骤 04 单击【切换工作空间】下拉按钮 ✿▾，然后单击【三维建模】工作空间，即可进行切换，如图 1-35 所示。

图 1-32　切换为布局 1

图 1-33　打开栅格

图 1-34　显示坐标

图 1-35　切换工作空间

技能拓展　辅助绘图工具位于综合工具左侧，绘图模式状态由相应的按钮来切换。如单击第一次打开，那么单击第二次关闭；反之，如单击第一次关闭，那么单击第二次打开。

📚 课堂范例——调整命令窗口的大小和位置

步骤 01 在命令提示区域按住鼠标左键不放，如图 1-36 所示。

步骤 02 拖动到绘图区左下角释放鼠标左键，即可显示命令提示窗口，如图 1-37 所示。

步骤 03 命令窗口与应用程序窗口等宽，可根据需要调整其大小。将鼠标指针指向命令窗口的上边界处，待光标变为 ⇳ 形状后，向上拖曳鼠标指针将命令窗口变大，如图 1-38 所示。

图 1-36　按住鼠标左键不放

图 1-37　移动提示栏

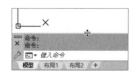

图 1-38　调整命令窗口的大小

步骤 04 鼠标指针指向命令窗口左侧控制栏的空白处，如图 1-39 所示。

步骤 05 单击并拖动即可移动命令窗口的位置，如图 1-40 所示。

步骤 06 单击并拖动命令窗口至原处，释放鼠标还原命令窗口的位置，如图 1-41 所示。

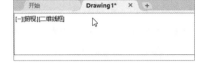

图 1-39　指向控制栏空白处　　图 1-40　移动命令窗口的位置　　图 1-41　还原命令窗口的位置

步骤 07　按快捷键【F2】，可使命令历史区以文本窗口的形式显示，如图 1-42 所示。

图 1-42　文本窗口

> **温馨提示**
>
> AutoCAD 的命令通常会提供一些选项，也可以称为子命令，用户需要根据这些选项来选择相应的操作，因此命令行是 AutoCAD 非常重要的一个功能。

👤💬 课堂问答

问题 1：如何隐藏或显示功能面板？

答：通过选项卡后的下拉按钮，可以隐藏或显示功能面板，具体操作方法如下。

步骤 01　如果要隐藏功能面板，单击选项卡后的下拉按钮，打开快捷面板，选择【最小化为选项卡】命令，如图 1-43 所示。

步骤 02　当前功能区只显示选项卡名称时，单击选项卡后的下拉按钮，打开快捷面板，选择【最小化为面板标题】命令，如图 1-44 所示。

图 1-43　打开快捷菜单

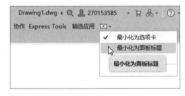

图 1-44　选择命令

步骤 03　当前功能区显示面板标题时，单击选项卡后的下拉按钮，打开快捷面板，选择【最小化为面板按钮】命令，如图 1-45 所示。

步骤 04　当前功能区显示面板按钮时，单击选项卡后的下拉按钮，选择【显示完整的功能区】命令，如图 1-46 所示，即可显示完整的功能区。

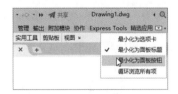

图 1-45　选择命令

图 1-46　选择【显示完整的功能区】命令

问题 2：坐标在 AutoCAD 中如何应用？

答：在实际操作中，要精确定位某个对象的位置，必须以坐标系作为参照。笛卡尔坐标系是 WCS（世界坐标系），也是 AutoCAD 默认的坐标系，又称为直角坐标系，由一个原点和两个通过原点相互垂直的坐标轴构成。其中，水平方向的坐标轴为 X 轴，以向右为其正方向；垂直方向的坐标轴为 Y 轴，以向上为其正方向。平面上任何一点都可以由 X 轴和 Y 轴构成，如某点的直角坐标为 (210,297)。常用的坐标输入有 3 种：绝对坐标、相对坐标和极坐标。

（1）绝对坐标即相对于坐标原点发生的变化，如 (420,297)。

（2）相对坐标即某点与相对点的相对位移值，在 AutoCAD 中，相对坐标用 "@" 标识，如 "@0,32"。

（3）极坐标由一个极点和一个极轴构成，方向为水平向右；以上一点为参考极点，输入极距增量和角度来定义下一个点的位置。其输入格式为 "距离<角度"。

问题 3：如何在【开始】选项卡切换文档标题和缩略图？

答：打开 AutoCAD 2022 程序后，在【开始】选项卡右侧的最近面板中单击【文档标题】按钮 ≡，面板中显示最近打开的文件名称、类型、使用时间；单击【文档缩略图】按钮 ▦，面板中显示最近打开的文件缩略图、名称、使用时间。

上机实战——设置个性化的工作界面

为了帮助读者巩固本章知识点，下面安排一个"上机实战"案例，使读者对本章知识有更深入的理解。

效果展示

思路分析

在 AutoCAD 中可以对工作界面进行设置，更改工作界面的显示内容，如切换工作空间、隐藏不常用的选项卡和面板、改变命令窗口的大小及位置等。

本例先打开选项卡菜单，显示或隐藏选项卡，然后可以调整功能区是以浮动方式显示，还是以默认方式显示。

制作步骤

步骤 01 在功能区面板的空白处右击，指向【显示选项卡】下拉命令，打开快捷菜单，如图 1-47 所示。

步骤 02 单击要隐藏的【协作】选项卡，通过该方法依次隐藏【精选应用】和【Express Tools】选项卡，如图 1-48 所示。

步骤 03 右击面板，在打开的列表中单击【显示面板】下的【组】命令，如图 1-49 所示。

图 1-47 打开快捷菜单　　　图 1-48 单击需要隐藏的选项卡　　　图 1-49 单击需要隐藏的面板名称

步骤 04 功能区面板中的【组】面板即被隐藏，如图 1-50 所示。

步骤 05 在功能区面板的空白处右击，在快捷菜单中单击【浮动】命令，如图 1-51 所示。

步骤 06 功能区面板即以浮动面板的方式显示，如图 1-52 所示。

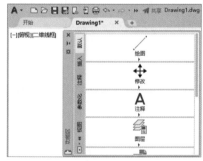

图 1-50 显示隐藏结果　　　图 1-51 单击【浮动】命令　　　图 1-52 面板浮动显示的效果

步骤 07 在浮动面板的左侧位置按住鼠标左键不放，将其拖动至原功能区面板的位置，如图 1-53 所示。

步骤 08 释放鼠标，功能区面板可恢复默认位置，如图 1-54 所示。

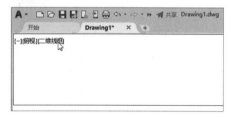

图 1-53 拖曳浮动面板　　　图 1-54 还原功能面板

⊕ **同步训练——调用菜单栏**

为了增强读者的动手能力，下面安排一个同步训练案例，让读者能举一反三，触类旁通。

图解流程

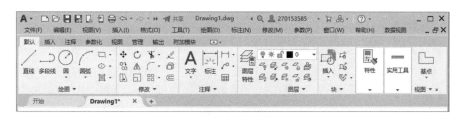

思路分析

在 AutoCAD 中设置文件内容的格式时，常常需要通过菜单栏来实现。AutoCAD 2022 没有设置【AutoCAD 经典】工作空间，所以需要手动调用菜单栏。

本例首先使用自定义快速访问工具调用菜单栏，再使用同样的方法隐藏菜单栏。

关键步骤

步骤01　启用 AutoCAD 2022，单击【自定义快速访问工具栏】后的展开按钮 ⏭，单击【工作空间】后的展开按钮 ▾，打开快捷菜单。

步骤02　在下拉列表中选择【显示菜单栏】命令，如图 1-55 所示。

步骤03　功能区面板上方显示菜单栏，如图 1-56 所示。

步骤04　使用完成后，如果要隐藏菜单栏，单击【自定义快速访问工具栏】后的展开按钮，打开快捷菜单。

步骤05　在下拉列表中选择【隐藏菜单栏】命令，即可隐藏菜单栏。

图 1-55　选择【显示菜单栏】命令

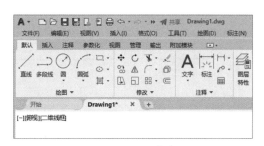

图 1-56　显示菜单栏

📝 知识能力测试

本章讲解了认识 AutoCAD 2022、AutoCAD 的启动与退出、AutoCAD 界面介绍，为对知识进行巩固和考核，请完成下面的练习题。

一、填空题

1. AutoCAD 2022 中增加了＿＿＿＿＿选项卡的新功能。

2. AutoCAD 2022 中的二维绘图操作都在＿＿＿＿＿工作空间中进行。

3. AutoCAD 的命令窗口是由＿＿＿＿＿和＿＿＿＿＿两个部分构成的。

二、选择题

1. AutoCAD 2022 中可以将某个图形文件选项卡拖离 AutoCAD 应用程序窗口，创建一个（　　　）。

A. 浮动功能区　　　　B. 浮动面板　　　　C. 浮动窗口　　　　D. 浮动工具栏

2. AutoCAD 2022 的工作界面主要包括（　　　）个部分。

A. 3　　　　　　　　B. 4　　　　　　　　C. 5　　　　　　　　D. 6

3. 状态栏左侧为模型和布局切换选项卡，右侧为（　　　）

A. 综合工具区域　　B. 坐标区域　　　　C. 选项卡　　　　　D. 面板

三、简答题

1. 在 AutoCAD 中，关闭图形与退出程序有什么不同？

2. 在 AutoCAD 中，功能区的作用是什么？

AutoCAD 2022

第2章
AutoCAD 2022的基础操作

本章主要讲解AutoCAD 2022绘图操作的基础内容，包括文件的基本操作、设置绘图环境、设置辅助功能、视图控制、执行命令的方式等入门知识，是精确绘图不可缺少的部分。

学习目标

- 掌握文件的基本操作
- 掌握设置绘图环境的方法
- 掌握设置辅助功能的方法
- 掌握视图控制的方法
- 掌握执行命令的方式

2.1 文件的基本操作

文件的基本操作指图形文件的管理，是针对 AutoCAD 图形文件的管理操作，包括新建图形文件、保存图形文件、打开图形文件及退出图形文件等操作。

2.1.1 新建图形文件

在 AutoCAD 中，新建图形文件是指新建一个程序默认的样板文件，也可以在【选择样板】对话框中选择一个样板文件，作为新图形文件的基础。具体操作步骤如下。

步骤 01 启动 AutoCAD 2022，进入【开始】选项卡，单击【新建】按钮，如图 2-1 所示。

步骤 02 即可新建一个名为"Drawing1.dwg"的空白图形文件，如图 2-2 所示。

图 2-1 单击【新建】按钮

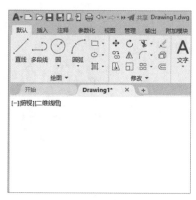

图 2-2 新建文件

温馨提示
每次启动 AutoCAD 2022，应用程序都会默认建立名为"Drawing1.dwg"的图形文件。在新建图形文件的过程中，默认图形名会随打开的新图形的数目而变化。例如，如果从样板文件中打开另一个图形，则默认的图形名为"Drawing2.dwg"。

2.1.2 保存图形文件

绘图前首先要对文件进行命名并存储。在绘制图形的过程中要及时对文件进行保存，可以避免因死机或停电等意外状况而造成数据丢失。保存文件的具体操作方法如下。

步骤 01 打开 AutoCAD 2022 程序，新建文件，在快速访问工具栏中单击【保存】按钮 🖫，如图 2-3 所示。

步骤 02 在打开的【图形另存为】对话框中单击【保存于】后的下拉按钮，指定保存路径，如图 2-4 所示。

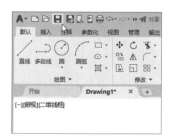

图 2-3 单击【保存】按钮

步骤 03 在【文件名】后的文本框内输入文件名称，如"2-1-2"，单击【保存】按钮，如图2-5所示。

图 2-4 设置保存路径

图 2-5 命名文件

步骤 04 当前程序显示保存后名为"2-1-2"的图形文件，如图2-6所示。

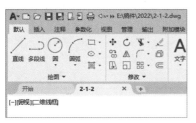

图 2-6 显示文件名

> **温馨提示**
>
> 在图形文件第一次执行保存命令时，系统会弹出【图形另存为】对话框，并需要选择保存路径和输入保存的文件名。后续保存只需要单击【保存】按钮 🖫 即可保存完成，不会再出现【图形另存为】对话框。

2.1.3 打开图形文件

通常为完成某个图形的绘制或对其进行修改，都需要打开已有的图形文件。打开图形文件的具体操作方法如下。

步骤 01 要打开一个图形文件，先单击【开始】选项卡，再单击【打开】按钮，如图2-7所示。

步骤 02 打开【选择文件】对话框，在相应位置单击要打开的文件，单击【打开】按钮，如图2-8所示。

图 2-7 单击选项卡

图 2-8 选择文件并单击【打开】按钮

技能拓展

通过以下几种方法也可以打开已保存的图形文件。

（1）单击【菜单浏览器】按钮 **A** ，指向【打开】命令，单击【图形】命令，即可在【选择文件】对话框选择要打开的图形文件。

（2）单击快速访问工具栏中的【打开】按钮 ，即可在【选择文件】对话框中选择要打开的图形文件。

（3）在命令行输入打开命令【OPEN】，按空格键确定。

（4）在键盘上按快捷键【Ctrl+O】，即可弹出【选择文件】对话框，选择文件并打开。

2.1.4 退出图形文件

退出当前 AutoCAD 图形文件与退出 AutoCAD 程序是不同的，退出图形文件不会退出 AutoCAD 程序，而退出 AutoCAD 程序会自动退出当前文件。退出图形文件的操作方法如下。

步骤 01 单击需要退出的图形文件选项卡后的【关闭】按钮 ，如图 2-9 所示。

步骤 02 打开【AutoCAD】提示框，单击【是】或【否】按钮，退出 AutoCAD 2022 应用程序，如图 2-10 所示。

图 2-9 单击【关闭】按钮

图 2-10 单击【是】或【否】按钮

温馨提示

退出图形文件时，若图形文件没有保存，会弹出是否需要保存文件的提示框；保存文件，单击【是】按钮；不保存文件，单击【否】按钮；如果要继续绘制图形，单击【取消】按钮，则返回操作状态，文件不关闭。

课堂范例——另存为图形文件

步骤 01 打开"素材文件\第 2 章\2-1-2.dwg"，单击快速访问工具栏中的【另存为】按钮 ，如图 2-11 所示。

步骤 02 打开【图形另存为】对话框，指定文件要另存为的位置，输入新的文件名，如【另存文件】，单击【保存】按钮，如图 2-12 所示。

图 2-11 单击【另存为】按钮

图 2-12　另存文件

2.2　设置绘图环境

在 AutoCAD 中，通常需要设置的绘图环境包括绘图单位、绘图背景、十字光标。

2.2.1　设置绘图单位

AutoCAD 2022 的长度、精度、单位都有很多种类供各个行业的用户选择，所以在绘图前一定要设置自己需要的内容。设置绘图单位的操作步骤如下。

步骤 01　输入【图形单位】命令 UN，按空格键确定，打开【图形单位】对话框，设置类型为【小数】，单击【精度】下拉按钮，在打开的列表中单击选择【0】，如图 2-13 所示。

步骤 02　继续设置角度、单位等内容，完成后单击【确定】按钮，如图 2-14 所示。

图 2-13　设置精度

图 2-14　单击【确定】按钮

技能
拓展
　　AutoCAD会自动将度量值四舍五入为最接近预先设置的精度值。假设将【精度】设置为 0.00，要绘制值为 3.25 的直线，输入值时意外多输入一个 4，实际上是 3.254，但仍显示为 3.25。将精度值设置得比实际需要的数值大，即可解决这个问题。

2.2.2 设置绘图背景

　　AutoCAD 2022 的背景颜色可以更改，用户可以根据自己的喜好和习惯来设置绘图区的颜色。设置绘图背景的具体操作步骤如下。

步骤01 单击标题栏中的【菜单浏览器】按钮 **A·**，在菜单中单击【选项】按钮，如图 2-15 所示。

步骤02 单击【显示】选项卡，设置【暗】颜色主题，单击【颜色】按钮，如图 2-16 所示。

图 2-15　单击【选项】按钮

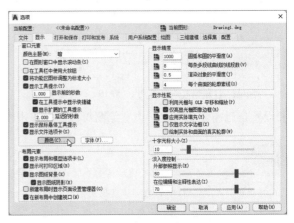

图 2-16　单击【颜色】按钮

步骤03 单击【颜色】下拉按钮，在列表中选择【黑】选项，单击【应用并关闭】按钮，如图 2-17 所示。完成设置后单击【确定】按钮，绘图区显示新设置的颜色，如图 2-18 所示。

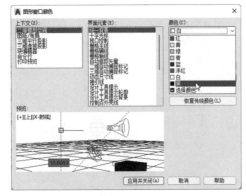

图 2-17　设置内容

图 2-18　显示效果

2.2.3　设置十字光标

在 AutoCAD 中，十字光标的大小是按屏幕大小的百分比确定的。用户可以根据自己的操作习惯，调整十字光标的大小。设置十字光标大小的具体操作步骤如下。

步骤 01　输入【选项】命令 OP，按空格键确定，打开【选项】对话框，如图 2-19 所示。

步骤 02　单击【显示】选项卡，将【十字光标大小】设为 30，单击【确定】按钮，如图 2-20 所示。

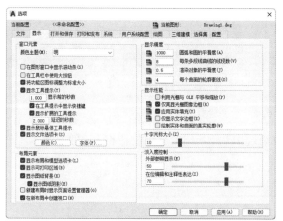

图 2-19　打开【选项】对话框

图 2-20　设置内容

步骤 03　设置完成后的效果如图 2-21 所示。

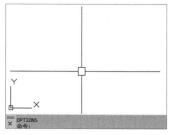

图 2-21　显示设置效果

> **温馨提示**
>
> AutoCAD 中的十字光标默认大小为 10，取值范围为 1 到 100，数值越大，十字光标越长，值为 100 时，看不到十字光标的末端。绘图过程中，十字光标太小发挥不了作用，太大影响计算机速度，可根据需要调整其大小。在【十字光标大小】选项组的数字框内输入数字和拖动滑动按钮效果相同。

课堂范例——设置 A3（420mm×297mm）界限

步骤 01　输入【图形界限】命令 LIMITS 并按空格键确定，再次按空格键确定左下角点，指定新的图形界限【420,297】，按【Enter】键确定，如图 2-22 所示。

步骤 02　右击【捕捉】按钮，在快捷菜单中单击【捕捉设置】命令，打开【草图设置】对话框，如图 2-23 所示。

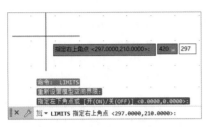

图 2-22　设置图形界限尺寸

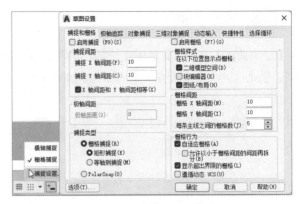

图 2-23　打开【草图设置】对话框

> **温馨提示**
>
> 在 AutoCAD 中输入新的图形界限尺寸时，必须使用英文小写状态的逗号","。

步骤 03　选中【图纸/布局】前的复选框，取消选中【显示超出界限的栅格】前的复选框，设置完成后单击【确定】按钮，如图 2-24 所示。

步骤 04　当前绘图窗口显示新设置的图形界限，效果如图 2-25 所示。

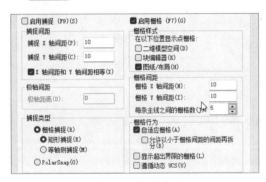

图 2-24　设置选项

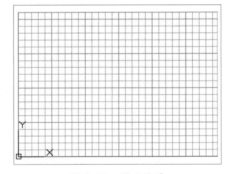

图 2-25　显示效果

> **温馨提示**
>
> 【图形界限】是 AutoCAD 绘图空间中的一个假想的矩形绘图区域，相当于选择的图纸大小；图形界限确定了栅格和缩放的显示区域。AutoCAD 默认的图形界限是无穷大的，实际操作中必须按照 1:1 的比例作图。

2.3　设置辅助功能

　　本节将介绍 AutoCAD 2022 中辅助功能的精确定位设置。通过这些设置，可以为以后的图形绘制工作做好准备，从而提高用户的工作效率和绘图的准确性。

2.3.1 对象捕捉

【对象捕捉】主要起着精确定位的作用，绘制图形时，根据设置的物体特征点进行捕捉，比如端点、圆心、中点、垂足等。如果在实际绘图时打开了【对象捕捉】，依然捕捉不到需要的点，可以进入【对象捕捉】进行相关设置。在打开【对象捕捉】的情况下，将鼠标指针移动到已绘制的对象上，所显示的符号就是【对象捕捉模式】栏中的内容。各常用符号代表的内容如图 2-26 所示。

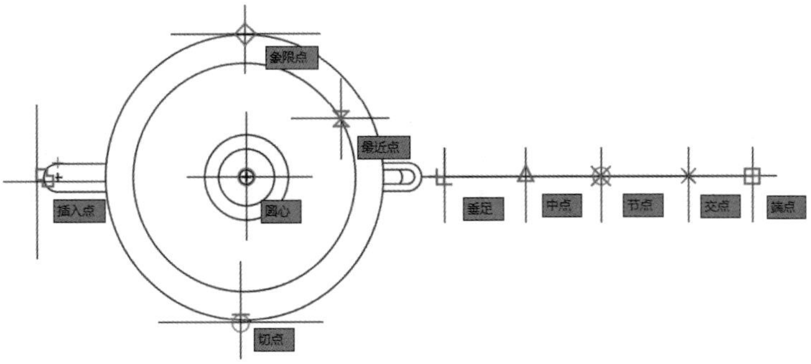

图 2-26 各常用符号代表的内容

在 AutoCAD 中打开【对象捕捉】的情况下，操作中对象上显示的捕捉点图标的名称和含义如表 2-1 所示。

表 2-1 捕捉点图标的名称和含义

捕捉点图标	名称	含义
□	端点	捕捉直线或曲线的端点
△	中点	捕捉直线或弧段的中间点
○	圆心	捕捉圆、椭圆或弧的中心点
⊠	节点	捕捉用 POINT 命令绘制的点对象
◇	象限点	捕捉位于圆、椭圆或弧段上 0°、90°、180°、270° 处的点
×	交点	捕捉两条直线或弧段上的交点
⧖	最近点	捕捉处在直线、弧段、椭圆或样条线上，距光标最近的特征点
ō	切点	捕捉圆、弧段及其他曲线的切点
⊾	垂足	捕捉从已知点到已知直线的垂线的垂足
⧉	插入点	捕捉图块、标注对象或外部参照的插入点

设置并使用【对象捕捉】的具体操作步骤如下。

步骤 01 打开“素材文件\第 2 章\圆.dwg”，在状态栏单击【对象捕捉】按钮，单击【对象捕捉设置】命令，如图 2-27 所示，打开【草图设置】对话框。

步骤 02 在【对象捕捉】选项卡设置相关内容，完成后单击【确定】按钮，如图 2-28 所示。

图 2-27　单击【对象捕捉设置】命令　　　　图 2-28　设置对象捕捉内容

步骤 03　输入【直线】命令 L，按空格键确定，指向圆左象限点，如图 2-29 所示。

步骤 04　单击状态栏的【对象捕捉】按钮🔲，关闭对象捕捉，操作中再次指向圆左象限点就捕捉不到对象了，如图 2-30 所示。

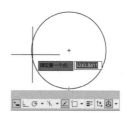

图 2-29　捕捉点　　　　　　　　　图 2-30　不能捕捉到点

技能拓展

【对象捕捉】选项卡中主要选项的含义如下。

（1）启用对象捕捉：打开或关闭执行对象捕捉。当对象捕捉打开时，在【对象捕捉模式】下选定的对象捕捉处于活动状态。

（2）启用对象捕捉追踪：打开或关闭对象捕捉追踪。使用对象捕捉追踪，在命令中指定点时，光标可以沿基于其他对象捕捉点的对齐路径进行追踪。要使用对象捕捉追踪，必须打开一个或多个对象捕捉。

（3）对象捕捉模式：列出可以在执行对象捕捉时打开的对象捕捉模式。

（4）全部选择：打开所有对象捕捉模式。

（5）全部清除：关闭所有对象捕捉模式。

2.3.2　对象捕捉追踪

【对象捕捉追踪】主要用于显示捕捉参照线，使用户在对现有图形对象进行捕捉的基础上指定某个点。使用该功能会从指定点开始绘制临时追踪线，以便容易地指定所需要的点。使用【对象捕捉追踪】的具体操作步骤如下。

步骤 01　打开"素材文件\第 2 章\圆 .dwg"，输入 L 并按空格键，单击指定起点、捕捉点后上移光标，以虚线显示一条临时追踪线，光标处出现"×"符号，如图 2-31 所示。

步骤 02　单击状态栏的【对象捕捉追踪】按钮🖊，关闭【对象捕捉追踪】，再次上移光标则不显示临时追踪线，如图 2-32 所示。

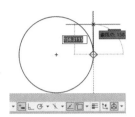

图 2-31 对象捕捉追踪打开时的效果

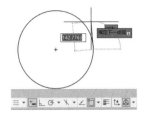

图 2-32 对象捕捉追踪关闭时的效果

技能拓展

要使用对象捕捉追踪功能，至少要激活一个对象捕捉模式，同时还需要开启对象捕捉追踪功能。对象捕捉追踪功能可以轻易处理以下任务。

(1) 在绘制直线时，当指定了起点后，需要端点连接的直线与现有的直线垂直。

(2) 在矩形内绘制圆，圆心要在矩形的中心点位置，即矩形两个边中点连线的交点上。

(3) 需要从已有的两条直线延长线的交点处开始绘制直线。

(4) 捕获一个点后，每当光标经过可进行追踪的点时，屏幕上都会显示出临时追踪线。对于捕获到的点，可以通过以下 3 种方式来取消捕获。

① 将鼠标指针再移回该点的加号处。

② 关闭对象捕捉追踪功能。

③ 执行任意一个新的命令。

2.3.3 正交模式

【正交模式】里的正交就是【直角坐标系】的最好体现，使用【正交模式】可以将光标限制在水平或垂直方向上移动，也就是绘制的都是水平或垂直的对象，便于精确地创建和修改对象。使用【正交模式】绘制一条直线的具体操作步骤如下。

步骤 01 输入【直线】命令 L 并按空格键，单击指定起点，再单击状态栏上的【正交模式】按钮 打开正交，右移十字光标，如图 2-33 所示。

步骤 02 在适当位置单击指定下一点，再次单击状态栏上的【正交模式】按钮 关闭正交模式，将十字光标向左下移动，如图 2-34 所示。

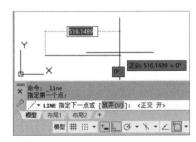

图 2-33 【正交模式】打开时的效果

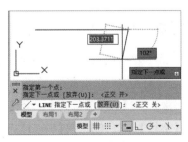

图 2-34 【正交模式】关闭时的效果

在绘图过程中，使用正交功能可以将光标限制在水平或垂直轴上，同时也限制在当前的栅格旋转角度内。如果在操作中要方便快捷地使用正交功能，可以在键盘上按【F8】键打开【正交模式】命令，再次按此键关闭【正交模式】命令。

打开【极轴追踪】也可以绘制水平或垂直的线，所以【极轴追踪】和【正交模式】不能同时打开；打开【极轴追踪】将自动关闭【正交模式】。

2.3.4 动态输入

【动态输入】 在鼠标指针右下角提供了一个工具提示，打开动态输入时，工具提示将在鼠标指针旁边显示信息，该信息会随鼠标指针的移动动态更新。当命令处于活动状态时，工具提示将为用户提供输入的位置。设置动态输入的具体操作方法如下。

步骤 01 输入【直线】命令 L 并按空格键确定，单击指定起点，移动十字光标，显示工具提示信息，如图 2-35 所示。

步骤 02 单击状态栏上的【动态输入】按钮 将其关闭，十字光标下方不显示工具提示信息，如图 2-36 所示。

图 2-35 显示动态输入

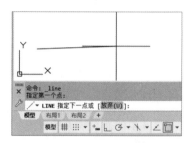

图 2-36 关闭动态输入

【动态输入】打开时，按钮呈蓝亮显示 ；关闭时，呈灰色显示 。按钮呈灰色显示时再次单击，可使其呈蓝亮显示。动态输入不会取代命令行，但可以隐藏命令行，增加绘图屏幕区域，不过在很多操作中还是需要显示命令行的。

课堂范例——绘制射灯俯视图

步骤 01 单击状态栏的【对象捕捉】按钮 打开捕捉功能，再打开【草图设置】对话框，设置相应内容，设置完成后单击【确定】按钮，如图 2-37 所示。

步骤 02 按【F8】键打开【正交模式】，输入 C 并按空格键，在绘图区单击指定起点，右移光标输入【半径】，如 100，按【Enter】键确定，如图 2-38 所示。

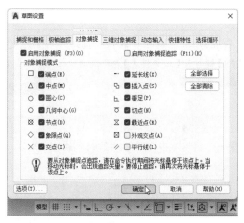

图 2-37　设置对话框内容

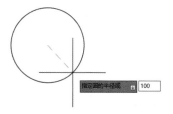

图 2-38　绘制圆

技能拓展

设置好对象捕捉功能后，在绘图过程中，可以通过单击状态栏中的【对象捕捉】按钮，也可以通过按快捷键【F3】，在打开和关闭对象捕捉功能之间进行切换。

步骤 03　按空格键激活【圆】命令，指向圆的中心点捕捉圆心并单击，输入【半径】80，按【Enter】键确定，如图 2-39 所示。

步骤 04　输入 L 并按空格键，在内圆上捕捉象限点并单击指定直线的起点，如图 2-40 所示。

步骤 05　上移光标至圆外任意位置单击，如图 2-41 所示。

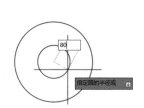

图 2-39　捕捉圆心输入【半径】

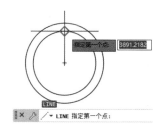

图 2-40　捕捉象限点

图 2-41　指定圆外的点

步骤 06　下移光标至圆外适当位置单击绘制垂直线，按空格键结束直线命令，如图 2-42 所示。

步骤 07　按空格键激活直线命令，在内圆上捕捉象限点并单击指定直线的起点，如图 2-43 所示。

步骤 08　左移光标至圆外任意位置单击，右移光标至圆外适当位置单击绘制水平线，如图 2-44 所示。绘制完成后按空格键结束直线命令，完成射灯的绘制。

技能拓展

用 AutoCAD 绘图时，程序执行命令时每一步都要确认指令，每输入一个命令就要按一次【Enter】键确认命令执行。【Enter】键、空格键、鼠标左键的功能一样，都是确认命令执行，用户可根据自己的习惯选择使用。执行并结束一个命令后，在没有进行任何操作的情况下，再次按空格键将激活上一个已结束的命令。

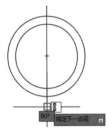

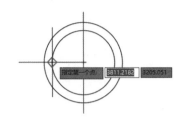

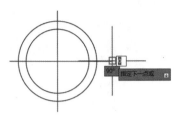

图 2-42 指定下一点　　　　图 2-43 指定第一点　　　　图 2-44 最终效果

2.4 视图控制

在使用 AutoCAD 制图时，都是按实际尺寸进行绘制的，这些内容有时候要在屏幕上全部显示出来，有时候需要只显示局部，不管是放大、缩小还是移动，真实尺寸都保持不变，这些最基本的视图转换就是视图控制，熟练掌握这些内容能极大地提高绘图速度。

2.4.1 实时平移视图

【平移视图】是指在视图的显示比例不变的情况下，查看图形中任意部分的细节情况，而不会更改图形中的对象位置或比例。使用视图平移命令的操作步骤如下。

步骤 01　在绘图区空白处右击，在打开的快捷菜单中单击【平移】命令，如图 2-45 所示。

步骤 02　按住鼠标左键不放，十字光标呈手形时移动，即可任意平移对象，如图 2-46 所示。

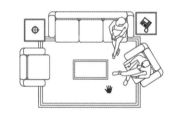

图 2-45 单击【平移】命令　　　　　　　　图 2-46 平移视图

> **技能拓展**
>
> 【平移】命令使用非常广泛，操作时将【平移】命令作为透明命令辅助绘图会更高效些；也可以使用鼠标快速操作，按住鼠标滚轮不放，鼠标指针变成手形，前后左右移动鼠标实现视图平移，释放鼠标滚轮即退出实时平移模式。

2.4.2 缩放视图

在 AutoCAD 中进行放大和缩小操作，便于对图形进行查看和修改，类似于使用相机进行缩放。

在对图形进行缩放后，图形的实际尺寸并没有改变，只是在屏幕上的显示发生了变化。缩放视图的具体操作步骤如下。

步骤 01　输入 Z 并按两次空格键，十字光标显示为放大镜形状，如图 2-47 所示。

步骤 02　按住鼠标左键不放向上移动，将图形放大，如图 2-48 所示。

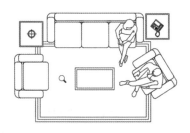

图 2-47　激活缩放视图命令

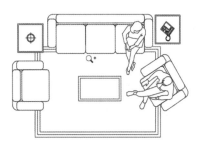

图 2-48　放大视图

步骤 03　按住鼠标左键不放向下移动，将图形缩小，如图 2-49 所示。

步骤 04　使用鼠标中键上下滚动可任意缩放图形，如图 2-50 所示。

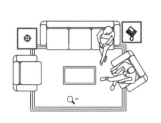

图 2-49　缩小视图

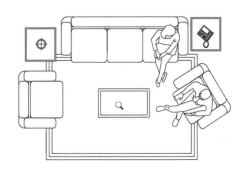

图 2-50　任意缩放视图

技能拓展

　　用鼠标控制视图缩放，能极大地提高绘图速度。也有一些细节需要注意，如用鼠标中键快速缩放时，鼠标指针在哪里，视图就以指针为中心向四周缩放；用双击鼠标中键的方式显示全图时，一定要快速地连续按两次鼠标中键。

2.4.3　视口及三维视图

在使用 AutoCAD 绘图时，为了方便观看和编辑，往往需要放大局部显示细节，但同时又要看整体效果，要同时达到这两个要求，可以设置视口。设置视口的具体操作步骤如下。

步骤 01　单击【视图】选项卡，并单击【视口配置】下拉按钮，在打开的下拉菜单中单击【三个：左】命令，如图 2-51 所示。

步骤 02　当前绘图区显示为 3 个视口，如图 2-52 所示。

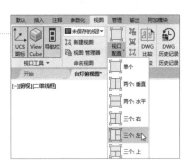

图 2-51　单击【三个：左】命令

步骤 03 单击【视口控件】按钮，然后单击【最大化视口】命令，绘图区域即只显示一个视口，如图 2-53 所示。

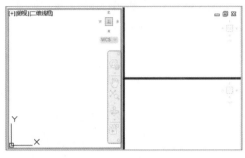

图 2-52　显示视口

图 2-53　单击【最大化视口】命令

步骤 04 当前为二维视图，单击【视图控件】按钮，然后单击【西南等轴测】命令，如图 2-54 所示。

步骤 05 当前绘图区显示为三维视图，十字光标显示为三维光标，如图 2-55 所示。

图 2-54　单击【西南等轴测】命令

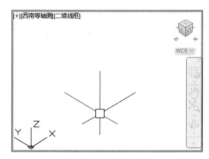

图 2-55　显示设置效果

> **温馨提示**
> 在默认状态下，三维绘图命令绘制的三维图形都是俯视的平面图，但是用户可以根据系统提供的俯视、仰视、前视、后视、左视和右视 6 个正交视图，分别从对象的上、下、前、后、左、右 6 个方位进行观察。

2.5　执行命令的方式

　　AutoCAD 命令的执行方式主要包括鼠标操作和键盘操作。鼠标操作是使用鼠标选择命令或单击工具按钮来调用命令，而键盘操作是直接输入命令语句来调用操作命令。

2.5.1　输入命令

　　要在 AutoCAD 中绘制图形，必须给程序输入必要的命令和参数。最快捷的方法是在命令窗口中输入相应的快捷命令并按空格键确定，程序即可执行该命令。使用命令窗口输入命令的具体操作步骤如下。

步骤 01 命令行中显示【键入命令】的提示，表明 AutoCAD 处于准备接受命令状态，如图 2-56 所示。

步骤 02 输入【CIRCLE】命令 C，并按空格键确定，命令窗口显示【CIRCLE】命令已被激活，提示指定圆的圆心，如图 2-57 所示。

图 2-56　准备接受命令

图 2-57　输入并执行命令

温馨提示

AutoCAD 的命令输入方式分为鼠标输入和键盘输入两大类：鼠标操作时，无论鼠标指针显示为手形或箭头，单击或按住鼠标左键，程序都会执行相应的命令；键盘可以输入命令，还可以输入文本对象、数值参数、点的坐标或是对参数进行设置等。

步骤 03 在绘图区单击指定圆心，根据提示输入【半径】，如 100，如图 2-58 所示。

步骤 04 按空格键确定，完成圆的绘制，效果如图 2-59 所示。

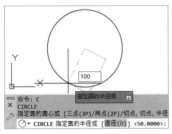

图 2-58　输入【半径】

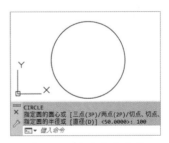

图 2-59　完成圆的绘制

技能拓展

在 AutoCAD 中，大部分的操作命令都有相应的快捷命令，可以通过输入快捷命令来提高工作效率。例如，【REC】就是矩形（RECTANG）命令的快捷命令。输入命令并执行后，根据命令行显示的与该命令有关的提示和子命令完成相关操作。一个命令操作完成后，命令行回到【命令：】状态，此时可执行下一个命令。在执行 AutoCAD 命令时会出现很多子命令，其中一些符号的规定如下。

"/"分隔符：分隔提示与选项，大写字母表示命令缩写方式，可通过键盘输入。

"< >"内为预设值（系统自动赋予初值，可重新输入或修改）或当前值。如按空格或【Enter】键，则系统将接受此预设值。

2.5.2 重做命令

在 AutoCAD 绘图过程中，常常需要重复执行同一个命令，或者是恢复上一个已经放弃的效果，这时就要用到重做命令。使用重做命令的具体操作步骤如下。

步骤 01　在矩形内绘制一个圆，单击【放弃】按钮，撤销绘制的圆，如图 2-60 所示。

步骤 02　单击【重做】按钮，上一步撤销的圆被恢复，如图 2-61 所示。

图 2-60　撤销

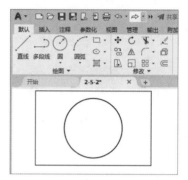

图 2-61　恢复

2.5.3 撤销命令

在绘图过程中，会经常使用撤销命令，撤销就是放弃命令，即在绘制图形出错需要返回时使用。撤销命令的具体操作步骤如下。

步骤 01　打开"素材文件\第 2 章\2-5-3.dwg"，使用【直线】命令在圆中绘制一条线段，如图 2-62 所示。

步骤 02　单击【放弃】按钮，上一步绘制的直线被撤销，如图 2-63 所示。

图 2-62　绘制线段

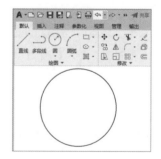

图 2-63　撤销

技能
拓展

通过以下几种方法也可以撤销。

（1）在执行命令的过程中，如果绘制错了一步或几步，可以在命令行输入【U】，按空格键即可撤销，撤销后可以继续绘制。

（2）在键盘上按快捷键【Ctrl+Z】，返回到上一步效果。

2.5.4　终止和重复命令

终止命令主要是指在命令执行过程中，或者是执行完一部分命令，不再继续下面操作的时候，退出当前的命令；重复命令是指终止了一个命令后，在没有进行任何操作的前提下，按空格键直接激活该命令。使用终止和重复命令的具体操作方法如下。

步骤 01　在执行命令的过程中右击，在快捷菜单里单击【取消】命令，即可退出当前执行中的命令，如图 2-64 所示。

步骤 02　重复上一个执行过的命令，按【Enter】键或空格键，【直线】命令 LINE 被激活，如图 2-65 所示。

步骤 03　按【Esc】键（有些命令需要连续按两次【Esc】键），即可退出当前正在执行的命令，如图 2-66 所示。

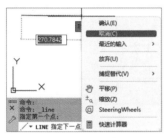

图 2-64　退出命令

图 2-65　重复命令

图 2-66　退出命令

步骤 04　在命令窗口右击，在快捷菜单中选择【最近的输入】，单击【LINE】激活【直线】命令，如图 2-67 所示。

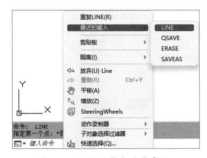

图 2-67　激活【直线】命令

> **技能拓展**
>
> 在 AutoCAD 中执行命令时，程序默认在没有选中对象的前提下右击、按【Enter】键或空格键是重复执行上一次命令；激活刚执行过的命令，按键盘中向上的箭头，在命令窗口看到刚执行过的命令后按【Enter】键或空格键；按【Esc】键取消正在执行/正准备执行/选中对象的状态。

🧑 课堂问答

问题 1：打开旧图文件遇到异常错误而中断退出怎么办？

答：新建一个图形文件，将旧图以图块的形式插入当前新图形文件中。

问题 2：什么是【自】功能？如何使用【自】功能？

答：【自】功能可帮助用户在正确的位置绘制新对象，该功能指在距已有对象一定距离和角度处开始绘制一个新对象。当需要指定的点在 X 轴、Y 轴方向上距对象捕捉点的距离是已知的，但该点不在任何对象捕捉点上时，即可使用【自】功能。具体操作步骤如下。

步骤 01　单击【矩形】按钮 □·，单击指定矩形的第一个角点，如图 2-68 所示。

步骤 02　输入另一个角点位置，如【@1000,600】，按空格键确定，如图 2-69 所示。

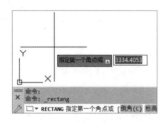

图 2-68　指定第一角点

图 2-69　输入另一个角点的坐标值

步骤 03　按空格键激活【矩形】命令，在命令行输入【自】命令 from，按空格键确定，如图 2-70 所示。

步骤 04　单击指定【自】的基点，如矩形左下角点，如图 2-71 所示。

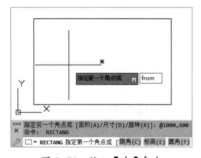

图 2-70　输入【自】命令

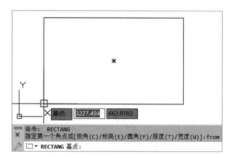

图 2-71　输入起始基点

步骤 05　在命令行输入偏移距离，如【@200,100】，按空格键确定，如图 2-72 所示。

步骤 06　矩形起始角点即被指定，移动十字光标指定另一个角点，如图 2-73 所示。

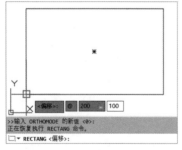

图 2-72　输入另一个角点的坐标值

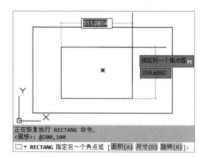

图 2-73　指定另一个角点

技能
拓展

在为【自】功能指定偏移点时，即使动态输入中默认的设置是相对坐标，也需要在输入时加上"@"来指明这是一个相对坐标值。动态输入的相对坐标设置仅适用于指定第 2 个点时。例如，绘制一条直线时，输入的第一个坐标被当作绝对坐标，随后输入的坐标才被当作相对坐标。

执行一个需要指定点的命令后，除了可以在命令行或动态输入工具栏的提示下输入"from"外，还可以按住【Shift】键的同时右击，在快捷菜单中选择【自】命令。

上机实战——使用透明命令绘制相交线

为了帮助读者巩固本章知识点，下面安排一个"上机实战"案例，使读者对本章知识有更深入的理解。

效果展示

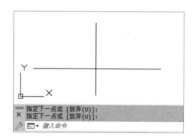

思路分析

绘图时会经常使用透明命令，它是在执行某一个命令的过程中，插入并执行的第二个命令。完成该命令后，继续原命令的相关操作，整个过程原命令都是执行状态，插入透明命令一般是为了修改图形设置或打开辅助绘图工具。

本例绘制相交线，首先激活【直线】命令，接下来使用透明命令打开【正交模式】绘制直线，通过透明命令观察并移动图形，得到最终效果。

制作步骤

步骤 01 输入【直线】命令 L 并按空格键确定，在绘图区单击指定起点，如图 2-74 所示。

步骤 02 在键盘上按【F8】键打开【正交模式】，继续完成直线的绘制，如图 2-75 所示。

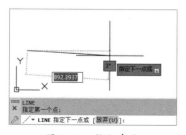

图 2-74 执行命令

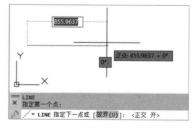

图 2-75 执行透明命令

步骤 03 按空格键激活【直线】命令，在水平线下方单击指定直线起点，上移鼠标指针，按住鼠标中键向上拖动移动图形，至适当位置释放中键继续绘制直线，如图 2-76 所示。

步骤 04 单击指定直线的第二点，如图 2-77 所示。

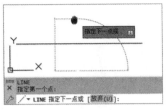

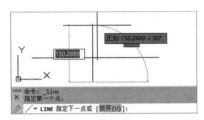

图 2-76　使用平移命令　　　　　　　　　图 2-77　指定第二点

温馨
提示

输入透明命令的方法主要有以下几种。

（1）使用鼠标执行透明命令的方法运用很频繁，主要是【移动】和【缩放】等命令。

（2）以快捷键执行的透明命令主要是为了更精确地绘制图形。

（3）执行透明命令前加单引号"'"，然后输入透明命令；这种方法的特点是在透明命令的提示前有一个双折号">>"，完成透明命令后，继续执行原命令。

🌐 同步训练——绘制窗框

为了增强读者的动手能力，下面安排一个同步训练案例，让读者能举一反三，触类旁通。

图解流程

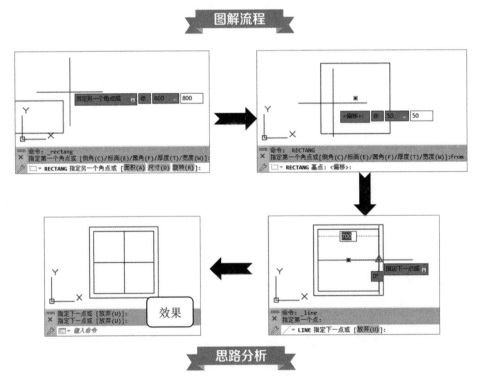

思路分析

本实例主要讲解绘制田字窗框的过程，主要练习运用【自】功能、【捕捉模式】辅助绘图的技巧，完成整个田字窗框的绘制。

本例首先激活【矩形】命令绘制矩形，接下来使用【自】命令绘制内框，再打开【捕捉模式】，使用【直线】命令绘制窗框，完成效果制作。

关键步骤

步骤 01   单击【矩形】按钮激活【矩形】命令，单击指定矩形的第一个角点，输入矩形的尺寸，如【@800,800】，并按空格键确定。

步骤 02   按空格键激活【矩形】命令，输入【自】命令 from，按空格键确定，并单击指定【自】的基点。

步骤 03   输入偏移距离，如【@50,50】，按空格键确定，如图 2-78 所示。

步骤 04   输入另一个角点位置，如【@700,700】，按空格键确定，如图 2-79 所示。

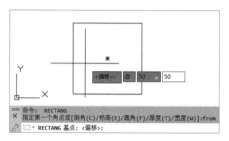

图 2-78　输入偏移距离

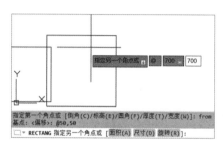

图 2-79　指定角点位置

步骤 05   单击【直线】按钮激活【直线】命令，单击【对象捕捉】按钮，单击指定直线的第一个点，如图 2-80 所示。

步骤 06   移动十字光标捕捉矩形另一条边的中点，单击指定为直线的下一个点。

步骤 07   使用【直线】命令绘制另一条直线，如图 2-81 所示。

步骤 08   结束【直线】命令后完成窗框的绘制。

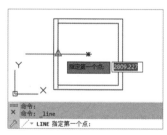

图 2-80　指定直线起点

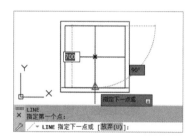

图 2-81　绘制另一条垂直线

🍃 **知识能力测试**

本章讲解了文件的基本操作、设置绘图环境的方法、设置辅助功能的方法、视图控制的方法及执行命令的方式。为对知识进行巩固和考核，请读者完成以下练习题。

一、填空题

1. AutoCAD 2022 的背景颜色可以更改。用户可以根据自己的喜好和习惯来设置_____的颜色。

2. 在绘制图形的过程中及时对文件_____，可以避免因死机或停电等意外状况而造成数据丢失。

3. AutoCAD 2022 界面颜色主题默认显示为_____。

二、选择题

1. AutoCAD 2022 关于窗口的新功能陈述正确的是（　　）。

A. 窗口可以命名　　　B. 新建窗口　　　　　C. 浮动窗口　　　　　D. 编辑窗口

2. 打开动态输入时，工具提示将在鼠标指针旁边显示信息，该信息会随（　　）的移动而动态更新。

A. 鼠标指针　　　　　B. 时间　　　　　　　C. 窗口　　　　　　　D. 选项卡

3. AutoCAD 2022 中创建新文件时默认创建（　　）。

A. 样板文件　　　　　B. 图形文件　　　　　C. 标准文件　　　　　D. 三维图形

三、简答题

1. 输入命令的方法有哪些？分别有什么特点？

2.【对象捕捉】的特点是什么？

AutoCAD 2022

本章主要讲解创建二维图形的命令和操作方法，包括点、线、封闭的图形、圆弧和圆环等常用二维图形。

学习目标

- 学会绘制点的方法
- 熟练掌握绘制线的方法
- 熟练掌握绘制封闭的图形的方法
- 学会绘制圆弧和圆环的方法

3.1 绘制点

【点】是组成图形最基本的元素，除了可以作为图形的一部分，还可以作为绘制其他图形时的控制点和参考点；AutoCAD 2022 中绘制点的命令主要包括点、定数等分点、定距等分点等命令。

3.1.1 设置点样式

默认点样式是一个小点，为了方便观察，AutoCAD 提供了 20 种点样式供绘图时选择。因各专业领域有各自绘制点对象的习惯，所以绘制点前需设置点样式。具体操作步骤如下。

步骤 01 执行【点样式】命令 PT，打开【点样式】对话框，如图 3-1 所示。

步骤 02 单击所需要的点样式，然后单击【确定】按钮，如图 3-2 所示。

步骤 03 经过上步操作，在绘图区单击创建点即可，如图 3-3 所示。

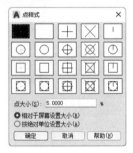
图 3-1 打开【点样式】对话框

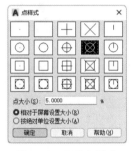
图 3-2 设置点样式

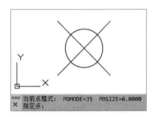
图 3-3 单击创建点

> **技能拓展**
>
> 【点样式】对话框的选项有以下内容。
>
> （1）点大小：设置点的显示大小。可相对于屏幕设置点大小，也可设置点的绝对大小。
>
> （2）相对于屏幕设置大小：点大小会按设置的比例随视图的缩放而变化。
>
> （3）按绝对单位设置大小：无论如何缩放视图，点的大小都会按设置的单位显示，不会变化。

3.1.2 绘制点

在 AutoCAD 中，绘制的【点】POINT 对象除了可以作为图形的一部分外，也可以作为绘制其他图形时的控制点和参考点。绘制点的具体操作步骤如下。

步骤 01 单击【绘图】面板中的【多点】按钮，如图 3-4 所示。

步骤 02 在适当位置依次单击即可指定点，如图 3-5 所示。

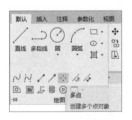
图 3-4 激活命令

技能拓展

　　在绘制点时，分为绘制单点和多点。在 AutoCAD 2022 的【草图与注释】工作空间中，绘制单点的方法是输入点命令的快捷命令 PO，按空格键确定执行即可；绘制多点的方法是在【绘图】下拉菜单中单击【多点】按钮 。

步骤 03　执行【点样式】命令 PT，打开【点样式】对话框，单击选择点样式，单击【确定】按钮，如图 3-6 所示。

步骤 04　点样式更新，效果如图 3-7 所示。

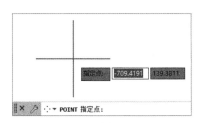

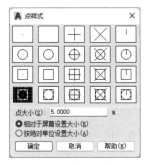

图 3-5　单击指定点　　　　　　图 3-6　选择点样式　　　　　　图 3-7　显示点样式效果

温馨提示

　　一个点只标记一个坐标值，通常用作绘图的参考标记。在图中标记一个点，后面就可以用该点作为参考把图形对象放置此处，或者帮助用户将图形对象放回原处。当不再需要它的时候，可以将其删除。

3.1.3　绘制定数等分点

　　【定数等分】DIVIDE 就是在对象上按指定数目等间距创建点或插入块，这个操作并不将对象实际等分为单独的对象，它仅仅是标明定数等分的位置，以便将它们作为几何参考点。绘制定数等分点的具体操作步骤如下。

步骤 01　设置点样式，单击【直线】按钮 ，绘制一条直线，单击【绘图】下拉按钮，在【绘图】菜单中单击【定数等分】按钮 ，如图 3-8 所示。

步骤 02　单击选择直线作为要定数等分的对象，如图 3-9 所示。

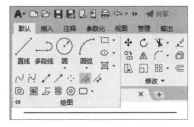

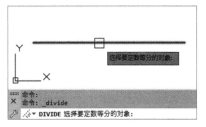

图 3-8　绘制直线并激活【定数等分】命令　　图 3-9　单击选择直线作为要定数等分的对象

步骤 03　输入等分的线段数目，如 5，如图 3-10 所示。

步骤 04 按空格键确定，等分点显示在直线上，如图 3-11 所示。

图 3-10 输入线段数目

图 3-11 完成直线的定数等分

> 技能拓展
>
> 还可以使用快捷命令 DIV 进行定数等分点的绘制，此命令创建的点对象，可作为其他图形的捕捉点。生成的点标记没有将图形断开，只是起到等分测量的作用。在实际绘图时，尽量使每一个值都为整数。使用【定数等分】命令时，很多时候事先并不知道所选对象的长度值，程序会根据这个对象的长度均匀分成指定的段数，所以在测量时，对象上点与点的距离会出现小数，这时就要做相应的修改，尽量避免小数的出现。使用【定数等分】命令时应注意：输入的是等分数，而不是点的个数，每次只能对一个对象进行操作，而不能对一组对象进行操作。

3.1.4 绘制定距等分点

【定距等分】MEASURE 就是将对象按照指定的长度进行等分，或在对象上按照指定的距离创建点或插入块。绘制定距等分点的具体操作步骤如下。

步骤 01 使用【直线】命令 L 绘制一条直线，单击【绘图】下拉按钮，在【绘图】菜单中单击【定距等分】按钮 ，如图 3-12 所示。

步骤 02 单击选择直线作为要定距等分的对象，如图 3-13 所示。

图 3-12 激活【定距等分】命令

图 3-13 选择对象

步骤 03 输入定距等分的线段长度值，如 100，如图 3-14 所示。

步骤 04 按空格键确定，等分点显示在直线上，如图 3-15 所示。

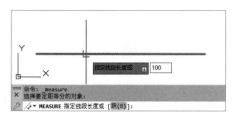

图 3-14 输入线段长度值

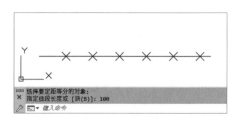

图 3-15 显示效果

使用【定数等分】DIVIDE 命令是将目标对象按指定的数目平均分段，而使用【定距等分】MEASURE 命令是将目标对象按指定的距离分段。定距等分是先指定所要创建的点与点之间的距离，再根据该间距值分割所选的对象。等分后子线段的数量等于原线段长度除以等分距离，如果等分后有多余的线段则为剩余线段。

课堂范例——摆放凳子

步骤 01 绘制一个大圆，在左侧绘制一个小圆，选择小圆，输入并执行【块】命令B，如图 3-16 所示。

步骤 02 在【块定义】对话框中输入块名"圆"，单击【拾取点】按钮，如图 3-17 所示。

步骤 03 在大圆上单击指定插入基点，如图 3-18 所示。在【块定义】对话框中单击【确定】按钮。

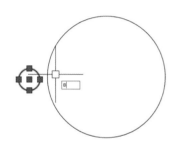
图 3-16 选择小圆并执行【块】命令

图 3-17 定义块

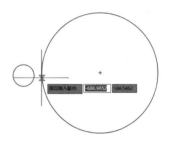
图 3-18 指定插入基点

步骤 04 输入并执行【定数等分】命令 DIV，单击选择【圆】作为定数等分的对象，按【Enter】键确定，在提示【输入线段数目或】时，输入子命令【块】B，按【Enter】键确定，如图 3-19 所示。

步骤 05 在提示【输入要插入的块名】时，输入图块【圆】，按【Enter】键确定，如图 3-20 所示。

步骤 06 根据提示按空格键确认默认选项 Y，在提示【输入线段数目】时，输入数目 10，如图 3-21 所示。

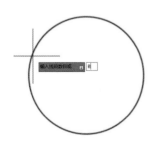
图 3-19 输入【定数等分】命令

图 3-20 输入要插入的块名

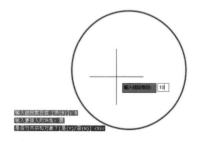
图 3-21 输入线段数目

步骤 07 按空格键确定，图块【圆】即按要求摆放在大圆上，效果如图 3-22 所示。

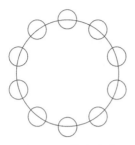

图 3-22　最终效果

温馨提示　在出现【是否对齐块和对象?】的提示后，如果输入 Y，表示插入块的 X 轴方向与定数等分对象在等分点相切或对齐；如果输入 N，则表示按法线方向对齐块。

3.2　绘制线

在使用 AutoCAD 绘制图形时，线是必须掌握的最基本绘图元素之一。线是由点构成的，根据点的运动方向，线又有直线和曲线之分，本节主要讲解在 AutoCAD 2022 中绘制各类线的方法。

3.2.1　绘制直线

【直线】LINE 是指有起点、有终点，呈水平或垂直方向绘制的线条。一条直线绘制完成后，可以继续以该线段的终点作为起点，然后指定下一个终点，以此类推，即可绘制首尾相连的图形。绘制直线的具体操作步骤如下。

步骤 01　单击【直线】按钮 ，如图 3-23 所示。

步骤 02　单击指定第一个点，上移鼠标指针，如图 3-24 所示。

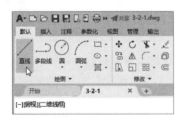

图 3-23　单击【直线】按钮

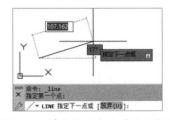

图 3-24　单击指定起点并移动鼠标

步骤 03　按【F8】键打开【正交模式】，在绘图区单击指定直线下一点，如图 3-25 所示。

步骤 04　右移鼠标指针，单击指定下一点，下移鼠标指针，输入至下一点的距离，如 150，如图 3-26 所示。

步骤 05　按空格键确定，效果如图 3-27 所示。

步骤 06　按空格键结束【直线】命令，如图 3-28 所示。

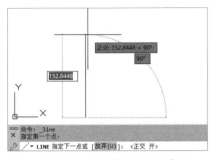

图 3-25　打开【正交模式】

图 3-26　依次指定下一点

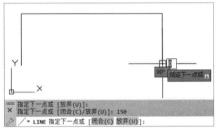

图 3-27　结束直线的绘制

图 3-28　退出【直线】命令

> **温馨提示**
>
> 直线的快捷命令是【L】。结束【直线】命令后，在没有任何其他操作的前提下，按空格键直接激活【直线】命令，可以继续绘制直线。如果因为画面上的线条太多不好区分，可以指定直线的特性，包括颜色、线型和线宽等内容。

3.2.2　绘制构造线

在 AutoCAD 中，【构造线】XLINE 就是两端都可以无限延伸的直线。在实际绘图时，构造线常用来作其他对象的参照。绘制构造线的具体操作步骤如下。

步骤 01　单击【绘图】下拉按钮，在菜单中单击【构造线】按钮 ，如图 3-29 所示。

步骤 02　按【F8】键打开【正交模式】，在绘图区空白处单击指定点，如图 3-30 所示。

图 3-29　单击【构造线】按钮

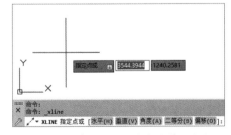

图 3-30　单击指定构造线的第一个点

步骤 03　在绘图区空白处单击指定通过点，如图 3-31 所示。

步骤 04　上移鼠标指针，单击指定通过点，按空格键结束【构造线】命令，如图 3-32 所示。

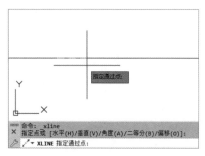

图 3-31　单击指定通过点

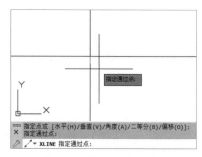

图 3-32　绘制垂直构造线

温馨
提示
　构造线的快捷命令是XL，其无限延长的特性不会改变图形的总面积。其无限长对缩放或视点没有影响，并被显示图形范围的命令所忽略。和其他对象一样，构造线也可以移动、旋转和复制。

3.2.3　绘制多段线

　　【多段线】PLINE 是 AutoCAD 中绘制的类型最多，可以相互连接的序列线段，是由可变宽度的直线段和圆弧段相互连接而形成的复杂图形对象。多段线可直可曲、可宽可窄，因此在画多段轮廓线时很有用。绘制多段线的具体步骤如下。

步骤 01　单击【多段线】按钮 ⏝，在绘图区单击指定起点，如图 3-33 所示。

步骤 02　右移鼠标，输入至下一个点的位置，如 200，按【Enter】键确定，如图 3-34 所示。

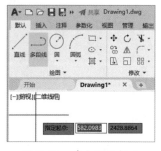

图 3-33　单击指定起点

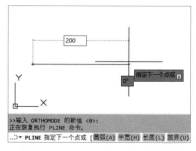

图 3-34　输入至下一点的距离

步骤 03　输入子命令【圆弧】A，按【Enter】键确定，如图 3-35 所示。

步骤 04　上移鼠标输入圆弧的另一个端点，如 100，按【Enter】键确定，如图 3-36 所示。

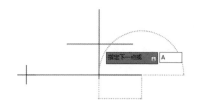

图 3-35　执行子命令【圆弧】

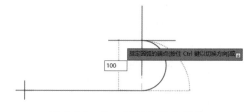

图 3-36　输入圆弧的端点距离

步骤 05　输入并执行子命令【直线】L，如图 3-37 所示。

步骤 06　左移鼠标单击指定下一点，如图 3-38 所示。

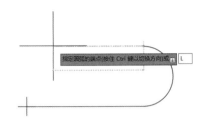

图 3-37　执行子命令【直线】

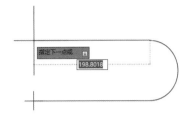

图 3-38　单击指定长度

步骤 07　输入子命令【闭合】C，如图 3-39 所示。

步骤 08　按【Enter】键确定，图形自动闭合，如图 3-40 所示。

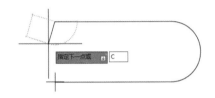

图 3-39　执行子命令【闭合】

图 3-40　图形闭合

温馨提示　当半宽值大于 0，且起点半宽值和终点半宽值相同时，所绘制的线段为有宽度的直线。

3.2.4　绘制多线

【多线】MLINE 由 1~16 条平行线组成，这些平行线称为元素。绘制多线时，可以使用程序默认包含两个元素的【STANDARD】样式，可以加载已有的样式，也可以新建多线样式，以控制元素的数量和特性。绘制多线的具体操作方法如下。

步骤 01　执行【多线】ML 命令，在绘图区单击指定起点，右移鼠标指针，如图 3-41 所示。

步骤 02　在绘图区单击指定第二点，按空格键结束【多线】命令，如图 3-42 所示。

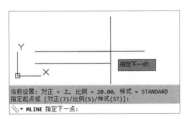

图 3-41　执行【多线】命令指定起点

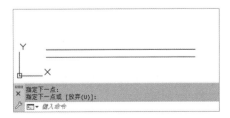

图 3-42　指定第二点并结束【多线】命令

步骤 03　按空格键激活【多线】命令，输入子命令【比例】S，如图 3-43 所示。

步骤 04 按空格键，输入比例值，如 240，按空格键确定，如图 3-44 所示。

步骤 05 单击指定起点，上移鼠标，输入至下一点的距离，如 500，如图 3-45 所示。

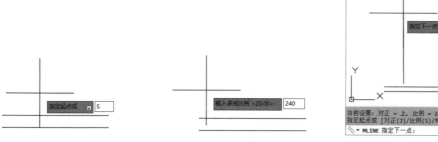

图 3-43 输入子命令【比例】　　　　图 3-44 输入比例值　　　　图 3-45 输入至下一点的距离

步骤 06 按空格键确定，再次按空格键结束【多线】命令，如图 3-46 所示。

图 3-46 按空格键结束【多线】命令

> **温馨提示**
>
> 多线的绘制方法与直线的绘制方法相似，不同的是多线是由两条线型相同的平行线组成。绘制的第一条多线都是一个完整的整体，不能对其进行偏移、倒角、延伸和修剪等编辑，只能使用【分解】命令将其分解成多条直线后再进行相应的编辑。

3.2.5 绘制样条曲线

【样条曲线】SPLINE 是由一系列点构成的平滑曲线。选择样条曲线后，曲线周围会显示控制点，可以根据自己的实际需要，通过调整曲线上的起点、控制点来控制曲线的形状。绘制样条曲线的具体操作步骤如下。

步骤 01 单击【绘图】下拉按钮，在打开的【绘图】菜单中单击【样条曲线】按钮，如图 3-47 所示。

步骤 02 在绘图区单击指定起点，如图 3-48 所示。

图 3-47 激活【样条曲线】命令

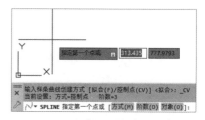

图 3-48 单击指定第一个点

步骤 03 单击指定第二个点并移动鼠标指针，如图 3-49 所示。

步骤 04　移动鼠标依次指定下一点，按空格键结束命令，如图 3-50 所示。

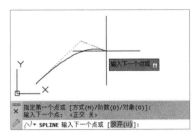

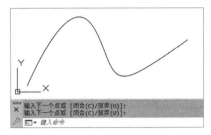

图 3-49　单击指定第二个点　　　　　　　图 3-50　单击依次指定点并结束【样条曲线】命令

步骤 05　单击已绘制完成的样条曲线，如图 3-51 所示。

步骤 06　单击样条曲线的起始点，此点此时为【控制点】，如图 3-52 所示。

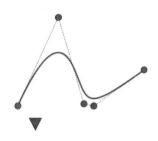

图 3-51　单击选择样条曲线　　　　　　　　图 3-52　单击起始点

步骤 07　单击第一个控制点并向下移动鼠标指针，如图 3-53 所示。

步骤 08　至适当位置单击指定顶点的新位置，如图 3-54 所示。

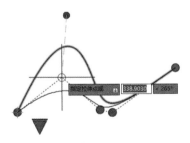

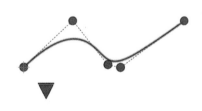

图 3-53　单击第一个控制点　　　　　　　　图 3-54　指定顶点的新位置

技能
拓展

样条曲线的快捷命令是 SPL，分为【拟合】和【控制点】两个命令：【控制点】是在绘制样条曲线的过程中，曲线周围会显示由控制点构成的虚框，样条曲线最少应该有 3 个顶点。

📖 课堂范例——绘制跑道及指示符

步骤 01　输入并执行【多段线】命令 PL，在绘图区单击指定起点，按【F8】键打开【正交模式】，输入下一个点 2000，如图 3-55 所示。

步骤 02　按【Enter】键确定，输入子命令【圆弧】A，如图 3-56 所示，并按【Enter】键确定。

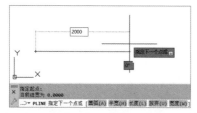

图 3-55　输入并执行【多段线】命令

图 3-56　执行子命令【圆弧】

步骤 03　上移鼠标输入圆弧的端点距离 1500，按【Enter】键确定，如图 3-57 所示。

步骤 04　输入子命令【直线】L，按【Enter】键确定，如图 3-58 所示。

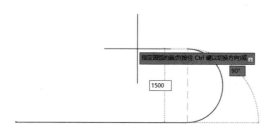

图 3-57　输入圆弧的端点距离

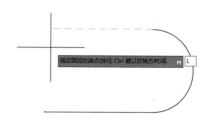

图 3-58　执行子命令【直线】

步骤 05　左移鼠标输入下一点的位置 2000，按【Enter】键确定；输入子命令【圆弧】A，按【Enter】键确定，如图 3-59 所示。

步骤 06　输入子命令【闭合】CL，按【Enter】键确定，闭合跑道，如图 3-60 所示。

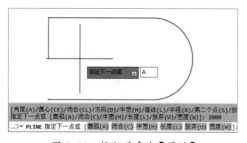

图 3-59　执行子命令【圆弧】

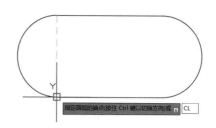

图 3-60　执行子命令【闭合】

步骤 07　输入并执行【多段线】命令 PL，在绘图区单击指定起点，移动鼠标指针至另一处位置并单击指定下一点，输入并执行子命令【圆弧】A，输入圆弧端点 1000，如图 3-61 所示，按【Enter】键确定。

步骤 08　输入并执行子命令【直线】L，单击指定下一点；输入子命令【半宽】H，如图 3-62 所示，按【Enter】键确定。

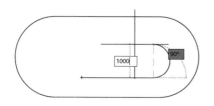

图 3-61 执行子命令【圆弧】

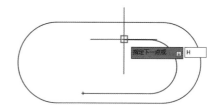

图 3-62 执行子命令【直线】和【半宽】

步骤 09 输入起点半宽值，如 50，按【Enter】键确定，输入终点半宽值，如 0，按【Enter】键确定，如图 3-63 所示。

步骤 10 单击指定下一点，确定指示符位置，按空格键退出【多段线】命令，效果如图 3-64 所示。

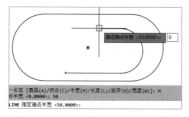

图 3-63 指定起点和终点半宽值

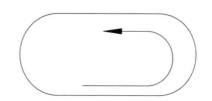

图 3-64 显示效果

3.3 绘制封闭的图形

封闭的图形包括直线构成的矩形、多边形和曲线构成的圆。【矩形】包括正方形、长方形，【多边形】包括等边三角形、正方形、五边形、六边形等。一条线段的两个端点之一在平面内旋转一周，另一个端点的轨迹就是【圆】。【椭圆】的大小由定义其长和宽的两条轴决定，分别为长轴和短轴；长轴和短轴相等时即为圆。

3.3.1 绘制矩形

使用【矩形】命令 RECTANG 可以绘制矩形多段线，该命令有多个选项，用于指定矩形的外观并定义尺寸，例如，指定厚度和宽度；还可以设置倒角、圆角、宽度、厚度值等参数，改变矩形的形状。绘制矩形的具体操作步骤如下。

步骤 01 单击【矩形】按钮，如图 3-65 所示。

步骤 02 在绘图区单击指定起点，如图 3-66 所示。

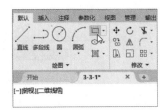

图 3-65　激活【矩形】命令

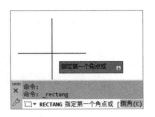

图 3-66　单击指定起点

> **步骤 03** 移动鼠标指针至另一处位置并单击指定另一个角点，如图 3-67 所示。
>
> **步骤 04** 按空格键激活【矩形】命令，如图 3-68 所示。

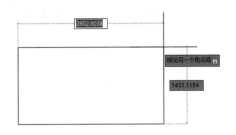

图 3-67　单击指定另一个角点

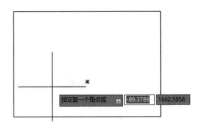

图 3-68　激活【矩形】命令

> **步骤 05** 在绘图区单击指定起点，输入子命令【尺寸】D，按空格键确定，如图 3-69 所示。
>
> **步骤 06** 输入矩形【长度】，如 300，按空格键确定；输入矩形【宽度】，如 100，按空格键确定，最后在绘图区空白处单击鼠标完成矩形的绘制，如图 3-70 所示。

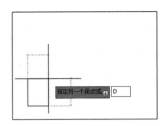

图 3-69　执行子命令【尺寸】

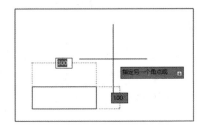

图 3-70　输入矩形尺寸

> **步骤 07** 按空格键激活【矩形】命令，在绘图区单击指定起点，输入矩形尺寸，如【@500，500】，如图 3-71 所示。
>
> **步骤 08** 按空格键确定，长宽相等的正方形即绘制完成，如图 3-72 所示。

技能拓展

在 AutoCAD 中，绘制矩形的方法有很多，大家可以在绘制时选择适合自己的最快捷的方法。在使用子命令【尺寸】D 绘制矩形时，一定要注意在输入完所有尺寸并按空格键后，矩形的位置并没有固定，必须再次单击鼠标才能确定其位置。

在输入数字确定矩形长、宽的时候，一定要注意中间的"逗号"是小写的英文状态，其他输入法和输入状态输入的"逗号"程序不执行命令。矩形不仅可以长和宽不等，也可以是长和宽相等的正方形。其快捷命令为 REC。

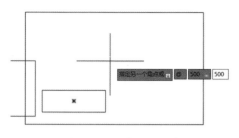

图 3-71 指定矩形尺寸

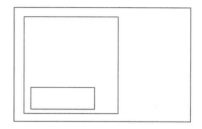

图 3-72 完成矩形的绘制

3.3.2 绘制多边形

【多边形】命令用于绘制有多条边且各边长相等的闭合图形，多边形的边数可在 3~1024 之间选取。使用【多边形】PoLygon 命令绘制正多边形时，可以通过边数和边长来定义一个多边形；也可以指定通过圆和边数来定义一个多边形，多边形可以内接于圆或外切于圆。绘制多边形的具体操作步骤如下。

步骤 01 单击【矩形】命令后的下拉按钮 □▾，单击【多边形】按钮 ⬠ 多边形，如图 3-73 所示。

步骤 02 输入多边形的【边数】，如 3，按空格键确定，如图 3-74 所示。

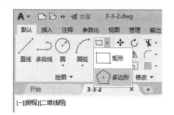

图 3-73 激活【多边形】命令

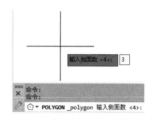

图 3-74 输入多边形的【边数】

步骤 03 输入【多边形】的子命令【边】E，按空格键确定，单击指定第一个端点，如图 3-75 所示。

步骤 04 右移鼠标指针，按【F8】键打开【正交模式】，输入至下一个端点的【边长】，如 500，按空格键确定，如图 3-76 所示。

图 3-75 单击指定第一个端点

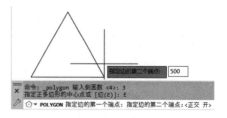

图 3-76 输入边长的第二个端点距离

步骤 05 按空格键激活【多边形】命令，输入【侧面数】5，按空格键确定，单击指定多边形中心点，输入子命令【内接于圆】I，如图 3-77 所示。

步骤 06 按空格键确定，输入圆的【半径】，如 300，按空格键确定，如图 3-78 所示。

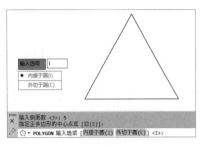

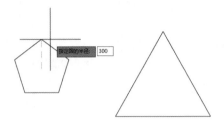

图 3-77　执行子命令【内接于圆】　　　　图 3-78　指定内接于圆的【半径】

技能
拓展

　　多边形最少由 3 条等长边组成，边数越多，形状越接近于圆。【中心点】选项分为【内接于圆】和【外切于圆】：内接于圆表示以指定正多边形内接圆半径的方式来绘制多边形；外切于圆表示以指定正多边形外切圆半径的方式来绘制多边形。【边】是以指定多边形边的方式来绘制，通过边的数量和长度确定正多边形。

　　使用【边】方式绘制正多边形，在指定边的两个端点 A 和 B 时，程序将按从 A 至 B 的顺序以逆时针方向绘制正多边形。【内接于圆】方式为系统默认方式，即在指定了正多边形的边数和中心点后，直接输入正多边形内接圆的半径绘制正多边形。

3.3.3　绘制圆

　　圆是绘图中很常见的一种图形对象。在机械制图领域，圆通常用来表示洞或车轮。在建筑制图中，圆又被用来表示垃圾桶或树木。而在电气和管道图纸中，圆可以表示各种符号。AutoCAD 为用户提供了 6 种绘制圆的方法，用户可以根据不同的已知条件来选择不同的绘制方式。绘制圆时最直观的操作步骤如下。

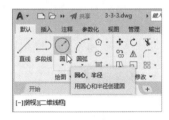

步骤 01　单击【圆】按钮，如图 3-79 所示。
步骤 02　在绘图区单击指定圆心，如图 3-80 所示。
步骤 03　输入圆的【半径】，如 100，如图 3-81 所示。
步骤 04　按【Enter】键确定，完成圆的绘制，如图 3-82 所示。

图 3-79　单击【圆】按钮

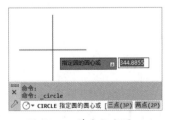

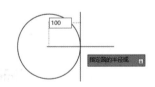

图 3-80　单击指定圆心　　　图 3-81　输入圆的【半径】　　　图 3-82　完成圆的绘制

技能
拓展

　　在 AutoCAD 2022 中，除了用圆的半径或直径画圆外，也可以用两点方式画圆，即通过指定两个端点来确定圆的大小。还可以用三点方式画圆，在用三点方式画圆的命令中，执行以 3 个点来确定圆的大小时，系统会指定第一点、第二点和第三点，根据提示完成圆的绘制即可。

3.3.4　绘制椭圆

椭圆的大小是由定义其长度和宽度的两条轴决定的，两轴相等时即为圆。使用【轴，端点】命令绘制椭圆是程序默认的方式。椭圆上的前两个点确定第一条轴的位置和长度，第三个点确定椭圆圆心与第二条轴端点之间的距离。绘制椭圆时最直观的操作步骤如下。

步骤 01 单击【圆心】下拉按钮，在打开的菜单中单击【轴，端点】命令，如图 3-83 所示。

步骤 02 在绘图区单击指定椭圆的轴端点，如图 3-84 所示。

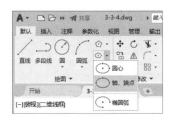

图 3-83　单击【圆心】下拉按钮

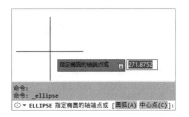

图 3-84　单击指定椭圆的轴端点

步骤 03 移动鼠标指针，输入轴的另一个端点距离，如 500，按【Enter】键确定，如图 3-85 所示。

步骤 04 移动鼠标指针，单击指定另一条【半轴长度】，如 100，如图 3-86 所示。按【Enter】键确定，完成椭圆的绘制。

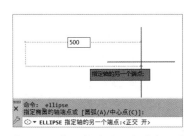

图 3-85　输入轴的另一个端点距离

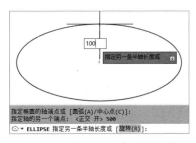

图 3-86　输入另一条半轴长度

技能拓展

绘制椭圆的快捷命令是 EL，在使用快捷命令绘制椭圆的过程中，用【轴，端点】命令绘制椭圆时，提示栏里显示【指定轴的另一个端点：】时定义的是此轴的直径；当提示栏里显示【指定另一条半轴长度或［旋转（R）］：】时定义的是此轴的半径；使用其他方法绘制时都是定义两轴的半径。

【系统变量】PELLIPSE 决定椭圆类型，当该变量为"0"（默认值）时，绘制的椭圆是由【曲线】NURBS 表示的椭圆；当该变量为"1"时，绘制的椭圆是由多段线近似表示的椭圆。

📖 课堂范例——绘制鞋柜立面图

步骤 01 单击【矩形】按钮，在绘图区单击指定矩形的第一个角点，输入子命令【尺寸】D，按空格键，输入长度 600，按空格键，输入宽度 1200，按空格键，单击指定矩形的另一个角点，如图 3-87 所示。

步骤 02 单击【多段线】按钮 ◻，在矩形右上角单击指定起点，右移鼠标输入长度 1200，按空格键，如图 3-88 所示。

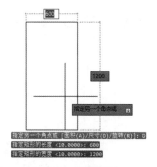

图 3-87 绘制矩形

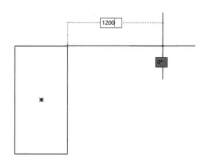

图 3-88 绘制多段线

步骤 03 下移鼠标输入长度 1200，按空格键，左移鼠标，单击矩形右下角指定下一点，按空格键结束多段线命令，如图 3-89 所示。

步骤 04 单击【直线】按钮 ◻，单击多段线上的水平线中点为起点，下移鼠标至多段线下水平线中点单击，指定下一点，按空格键结束【直线】命令，如图 3-90 所示。

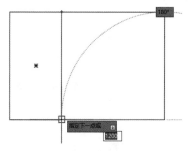

图 3-89 指定下一点

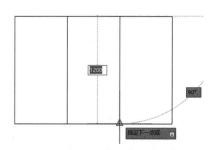

图 3-90 绘制直线

步骤 05 单击【多段线】按钮 ◻，在矩形左上角单击指定起点，下移鼠标输入长度 300，按空格键，如图 3-91 所示。

步骤 06 右移鼠标至多段线右垂直线单击，按空格键结束多段线命令，如图 3-92 所示。

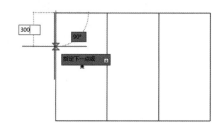

图 3-91 指定下一点

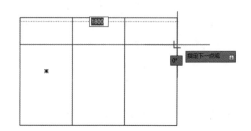

图 3-92 绘制水平线

步骤 07　单击【圆】按钮◎，在左上角矩形的适当位置单击指定圆心，输入圆半径 50，按空格键确定，如图 3-93 所示。依次在鞋柜的抽屉上绘制圆作为把手。

步骤 08　单击【矩形】按钮▢，输入子命令【圆角】F，按空格键，输入圆角值，如 10，按空格键，在左下方矩形中的适当位置单击指定第一个角点位置，如图 3-94 所示。

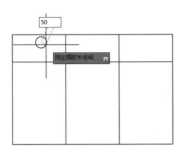

图 3-93　绘制圆

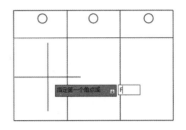

图 3-94　执行子命令【圆角】

步骤 09　输入子命令【尺寸】D，按空格键，输入长度 50，按空格键，输入宽度 200，按空格键，单击指定矩形的另一个角点，如图 3-95 所示。

步骤 10　依次绘制其他柜门把手，如图 3-96 所示。

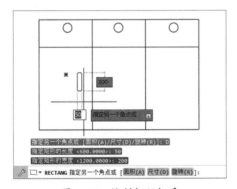

图 3-95　绘制柜门把手

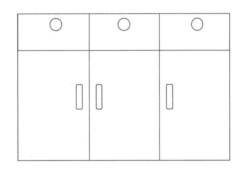

图 3-96　显示效果

3.4　绘制圆弧和圆环

　　在 AutoCAD 2022 中，程序提供了多种创建【圆弧】ARC 的方法，不仅可以通过指定圆心、端点、起点、半径、角度、弦长和方向值的各种组合方式绘制圆弧，还可以用三点连续的方式绘制圆弧；本节介绍创建椭圆弧及圆环的方法，下面分别进行介绍。

3.4.1　绘制圆弧

　　圆弧是圆的一部分，也是最常用的基本图形元素之一。使用【圆弧】ARC 命令可以绘制圆弧。绘制圆弧的具体操作步骤如下。

步骤 01 单击【圆弧】按钮 ，激活【圆弧】命令，如图 3-97 所示。

步骤 02 在绘图区单击指定圆弧起点，如图 3-98 所示。

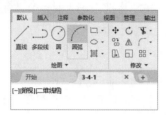

图 3-97　单击【圆弧】按钮

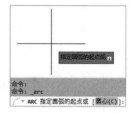

图 3-98　单击指定圆弧起点

步骤 03 移动鼠标指针单击指定圆弧的第二点，如图 3-99 所示。

步骤 04 移动鼠标指针单击指定圆弧的端点，如图 3-100 所示。

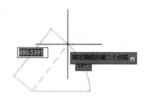

图 3-99　单击指定圆弧的第二个点

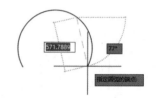

图 3-100　单击指定圆弧的端点

3.4.2　绘制椭圆弧

椭圆弧是椭圆的一部分，和椭圆的区别是它的起点和终点没有闭合。在绘制椭圆弧的过程中，顺时针方向是图形要去除的部分，逆时针方向是图形要保留的部分。绘制椭圆弧的具体操作步骤如下。

步骤 01 单击【圆心】下拉按钮 ，单击【椭圆弧】按钮 ，如图 3-101 所示。

步骤 02 在绘图区单击指定椭圆弧的轴端点，如图 3-102 所示。

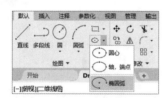

图 3-101　激活【椭圆弧】命令

图 3-102　单击指定椭圆弧的轴端点

步骤 03 移动鼠标指针，输入轴的另一个端点，如 200，按空格键确定，如图 3-103 所示。

步骤 04 上移鼠标指针，输入另一条半轴长度，如 300，按空格键确定，如图 3-104 所示。

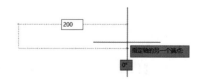

图 3-103　输入轴的另一个端点

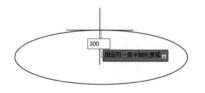

图 3-104　输入另一条半轴长度

步骤 05 输入椭圆弧的起点角度，如 50，按空格键确定，如图 3-105 所示。

步骤 06 输入椭圆弧的终点角度，如 120，按空格键确定，如图 3-106 所示。

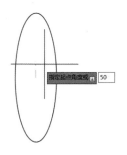

图 3-105 输入起点角度

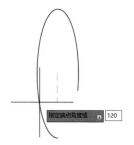

图 3-106 输入终点角度

3.4.3 绘制圆环

圆环是填充环或实体填充圆，实质上也是一种多段线，使用【圆环】DONUT 命令可以绘制圆环。圆环经常用在电路图中，用于创建符号。具体操作步骤如下。

步骤 01 单击【绘制】面板按钮，在打开的【绘图】菜单中单击【圆环】按钮◎，如图 3-107 所示。

步骤 02 输入圆环的【内径】，如 0，按空格键确定，如图 3-108 所示。

图 3-107 单击【圆环】按钮

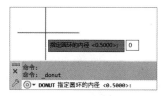

图 3-108 指定圆环的【内径】

步骤 03 输入圆环的【外径】，如 10，按空格键确定，如图 3-109 所示。

步骤 04 单击指定圆环的中心点，按空格键结束【圆环】命令，如图 3-110 所示。

图 3-109 输入圆环的【外径】

图 3-110 单击指定圆环的中心点

步骤 05 按空格键激活【圆环】命令，输入圆环的【内径】，如 5，按空格键确定，如图 3-111 所示。

步骤 06 输入圆环的【外径】，如 10，按空格键确定，如图 3-112 所示。

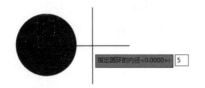

图 3-111　输入圆环的【内径】　　　　　　　　图 3-112　输入圆环的【外径】

步骤 07　单击指定圆环的中心点，按空格键结束【圆环】命令，如图 3-113 所示。

步骤 08　输入圆环的【内径】，如 10，按空格键确定，如图 3-114 所示。

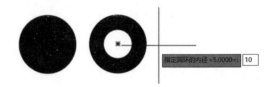

图 3-113　单击指定圆环的中心点　　　　　　　图 3-114　输入圆环的内径

温馨
提示

圆环通常在工程制图中用于表示孔、接线片或基座等。

步骤 09　输入圆环的【外径】，如 10，按空格键确定，如图 3-115 所示。

步骤 10　单击指定圆环的中心点，按空格键结束【圆环】命令，如图 3-116 所示。

图 3-115　输入圆环的外径　　　　　　　　　图 3-116　单击指定圆环的中心点

课堂范例——绘制椅背

步骤 01　单击【圆弧】按钮下的展开按钮 圆弧，在菜单中单击【圆心，起点，角度】命令 圆心，起点，角度，在绘图区单击指定圆弧圆心，按【F8】键打开【正交模式】，如图 3-117 所示。

步骤 02　右移鼠标输入圆弧起点，如 100，按空格键确定，左移鼠标输入圆弧角度，如 180，按空格键确定，如图 3-118 所示。

步骤 03　执行【圆弧】→【圆心，起点，角度】命令，单击已有圆心指定为新圆弧的圆心，右移鼠标指针并输入【半径】，如 85，按空格键确定，如图 3-119 所示。

图 3-117 单击指定圆心

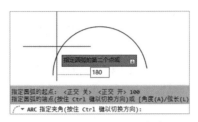

图 3-118 输入圆弧角度

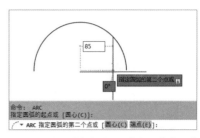

图 3-119 右移鼠标指针并输入【半径】

步骤 04 输入角度，如 180，按空格键确定，如图 3-120 所示。

步骤 05 单击【多段线】按钮，单击外圆弧左端点指定起点，向下移动鼠标指针，输入【距离】，如 100，按空格键确定，如图 3-121 所示。

步骤 06 右移鼠标指针，输入【距离】，如 200，按空格键确定，如图 3-122 所示。

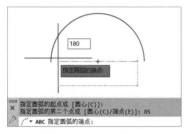

图 3-120 输入角度

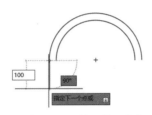

图 3-121 输入【距离】

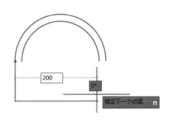

图 3-122 输入【距离】

步骤 07 上移鼠标指针，单击外圆弧右端点指定终点，按空格键结束【多段线】命令，如图 3-123 所示。

步骤 08 按空格键激活【多段线】命令，绘制内圆弧椅子部分，如图 3-124 所示。

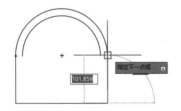

图 3-123 单击外圆弧右端点指定终点

图 3-124 绘制内圆弧椅子部分

课堂问答

问题 1：如何解决图形中的圆变形的问题？

答："圆"是由 N 边形组成的，数值 N 越大，棱边越短，圆越光滑。有时候图形经过【缩放】显示后，绘制的圆边显示棱边，图形会变得粗糙。在命令行中输入【重生成】命令 RE，按空格键确定，即可重新生成当前文件中的模型，使圆边光滑。

问题 2: 如何绘制等腰三角形?

答: 可以输入具体坐标值, 使用【直线】命令根据绝对坐标值和相对坐标值来绘制等腰三角形。具体操作步骤如下。

步骤 01 单击【直线】按钮, 输入【500,300】, 按空格键确定, 按【F8】键打开【正交模式】, 如图 3-125 所示。

步骤 02 输入直线【长度】, 如 800, 按空格键确定, 如图 3-126 所示。

步骤 03 上移鼠标指针, 输入【@-500,-45】, 按空格键确定, 如图 3-127 所示。

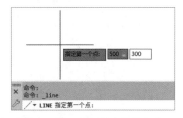

图 3-125 激活【直线】命令

图 3-126 输入直线【长度】　　　图 3-127 输入右侧边的坐标值

步骤 04 左移鼠标指针, 输入【@500,225】, 按两次空格键结束命令, 如图 3-128 所示。

步骤 05 单击选择水平直线, 指向直线左侧的端点, 如图 3-129 所示。

步骤 06 单击选择端点, 右移鼠标指针, 单击左交点为拉伸点, 按【Esc】键退出选择直线模式, 完成等腰三角形的绘制, 如图 3-130 所示。

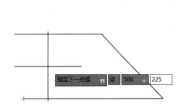

图 3-128 输入左侧边的坐标值

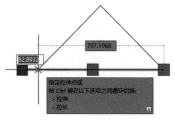

图 3-129 指向端点

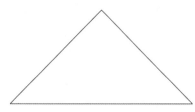

图 3-130 指定新的拉伸点

问题 3: 如何编辑多段线?

答:【多段线】命令类型多样, 可以使用夹点编辑多段线, 也可以使用【编辑多段线】命令对多段线对象进行编辑修改。【编辑多段线】命令 PEDIT 提供了单个直线所不具备的编辑功能。例如, 可以调整多段线的宽度和曲率。具体操作方法如下。

步骤 01 绘制一条多段线, 输入【编辑多段线】命令 PEDIT, 按空格键确定, 单击选择多段线, 如图 3-131 所示。

步骤 02 输入子命令【拟合】F, 按空格键确定, 再次按空格键退出多段线编辑命令, 如图 3-132 所示。

图 3-131 选择多段线　　　　　　　　　　图 3-132 显示编辑效果

温馨提示　要使用命令按钮编辑多段线，先单击【修改】下拉面板，再单击【编辑多段线】按钮🖉。

📷 上机实战——绘制洗手池平面图

为了帮助读者巩固本章知识点，下面安排一个"上机实战"案例，使读者对本章知识有更深入的理解。

效果展示

思路分析

在学习了点、线、封闭图形、圆弧和圆环等二维图形的绘制方法后，使用这些工具命令进行实际绘图，是学习 AutoCAD 的目的。

本例首先绘制直线，接下来绘制圆弧，使用【自】命令绘制直线，再以相同圆心绘制圆弧，使用【椭圆】命令绘制洗手池的凹槽，最后使用【圆】命令完善洗手池细节，得到最终效果。

制作步骤

步骤 01　单击【直线】按钮✎，在绘图区单击指定直线起点，按【F8】键打开【正交模式】，输入【长度】，如 480，按两次空格键结束【直线】命令，如图 3-133 所示。

步骤 02　执行【圆弧】→【起点，端点，角度】命令，在绘图区单击指定圆弧起点，右移鼠标指针并单击指定圆弧端点，如图 3-134 所示。

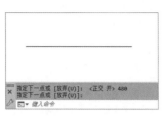

图 3-133　绘制直线　　　　　　　　　　　　　图 3-134　指定圆弧的端点

步骤 03　输入圆弧角度，如 225，按空格键确定，如图 3-135 所示。

步骤 04　单击【直线】按钮，输入【自】命令 from，按空格键确定。在直线左端点单击指定基点，如图 3-136 所示。

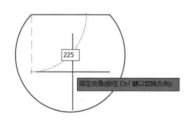

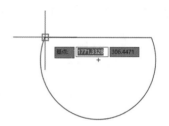

图 3-135　输入圆弧角度　　　　　　　　　　　图 3-136　指定直线基点

步骤 05　输入偏移值，如【@0,-50】，按空格键确定，如图 3-137 所示。

步骤 06　右移鼠标指针并输入直线【长度】，如 480，按两次空格键结束【直线】命令，如图 3-138 所示。

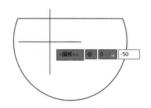

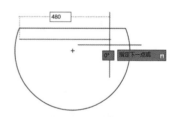

图 3-137　输入偏移值　　　　　　　　　　　　图 3-138　输入直线【长度】

步骤 07　执行【圆弧】→【圆心，起点，端点】命令，指向圆弧，单击指定圆心为新圆弧的圆心，在绘图区单击指定新绘制直线的左端点为圆弧的起点，如图 3-139 所示。

步骤 08　在绘图区单击指定此直线的右端点为圆弧端点，完成圆弧的绘制，如图 3-140 所示。

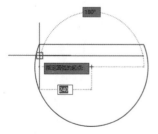

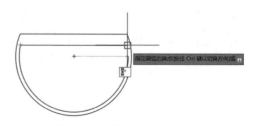

图 3-139　指定圆弧的圆心和起点　　　　　　　图 3-140　指定圆弧的端点

步骤 09　单击【椭圆】按钮，在绘图区单击圆心指定为椭圆的轴端点，下移鼠标指针，输入轴的另一个端点，如 215，按空格键确定，如图 3-141 所示。

步骤 10　右移鼠标指针，输入另一条半轴长度，如 165，按空格键确定，如图 3-142 所示。

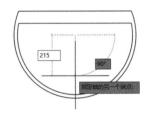

图 3-141　指定轴的另一个端点

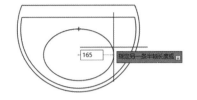

图 3-142　输入椭圆的另一条轴长度

步骤 11　单击【圆】按钮，以洗手池的圆心为圆心，绘制半径为 15 的圆，以相同圆心绘制【半径】为 25 的圆，如图 3-143 所示。

步骤 12　选择两个同心圆，单击【移动】按钮，单击外圆上象限点为基点，上移至上方水平线的中点处单击，指定为移动位置，如图 3-144 所示。

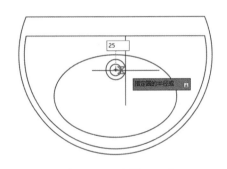

图 3-143　绘制同心圆

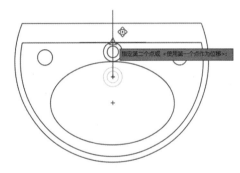

图 3-144　指定移动位置

步骤 13　使用【矩形】按钮绘制矩形，如图 3-145 所示。

步骤 14　单击【圆】按钮，在洗手盆内单击指定圆心，绘制半径为 10 的圆，如图 3-146 所示。完成洗手池平面图的绘制。

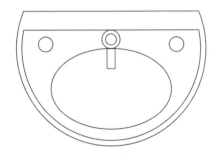

图 3-145　绘制矩形

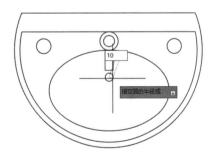

图 3-146　绘制圆

⊕ 同步训练——绘制密封圈俯视图

为了增强读者的动手能力，下面安排一个同步训练案例，让读者能举一反三，触类旁通。

图解流程

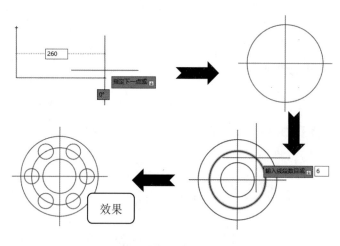

效果

思路分析

在 AutoCAD 中绘制机械图时，必须使用辅助线。如果在实际绘图过程中能灵活运用各个工具命令辅助绘图，可以极大地提高绘图速度。

本例首先使用【多段线】命令 ⊃ 绘制起始线段，接下来使用【直线】命令 ╱ 绘制水平线段，然后根据多段线的中点绘制垂直线段，再删除辅助线，根据交点绘制圆，最后通过【定数等分】命令 ⊰ 等分选择的圆，选择节点为圆心依次绘制圆，完成密封圈俯视图的绘制。

关键步骤

步骤 01　新建一个图形文件，然后按【F8】键开启【正交模式】。

步骤 02　单击【多段线】按钮 ⊃，绘制宽为 130，长为 260 的线段，如图 3-147 所示。

步骤 03　单击【直线】按钮 ╱，以垂直线端点为起点绘制长为 260 的线段，如图 3-148 所示。

步骤 04　以水平线中点为起点绘制高为 260 的线段，如图 3-149 所示。

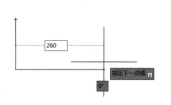

图 3-147　绘制多段线

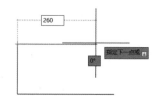

图 3-148　绘制水平线段

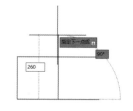

图 3-149　绘制垂直线段

步骤 05　删除辅助线，效果如图 3-150 所示。

步骤 06　单击【圆】按钮 ⊘，绘制一个【半径】为 105 的圆，如图 3-151 所示。

步骤 07　按空格键激活【圆】命令，绘制【半径】分别为 45、75 的同心圆，如图 3-152 所示。

图 3-150　删除辅助线　　　图 3-151　绘制【半径】为 105 的圆　　　图 3-152　绘制同心圆

步骤 08　单击【绘图】下拉按钮，在打开的菜单中单击【定数等分】按钮，单击选择要定数等分的对象，输入线段【数目】，如 6，按空格键确定。

步骤 09　单击【圆】按钮，选择节点为圆心，绘制【半径】为 20 的圆，如图 3-153 所示。

步骤 10　以每一个节点为圆心绘制【半径】为 20 的圆，如图 3-154 所示。

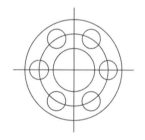

图 3-153　绘制【半径】为 20 的圆　　　　　图 3-154　依次绘制其他 5 个圆

知识能力测试

本章讲解了点的绘制方法、线的绘制方法、封闭图形的绘制方法、圆弧和圆环的绘制方法，为对知识进行巩固和考核，请读者完成以下练习题。

一、填空题

1.【多线】由 1 至 16 条平行线组成，这些平行线称为_____。

2.【定距等分】MEASURE 就是将对象按照指定的长度进行等分，或在对象上按照_____创建点或插入块。

3.【多边形】命令用于绘制多条边且_____的闭合图形，多边形的边数可在 3～1024 之间选取。

二、选择题

1.在输入数字确定矩形长宽的时候，一定要注意中间的逗号是（　　）的英文状态。

A.大写　　　　　　B.小写　　　　　　C.打开　　　　　　D.关闭

2.多段线是 AutoCAD 中绘制的类型最多，可以（　　）的序列线段。

A.相互连接　　　　B.无限延伸　　　　C.改变宽度　　　　D.闭合

3. AutoCAD 为用户提供了（　　　）种绘制圆的方法，用户可以根据不同的已知条件来选择不同的绘制方式。

A. 5　　　　　　　　B. 6　　　　　　　　C. 8　　　　　　　　D. 10

三、简答题

1. 矩形和多边形的区别是什么？

2. 多段线常用于什么地方？

AutoCAD 2022

AutoCAD 中除了拥有大量的二维图形绘制命令外，还提供了功能强大的二维图形编辑命令。可以通过编辑命令对图形进行修改，使图形更精确、直观，以达到精确制图的最终目的。

学习目标

- 熟练掌握改变对象位置的方法
- 熟练掌握创建对象副本的方法
- 熟练掌握改变对象尺寸的方法
- 熟练掌握改变对象构造的方法

4.1 改变对象位置

本节主要讲解对已绘制完成的对象进行位置、角度等方面调整的命令，这些命令是对已有图形进行相关编辑的基础。

4.1.1 移动对象

移动是将一个图形从现在的位置挪动到一个指定的新位置，图形大小和方向不会发生改变。使用【移动】命令MOVE可以移动图形，需要指定对象将要移动的方向和距离。

移动对象的具体操作步骤如下。

步骤 01　打开"素材文件\第4章\4-1-1.dwg"，选择楼梯扶手，如图4-1所示。

步骤 02　单击【移动】按钮✛，单击扶手中的点指定为移动基点，如图4-2所示。

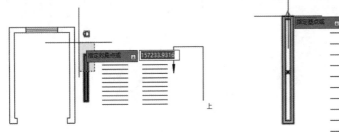

图 4-1　选择矩形楼梯扶手

图 4-2　指定移动基点

技能拓展

【移动】MOVE对象是指将对象以指定的距离和方向重新定位，移动图形时只改变图形的实际位置，从而使图形产生物理上的变化。使用【实时平移】PAN命令移动图形，只能在视觉上调整图形的显示位置，并不能使图形发生物理上的变化。

步骤 03　单击最内侧的窗户线中点指定为移动的第二点，如图4-3所示。

步骤 04　按空格键激活【移动】命令，选择楼梯扶手并确定；在绘图区空白处单击指定基点，如图4-4所示。

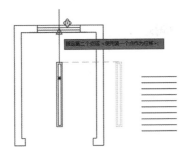

图 4-3　指定移动的第二点

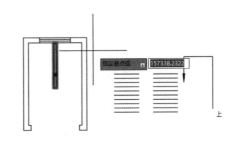

图 4-4　单击指定基点

步骤 05 下移鼠标指针，输入至第二个点的距离，如1000，即楼梯转角处的宽度，按空格键结束【移动】命令，如图4-5所示。

步骤 06 按空格键激活【移动】命令，单击选择楼梯步，按空格键确定，单击右下角端点为移动的基点，如图4-6所示。

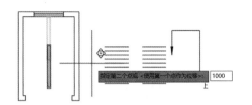

图4-5 输入移动距离 图4-6 单击指定移动基点

步骤 07 在楼梯扶手外框左下角端点处单击，指定为第二点，如图4-7所示。

步骤 08 按空格键激活【移动】命令，用相同方法将楼梯步移动至右侧适当位置，如图4-8所示。

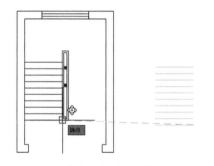
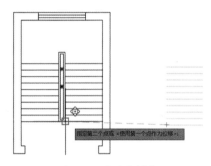

图4-7 单击指定移动的第二点 图4-8 移动楼梯步

步骤 09 按空格键激活【移动】命令，选择指示箭头和文字，单击指定基点，单击任意楼梯步的中点指定为第二点，如图4-9所示。

步骤 10 按空格键激活【移动】命令，选择楼梯两侧的梯步，在空白处单击指定基点，上移光标输入第二点的距离200，按空格键确定，如图4-10所示。

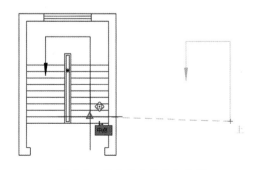
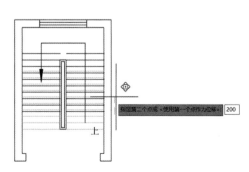

图4-9 移动指示箭头和文字 图4-10 移动楼梯步

4.1.2 旋转对象

【旋转】ROTATE 就是将选定的图形围绕一个指定的基点改变其角度，正的角度按逆时针方向旋转，负的角度按顺时针方向旋转。旋转对象的具体操作方法如下。

步骤 01 打开"素材文件\第 4 章\4-1-2.dwg"，单击选择对象，单击【旋转】按钮 ○，如图 4-11 所示。

步骤 02 单击对象右下角指定为旋转基点，如图 4-12 所示。

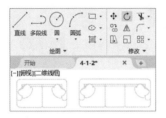

图 4-11 单击【旋转】按钮

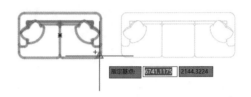

图 4-12 指定旋转基点

步骤 03 上移鼠标指针并单击指定旋转角度，如图 4-13 所示。

步骤 04 按空格键激活【旋转】命令，单击选择对象并确定，单击指定旋转基点，如图 4-14 所示。

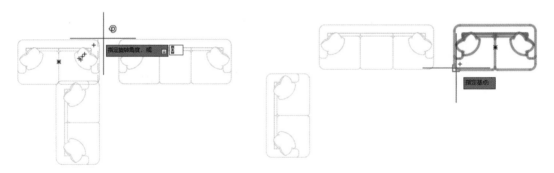

图 4-13 指定旋转角度

图 4-14 指定旋转基点

步骤 05 输入对象旋转【角度】，如 270，按空格键确定，如图 4-15 所示。

步骤 06 按空格键激活【旋转】命令，单击选择对象并确定，如图 4-16 所示。

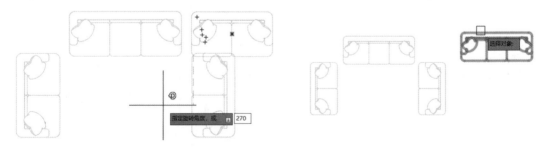

图 4-15 输入对象旋转【角度】

图 4-16 选择对象并确定

步骤 07 在空白处单击指定旋转基点，如图 4-17 所示。

步骤 08 左移鼠标指针，单击确定旋转对象，如图 4-18 所示。

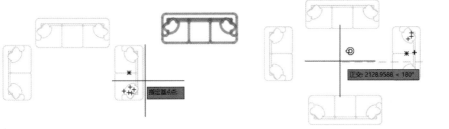

图 4-17 指定旋转基点   图 4-18 确定旋转对象

技能
拓展

在 AutoCAD 中，旋转对象必须先指定基点，从基点开始鼠标指针向上或向下移，被旋转对象就以 90°或 270°旋转；从基点开始鼠标指针向左或向右移，被旋转对象就以 0°或 180°旋转，但这个旋转角度数会随着基点位置在被旋转对象的上、下、左、右方向的不同而变化。

4.1.3 删除对象

删除对象是将对象从当前图形中删除并清除显示。在绘制室内装饰设计图纸时，为了方便绘图，会大量使用辅助线，一旦完成命令，必须将这些辅助线删除，以免文件过大占用计算机资源。

在 AutoCAD 2022 中，删除对象的方法如下。

方法一：单击【修改】面板的【删除】按钮 ，选择对象，按【Enter】键删除对象。

方法二：在命令栏输入【删除】命令 E，选择对象，按【Enter】键，对象即被删除。

方法三：选择对象，按【Delete】键，对象即被删除。

课堂范例——绘制双开门图例

步骤 01 打开"素材文件\第 4 章\双开门图例.dwg"，选择要旋转的两个对象，如图 4-19 所示。

步骤 02 单击【旋转】按钮 ，在绘图区单击指定旋转基点，如图 4-20 所示。

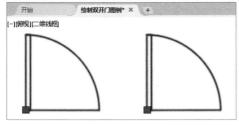

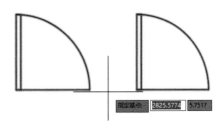

图 4-19 选择要旋转的两个对象   图 4-20 指定旋转基点

步骤 03 输入旋转角度，如 90，按【Enter】键确定，如图 4-21 所示。

步骤 04 选择要旋转的对象，单击【旋转】按钮 ⟳，在绘图区单击指定旋转基点，输入旋转角度，如 180，按【Enter】键确定，如图 4-22 所示。

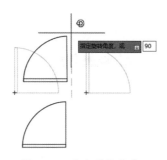

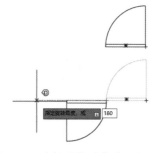

图 4-21　指定旋转角度　　　　　　　　图 4-22　选择旋转对象并指定旋转角度

步骤 05 选择要移动的对象，单击【移动】按钮 ✛，单击对象右上角端点，指定为对象移动基点，如图 4-23 所示。

步骤 06 单击上方对象左下角端点，指定为移动到的第二点，如图 4-24 所示。完成双开门的绘制。

图 4-23　指定对象移动基点　　　　　　　图 4-24　指定移动至的第二点

4.2 创建对象副本

在 AutoCAD 中，当需要在图形中绘制两个或多个相同对象时，可先绘制一个源对象，再根据源对象以指定的角度和方向创建此对象的副本，以达到提高绘图效率和绘图精度的目的。

4.2.1 复制对象

【复制】COPY 是很常用的二维编辑命令，功能与【移动】命令很相似。其实两者间唯一的区别就是，复制操作不会删除原位置上的对象，最终得到的是两个对象而不是一个。复制对象的具体操作方法如下。

步骤 01 绘制矩形和圆，单击【复制】按钮 ⚏，单击选择复制对象，按空格键确定，如图4-25所示。

步骤 02 单击指定基点，如图4-26所示。

步骤 03 右移鼠标指针，输入复制距离，如500，按空格键确定，如图4-27所示。

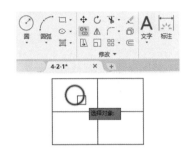

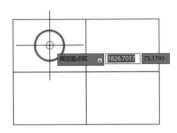

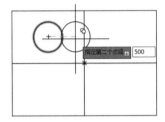

图 4-25 选择复制对象 　　　图 4-26 指定复制基点 　　　图 4-27 输入要复制的距离值

步骤 04 单击指定下一个要复制到的位置，如图4-28所示。

步骤 05 按【F8】键打开【正交模式】，单击指定下一个要复制到的位置，如图4-29所示。

步骤 06 按空格键结束【复制】命令，如图4-30所示。

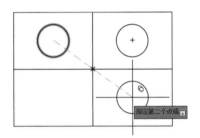

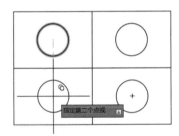

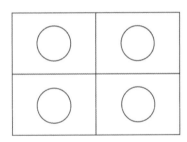

图 4-28 指定复制目标点 　　　图 4-29 打开【正交模式】复制圆 　　　图 4-30 显示效果

温馨
提示
　　在复制时注意所选择对象的数量，注意指定对象的基点位置，注意各个对象的对象捕捉点，以及辅助工具的用法，就能很灵活地运用【复制】命令做出想要的效果。激活【复制】命令并复制对象后，必须按【Enter】键或空格键结束【复制】命令，否则【复制】命令会一直呈激活状态。

4.2.2 镜像对象

　　【镜像】命令 MIRROR 可以绕指定轴翻转对象，创建对称的镜像图像，这也是特殊复制方法的一种。镜像对创建对称的对象和图形非常有用，使用时要注意镜像线的利用。镜像对象的具体操作方法如下。

步骤 01 打开"素材文件\第4章\4-2-2.dwg"，单击【镜像】按钮 ⚊，如图4-31所示。

步骤 02 单击选择对象，按空格键确定，如图4-32所示。

步骤 03 单击指定镜像线的第一点，如图4-33所示。

图 4-31 单击【镜像】按钮

图 4-32 选择要镜像的对象

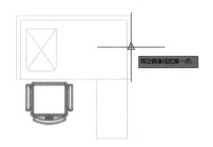

图 4-33 指定镜像线的第一点

步骤 04 单击指定镜像线的第二点，按空格键确认默认选项【N】，不删除源对象，即可完成对所选对象的镜像复制，如图 4-34 所示。

步骤 05 按空格键激活【镜像】命令，单击选择对象，再按空格键确定，单击指定镜像线的第一点，如图 4-35 所示。

步骤 06 下移鼠标指针，单击指定镜像线的第二点，按空格键确认默认选项【N】，不删除源对象，完成所选对象的镜像复制，如图 4-36 所示。

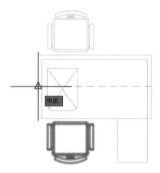

图 4-34 指定镜像线的第二点

图 4-35 指定镜像线的第一点

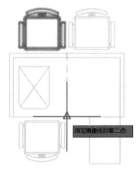

图 4-36 指定镜像线的第二点

温馨提示

【镜像】命令主要用来创建相同的对象和图形，但关键是镜像线的运用；必须确认镜像线的第一点和第二点，绘制垂直线是上下两点使对象左右翻转，绘制水平线是左右两点使对象上下翻转；镜像线决定新对象的位置。命令行显示【要删除源对象吗？［是（Y）/否（N）]<N>：】时，按空格键默认保留源对象并镜像复制一个新对象；若此时输入【Y】并按空格键，源对象则被删除，保留镜像复制的对象。

步骤 07 按空格键激活【镜像】命令，框选要镜像的对象，并按空格键确定，单击指定镜像线的第一点，如图 4-37 所示。

步骤 08 移动鼠标指针，单击指定镜像线的第二点，按空格键确认默认选项【N】，不删除源对象，如图 4-38 所示。

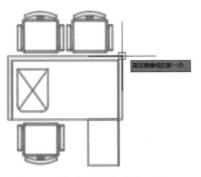

图 4-37 指定镜像线的第一点

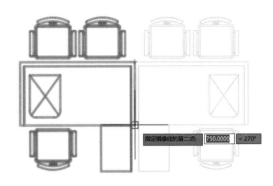

图 4-38 指定镜像线的第二点

4.2.3 阵列对象

【阵列】命令 ARRAY 也是一种特殊的复制方法，是在源对象的基础上，按照矩形、环形（极轴）、路径 3 种方式，以指定的距离、角度和路径复制出源对象的多个副本。

1. 矩形阵列

矩形阵列是指按行与列整齐排列的多个相同对象副本组成的纵横对称图案。矩形阵列的操作步骤如下。

步骤 01 绘制并选择圆，单击【矩形阵列】按钮，程序默认的矩形阵列如图 4-39 所示。

步骤 02 在【列数】栏输入 6，在【行数】栏输入 2，效果如图 4-40 所示。

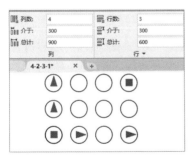

图 4-39 程序默认的矩形阵列效果

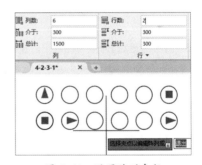

图 4-40 设置阵列参数

2. 环形阵列

【环形阵列】命令是指以指定的角度，围绕指定的圆心复制所选定的对象，来创建阵列。环形阵列的操作步骤如下。

步骤 01 打开"素材文件\第 4 章\4-2-3.dwg"，单击【矩形阵列】下拉按钮，在菜单中单击【环形阵列】按钮，如图 4-41 所示。

步骤 02 单击选择需要阵列的源对象，按空格键确定，如图 4-42 所示。

步骤 03 单击指定阵列中心点，如图 4-43 所示。

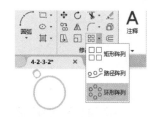

图 4-41　单击【矩形阵列】按钮

图 4-42　单击选择源对象

图 4-43　单击指定阵列中心点

步骤 04　程序默认的环形阵列效果如图 4-44 所示。

步骤 05　在【项目数】中输入新的数值，如 10，如图 4-45 所示。

步骤 06　输入【行数】，如 2，输入【介于】，如 600，效果如图 4-46 所示。

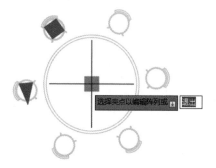

图 4-44　程序默认的环形阵列效果

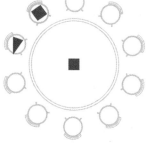

图 4-45　输入新项目数

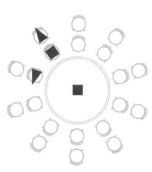

图 4-46　设置阵列参数

> **技能拓展**　在执行【矩形阵列】命令的过程中，可单击各蓝色的夹点指定行和列的偏移距离；【路径阵列】方式是指沿路径或部分路径均匀分布对象副本，其路径可以是直线、多段线、三维多段线、样条曲线、螺旋、圆弧、圆或椭圆等。

　　在使用【阵列】命令绘图时，要注意根据命令行的提示输入相应的命令，使用【矩形阵列】时要注意行列的坐标方向；使用【环形阵列】时要注意源阵列对象和中心点的关系；使用【路径阵列】时一定要分清楚基点、方向、对齐命令的不同效果。

4.2.4　偏移对象

　　【偏移】OFFSET 是指通过指定距离或指定点在选择对象的一侧生成新的对象。【偏移】可以是等距离复制图形，如偏移直线；也可以是放大或缩小图形，如偏移矩形。偏移对象的具体操作方法如下。

步骤 01　绘制一个圆，圆内绘制一条直线，单击【偏移】按钮 ⊏，输入【偏移距离】，如 20，按空格键确定，如图 4-47 所示。

步骤 02　单击选择要偏移的对象，如图 4-48 所示。

步骤03 指定要偏移的一侧，在圆内侧单击则向圆内偏移复制，如图4-49所示。

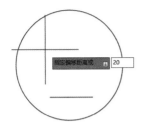

图4-47 单击【偏移】按钮

图4-48 单击要偏移的对象

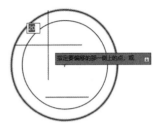

图4-49 偏移对象

步骤04 单击选择要偏移的对象，如直线，如图4-50所示。

步骤05 指定要偏移的一侧，如在直线上方单击则向直线上方偏移复制，如图4-51所示。

步骤06 按空格键结束【偏移】命令，如图4-52所示。

图4-50 单击要偏移的对象

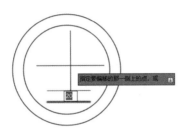

图4-51 偏移对象

图4-52 结束【偏移】命令

技能拓展

执行【偏移】命令时，【通过】选项指定偏移复制对象的通过点；【删除】选项将源偏移对象删除；【图层】选项用于设置偏移后的对象所在图层。矩形和圆用【偏移】命令时只能向内侧或外侧偏移。直线则上、下、左、右都可偏移，但必须与原线段平行。样条曲线使用【偏移】命令时，偏移距离大于线条曲率时将自动进行修剪。

📖 课堂范例——绘制时钟

步骤01 打开"素材文件\第4章\时钟.dwg"，激活【环形阵列】命令，单击选择对象，按【Enter】键确定，如图4-53所示。

步骤02 单击指定同心圆的圆心为环形阵列中心点，输入子命令【项目】I，按【Enter】键确定，如图4-54所示。

步骤03 输入阵列中的【项目数】，如4，如图4-55所示。

步骤04 按【Enter】键确定，效果如图4-56所示。按【Enter】键结束【环形阵列】命令。

图4-53 选择对象

图 4-54　输入子命令

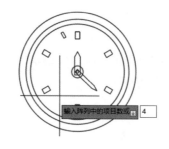

图 4-55　输入【项目数】

图 4-56　完成阵列

步骤 05　按空格键激活【环形阵列】命令，单击选择对象，按【Enter】键确定，如图 4-57 所示。

步骤 06　指定圆心为阵列中心点，单击箭头夹点向左侧拖曳，输入【项目间的角度】，如 30，按【Enter】键确定，如图 4-58 所示。

步骤 07　单击最右侧的箭头夹点，输入【项目数】，如 2，按【Enter】键，如图 4-59 所示。

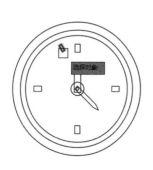

图 4-57　选择对象

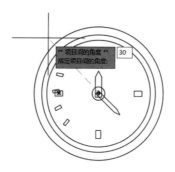

图 4-58　输入角度

图 4-59　输入项目数

步骤 08　按【Enter】键结束【环形阵列】命令，如图 4-60 所示。

步骤 09　按空格键激活【环形阵列】命令，单击阵列组作为环形阵列对象，按【Enter】键确定，如图 4-61 所示。

步骤 10　指定圆心为中心点，设置【项目数】为 4，按【Enter】键确定，如图 4-62 所示。

图 4-60　完成阵列

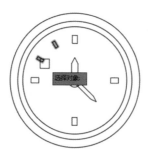

图 4-61　选择对象

图 4-62　阵列对象

4.3 改变对象尺寸

修剪对象是指可以通过一系列的命令，对已有对象进行拉长、缩短，或按比例放大、缩小等操作，实现对象形状和大小的改变。

4.3.1 延伸对象

【延伸】命令 EXTEND 用于将指定的图形对象延伸到指定的边界，有效的边界线可以是直线、圆和圆弧、椭圆和椭圆弧、多段线、样条曲线、构造线、文本及射线等。延伸对象的具体操作步骤如下。

步骤 01 打开"素材文件\第4章\4-3-1.dwg"，单击【修剪】下拉按钮，在菜单中单击【延伸】按钮 →延伸，如图 4-63 所示。

步骤 02 单击选择将要延伸的对象，如图 4-64 所示。

步骤 03 按住鼠标左键不放，由下至上拖动延伸对象，如图 4-65 所示。

图 4-63 激活【延伸】命令

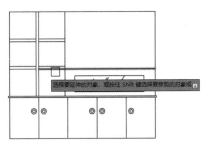

图 4-64 选择对象

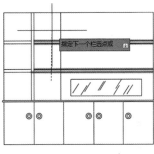

图 4-65 拖动对象

步骤 04 从右至左框选需要延伸的对象，如图 4-66 所示。

步骤 05 单击要延伸至边界的边，如图 4-67 所示。

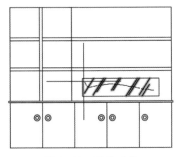

图 4-66 框选对象

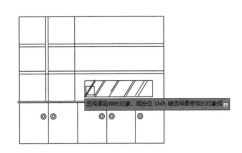

图 4-67 选择对象

步骤 06 进行延伸，如图 4-68 所示。

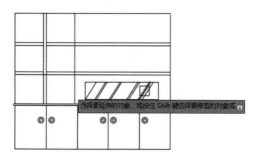

图 4-68　进行延伸

使用【延伸】命令时，一次可选择多个实体作为边界，选择被延伸实体时应选取靠近边界的一端。若多个对象将延伸的边界相同，在激活【延伸】命令并选择边界后，可框选对象进行延伸。

4.3.2　修剪对象

使用【修剪】命令 TRIM 可以通过指定的边界对图形对象进行修剪，修剪的对象包括直线、圆、圆弧、射线、样条曲线、面域、尺寸、文本及非封闭的多段线等。修剪对象的具体操作步骤如下。

步骤 01　绘制线段，单击【修剪】按钮 ，如图 4-69 所示。

步骤 02　单击选择要修剪的对象，如图 4-70 所示。

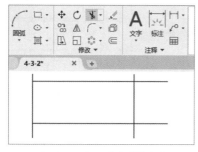

图 4-69　激活【修剪】命令

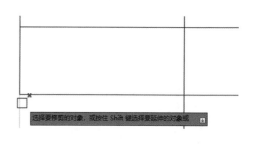

图 4-70　选择要修剪的对象

步骤 03　按住鼠标左键不放，在要修剪的对象上拖动，修剪对象，如图 4-71 所示。

步骤 04　依次修剪对象，完成后按【Enter】键结束【修剪】命令，如图 4-72 所示。

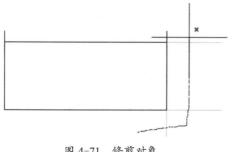

图 4-71　修剪对象

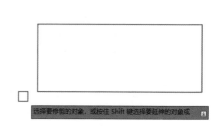

图 4-72　显示效果

技能拓展

【修剪】和【延伸】是一组相对的命令，【延伸】是指将有交点的线条延长到指定的对象上，只能通过端点延伸线；【修剪】是以指定的对象为界，将多出的部分修剪掉，只要有交点的线段都能被修剪删除掉。【修剪】对象时，按【Shift】键的同时拖曳鼠标，即可延伸对象。

4.3.3　缩放对象

【缩放】命令SCALE是将选定的图形在X轴和Y轴方向上按相同的【比例因子】放大或缩小，比例因子不能取负值。与旋转图形一样，缩放图形也需要指定一个基点，这个点通常是该对象上的一个对象捕捉点。缩放对象的具体操作步骤如下。

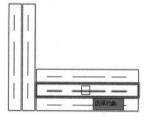

图4-73　选择对象

步骤01 打开"素材文件\第4章\4-3-3.dwg"，单击【缩放】按钮，再单击选择要缩放的对象，按空格键确定，如图4-73所示。

步骤02 单击指定基点，如图4-74所示。

温馨提示

【缩放】命令将对象按指定的比例因子改变实体的尺寸大小，从而改变对象的尺寸，但不改变其状态。【基点】是对象上的一个点，在缩放对象时，它不会移动，也不会有任何改变。同一操作过程中，最近使用的比例因子成为其他缩放操作的默认比例因子。

步骤03 输入【比例因子】，如0.5，如图4-75所示。

步骤04 按空格键确定，完成所选对象的缩小，如图4-76所示。

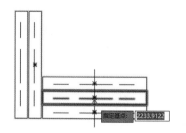

图4-74　指定缩放基点

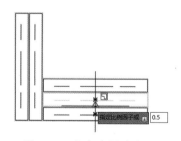

图4-75　指定比例因子

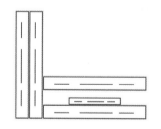

图4-76　完成对象的缩小

技能拓展

使用【缩放】命令SCALE缩放图形将改变图形的物理大小，如【半径】为5的圆放大一倍之后变成【半径】为10的圆；使用【缩放】命令ZOOM缩放图形只在视觉上放大或缩小图形，就像用放大镜看物体一样，不能改变图形的实际大小。

4.3.4　拉伸对象

使用【拉伸】命令STRETCH可以按指定的方向和角度拉长、缩短实体，或调整对象大小，使其在一个方向上按比例增大或缩小；也可以通过移动端点、顶点或控制点来拉伸某些对象。圆、文本、图块等对象不能使用该命令进行拉伸。【拉伸】命令的具体操作方法如下。

步骤 01 打开"素材文件\第 4 章\4-3-4.dwg"，单击【拉伸】按钮，如图 4-77 所示。

步骤 02 在需要拉伸的对象的右下角单击指定选框起点，在需要拉伸的对象的左上角单击指定选框对角点，按空格键确定，如图 4-78 所示。

图 4-77 单击【拉伸】按钮

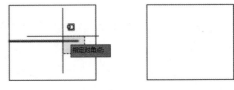

图 4-78 选择要拉伸的对象

步骤 03 在对象需要拉伸一侧的端点处单击指定拉伸基点，如图 4-79 所示。

步骤 04 移动鼠标指针，单击指定拉伸的第二个点，如图 4-80 所示。

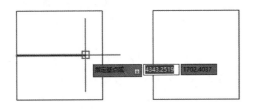

图 4-79 指定拉伸基点

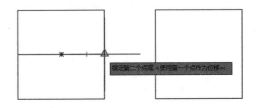

图 4-80 指定拉伸的第二个点

步骤 05 按空格键激活【拉伸】命令，在需要拉伸的对象组右下角单击指定选框起点，如图 4-81 所示。

步骤 06 移动鼠标指针，在需要拉伸对象组的左上角单击指定选框对角点，按空格键确定，如图 4-82 所示。

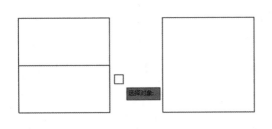

图 4-81 单击指定选框起点

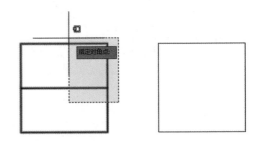

图 4-82 指定选框对角点

步骤 07 单击指定对象组的拉伸基点，如图 4-83 所示。

步骤 08 单击指定拉伸的第二个点，如图 4-84 所示。

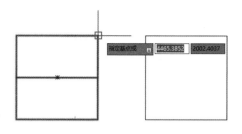

图 4-83 指定拉伸基点

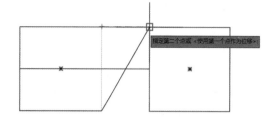

图 4-84 指定拉伸的第二个点

步骤 09 按空格键激活【拉伸】命令，从右向左框选需要拉伸的对象，按空格键确定，如图 4-85 所示。

步骤 10 单击指定拉伸基点，如图 4-86 所示。

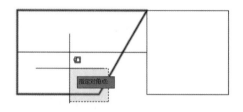

图 4-85 框选需要拉伸的对象

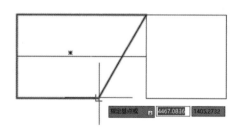

图 4-86 单击指定拉伸基点

步骤 11 移动鼠标指针，输入拉伸【距离】，如 350，如图 4-87 所示。

步骤 12 按空格键确定，完成对象的拉伸，如图 4-88 所示。

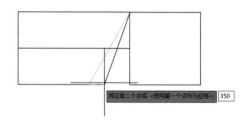

图 4-87 输入拉伸【距离】

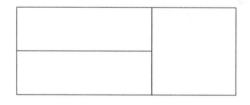

图 4-88 完成对象的拉伸

技能拓展

【拉伸】命令经常用来对齐对象边界。如果要拉伸一条线，单击此线只能移动线段；要拉长或缩短此线，必须框选这条线要拉伸方向的端点及这个点延伸出去的部分线条，才能达到拉伸的效果；所谓框选，如果是拉伸一个对象的某部分，必须从右向左框选需要拉伸的部分及构成这个部分的端点才能选中。

课堂范例——绘制太极图

步骤 01 绘制半径为 100 的圆，使用子命令 2P 绘制直径为 100 的圆，如图 4-89 所示。

步骤 02 单击选择内圆，单击【复制】按钮复制内圆，如图 4-90 所示。

步骤 03 单击【修剪】按钮🖢，再单击选择要修剪的对象，如图 4-91 所示。

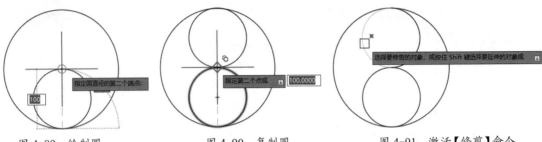

图 4-89　绘制圆　　　　　　图 4-90　复制圆　　　　　　图 4-91　激活【修剪】命令

步骤 04 修剪对象，并按空格键结束【修剪】命令，如图 4-92 所示。

步骤 05 使用【圆】命令C绘制半径为 25 的圆，如图 4-93 所示。

步骤 06 镜像半径为 25 的圆，完成太极图的绘制，如图 4-94 所示。

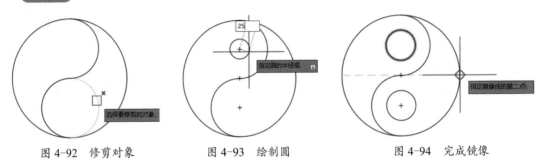

图 4-92　修剪对象　　　　　　图 4-93　绘制圆　　　　　　图 4-94　完成镜像

4.4 改变对象构造

本节主要讲解改变对象构造的调整命令，包括改变对象形状、连接方式、组合方式等相关图形编辑的知识。

4.4.1 圆角对象

使用【圆角】命令 FILLET 可以用确定半径的圆弧的方法来光滑地连接两个图形，换句话说，就是用圆弧来代替两条直线的夹角。圆角常用于机械制图。圆角对象的具体操作步骤如下。

步骤 01 打开"素材文件\第 4 章\4-4-1.dwg"，单击【圆角】按钮◠，如图 4-95 所示。

步骤 02 输入子命令【半径】R，按空格键确定，如图 4-96 所示。

步骤 03 输入【半径】，如 50，按空格键确定，如图 4-97 所示。

图 4-95 单击【圆角】按钮

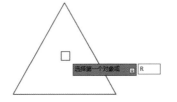

图 4-96 输入子命令【半径】

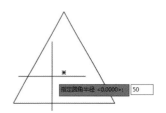

图 4-97 输入半径

步骤 04 单击选择圆角的第一个对象，如图 4-98 所示。

步骤 05 单击选择圆角的第二个对象，如图 4-99 所示。

步骤 06 即可完成两个对象的圆角操作，如图 4-100 所示。

图 4-98 单击选择圆角的第一个对象

图 4-99 选择第二个对象

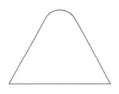

图 4-100 完成圆角

> **技能拓展**
>
> 在某些情况下，也可以使用【圆角】命令 FILLET 代替【圆弧】命令 ARC 绘制圆弧。与【倒角】命令 CHAMFER 一样，【圆角】命令 FILLET 可以在直线、构造线、射线和多段线甚至平行线上创建圆角，还可以在圆、圆弧、椭圆弧和椭圆上创建圆角。【圆角】命令的快捷键为【F】。

4.4.2 倒角对象

【倒角】命令 CHAMFER 用于将两个非平行的对象做出有斜度的倒角，需要进行倒角的两个图形对象可以相交，也可以不相交，但不能平行。倒角对象的具体操作方法如下。

步骤 01 打开"素材文件\第4章\4-4-2.dwg"，单击【圆角】下拉按钮，在菜单中单击【倒角】按钮，如图 4-101 所示。

步骤 02 单击选择第一条要倒角的直线，如图 4-102 所示。

图 4-101 单击【倒角】按钮

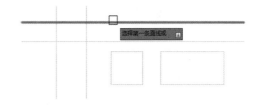

图 4-102 选择第一条直线

步骤 03 单击选择第二条要倒角的直线，如图 4-103 所示。

步骤 04 按空格键激活【倒角】命令，先单击倒角的第一个对象，再单击倒角的第二个对象，如图 4-104 所示。

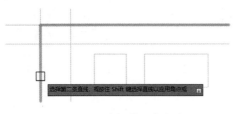 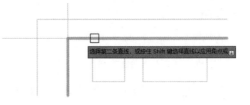

图 4-103　选择第二条直线　　　　　　　　　图 4-104　选择两条要倒角的直线

温馨提示 【倒角】可以是简单地将直线延伸相交于一点（建立一个方角），也可以建立一条斜边；如果是建立斜边，则需要通过给出与倒角的线相关的两个距离，或者一个距离和一个相对于第一条线的角度来定义这条斜边。

步骤 05 按空格键激活【倒角】命令，输入子命令【距离】D，按空格键确定，如图 4-105 所示。

步骤 06 输入第一个倒角距离，如 300，按空格键确定；输入第二个倒角距离，如 300，按空格键确定，如图 4-106 所示。

 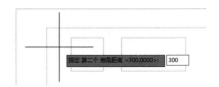

图 4-105　输入子命令【距离】　　　　　　　图 4-106　输入第二个倒角距离

步骤 07 先单击倒角的第一个对象，再单击倒角的第二个对象，如图 4-107 所示。

步骤 08 激活【倒角】命令，输入【D】并按空格键；输入第一个倒角距离 100，按空格键确定；输入第二个倒角距离 500，如图 4-108 所示。

 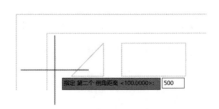

图 4-107　指定倒角对象　　　　　　　　　　图 4-108　输入第二个倒角距离

步骤 09 按空格键确定，先单击倒角的第一个对象，再单击倒角的第二个对象，如图 4-109 所示。

步骤 10 完成指定对象的倒角，最终效果如图 4-110 所示。

图 4-109　指定倒角对象　　　　　　　图 4-110　完成指定对象的倒角

技能拓展

执行【倒角】命令必须有两个非平行的边，程序默认倒角距离为【1】和【2】。若要修改距离，输入子命令【距离】D，第一个倒角距离是第一条直线要倒角的距离，第二个倒角距离是第二条直线要倒角的距离。若倒角对象为矩形、正多边形或多段线，则使用子命令中的【多段线】选项功能，系统将对相邻的两条元素进行倒角。

4.4.3　打断对象

【打断】命令 BREAK 用于将对象从某一点处断开，从而将其分成两个独立的对象。【打断】命令常用于剪断图形，但不删除对象。打断对象的具体操作方法如下。

步骤01 绘制矩形，单击【修改】下拉按钮，在【修改】菜单中单击【打断】按钮，如图 4-111 所示。

步骤02 单击选择对象，如图 4-112 所示。

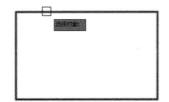

图 4-111　单击【打断】按钮　　　　　　图 4-112　单击选择对象

步骤03 移动鼠标指针至下一个打断点处，如图 4-113 所示。

步骤04 单击即可打断对象，效果如图 4-114 所示。

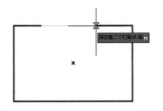

图 4-113　指定下一个打断点　　　　　　图 4-114　打断对象

温馨提示

执行该命令可将直线、圆、弧、多段线、样条线、射线等对象分成两个实体。也可以通过指定两点，或选择物体后再指定两点来断开实体。【打断】命令的快捷键为BR。

4.4.4 分解对象

使用【分解】命令 EXPLODE 可以将多个组合实体分解为单独的对象。例如，使用【分解】命令可以将矩形、多边形等图形分解成单独的多条线段，将图块分解为单个独立的对象等。分解对象的具体操作步骤如下。

步骤 01　打开"素材文件\第 4 章\4-4-4.dwg"，单击选择对象，在【修改】菜单中单击【分解】按钮，如图 4-115 所示。

步骤 02　所选对象完成分解，再次单击只能选择对象的某部分，如图 4-116 所示。

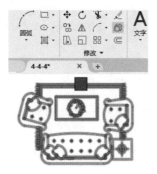

图 4-115　单击【分解】按钮

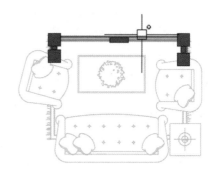

图 4-116　单击选择分解后的对象

4.4.5 合并对象

使用【合并】命令 JOIN 可以将相似的对象合并以形成一个完整的对象。可以合并的对象包括直线、多段线、圆弧、椭圆弧、样条曲线，但是要合并的对象必须是相似的对象，且位于相同的平面上。合并对象的具体操作方法如下。

步骤 01　打开"素材文件\第 4 章\4-4-5.dwg"，单击【修改】下拉按钮，在【修改】菜单中单击【合并】按钮，再单击第一个合并对象，如图 4-117 所示。

步骤 02　单击选择第二个要合并的对象，如图 4-118 所示。按空格键确定，即可将所选的两个端点连接在一起的直线合并为一条直线。

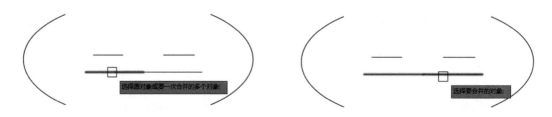

图 4-117　单击【合并】按钮　　　　　　　　　图 4-118　选择要合并的对象

步骤 03　按空格键激活【合并】命令，单击选择第一个要合并的对象，再单击选择第二个要合并的对象，如图 4-119 所示。

步骤 04 按空格键确定，即可将两条端点不连接但位于同一水平面的两条直线合并为一条直线，如图 4-120 所示。

图 4-119　选择要合并的对象　　　　　　　　图 4-120　完成对象合并

步骤 05 按空格键激活【合并】命令，依次单击选择要合并的对象，如图 4-121 所示。

步骤 06 按空格键确定，所选的两条椭圆弧即合并为一条圆弧，如图 4-122 所示。

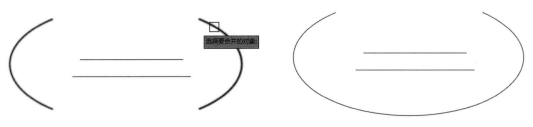

图 4-121　选择要合并的对象　　　　　　　　图 4-122　完成对象的合并

> **技能拓展**　使用【合并】命令合并的对象若是两条线段，这两条线段必须在同一条水平线或同一条垂直线上；合并对象若是两条弧线，这两条弧线必须在同一条延伸线上。

课堂范例——绘制圆柱销平面图

步骤 01 新建一个图形文件，绘制一个 18mm×5mm 的矩形，如图 4-123 所示。

步骤 02 单击【修改】面板中的【倒角】按钮，设置第一个【倒角距离】为 0.5，如图 4-124 所示。

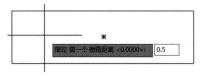

图 4-123　绘制矩形　　　　　　　　　　　图 4-124　指定第一个倒角距离

步骤 03 设置第二个【倒角距离】为 1.5，如图 4-125 所示。

步骤 04 对矩形的左上角进行倒角，按空格键确定，如图 4-126 所示。

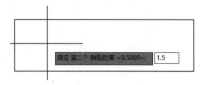

图 4-125　指定第二个倒角距离

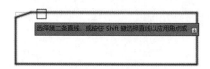

图 4-126　完成倒角

步骤 05　使用同样的方法对矩形的右上角进行倒角，如图 4-127 所示。

步骤 06　输入并执行【直线】命令 L，单击指定直线起点，如图 4-128 所示。

图 4-127　进行倒角

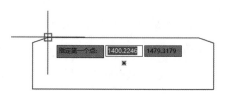

图 4-128　指定起点

步骤 07　单击指定直线的第二点，按空格键结束【直线】命令，如图 4-129 所示。

步骤 08　使用同样的方法绘制矩形右侧垂直线，选择当前图形，输入并执行【镜像】命令 MI，单击指定镜像线的第一点，如图 4-130 所示。

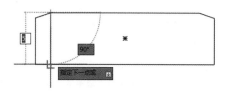

图 4-129　指定下一点

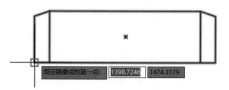

图 4-130　指定镜像线的第一点

步骤 09　右移鼠标指针，单击指定镜像线的第二点，程序提示【要删除源对象吗？】，如图 4-131 所示。

步骤 10　按空格键执行默认的【不删除源对象】选项，完成对象的镜像，如图 4-132 所示。

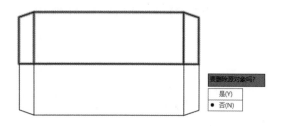

图 4-131　指定镜像线的第二点

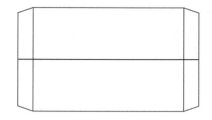

图 4-132　完成镜像

步骤 11　以矩形内左侧垂直线的中点为圆心，绘制【半径】为 1.5 的圆，如图 4-133 所示。

步骤 12　输入并执行【移动】命令 M，按【F8】键打开【正交模式】，将圆向右侧移动 3，如图 4-134 所示。

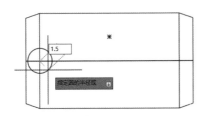

图 4-133　指定圆半径

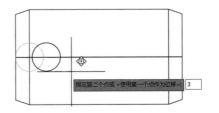

图 4-134　指定移动的第二点

步骤 13 输入并执行【修剪】命令TR，从右向左框选两个倒角矩形，按空格键确定，如图 4-135 所示。

步骤 14 从右向左框选矩形中部的直线，完成直线的修剪，并按空格键结束【修剪】命令，如图 4-136 所示。

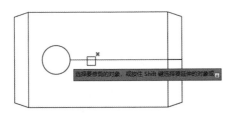

图 4-135　选择对象

图 4-136　修剪对象

💬 课堂问答

问题 1：如何使用夹点编辑图形?

答：AutoCAD中的夹点并非只用于显示图形是否被选中，其更强大的功能在于可以基于夹点对图形进行拉伸、移动等操作，可以说这些功能有时比一些编辑命令还要方便。

具体操作步骤如下。

步骤 01 将鼠标指针悬停在矩形的任意一个夹点上，系统将快速标注出该矩形的长度、宽度及快捷菜单，如图 4-137 所示。

步骤 02 将鼠标指针悬停在直线的任意一个夹点上，系统将快速标注出该直线的长度、与水平方向的夹角及快捷菜单，如图 4-138 所示。

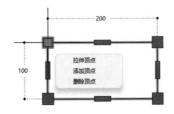

图 4-137　指向矩形夹点

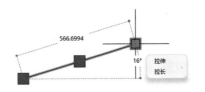

图 4-138　指向直线夹点

步骤 03 单击选择对象，再单击对象夹点，程序提示【指定拉伸点或】，如图 4-139 所示。

步骤 04 移动鼠标指针进行拉伸，至适当位置单击，即可通过夹点完成对图形的拉伸，如图 4-140 所示。

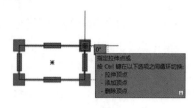

图 4-139 单击夹点

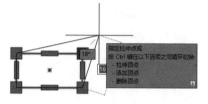

图 4-140 单击并移动夹点

步骤 05 绘制图形，单击选择对象，再单击夹点进入【拉伸】模式，输入子命令【复制】C，按空格键确定，如图 4-141 所示。

步骤 06 移动鼠标指针至适当位置单击即可复制夹点对象，如图 4-142 所示。

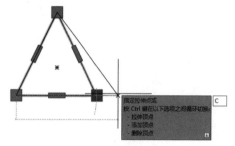

图 4-141 输入子命令【复制】

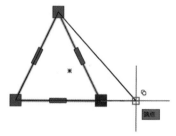

图 4-142 复制夹点

步骤 07 再次单击可继续复制，按【Enter】键结束夹点复制命令，如图 4-143 所示。

步骤 08 按【Esc】键可退出夹点编辑模式，如图 4-144 所示。

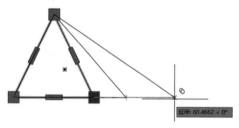

图 4-143 复制夹点

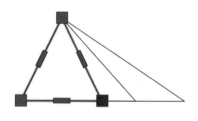

图 4-144 显示效果

温馨提示 对于只有一个夹点的图形，如文字、点、块参照等，单击夹点并拖曳只能进行移动操作。

步骤 09 绘制矩形，并单击选择对象，单击夹点进入【拉伸】模式，按【Ctrl】键切换到添加顶点状态，如图 4-145 所示。

步骤 10 移动鼠标指针至适当位置单击即可添加顶点，如图 4-146 所示。

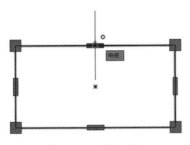

图 4-145 添加顶点

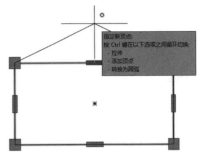

图 4-146 添加顶点

步骤 11 单击选择对象，再单击夹点进入【拉伸】模式，按【Ctrl】键两次切换到删除顶点状态，如图 4-147 所示。

步骤 12 单击即可删除选中的顶点，如图 4-148 所示。

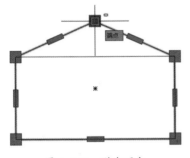

图 4-147 删除顶点

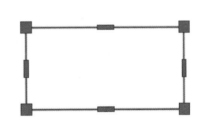

图 4-148 显示效果

温馨提示　默认情况下，夹点是打开的。而对于块来说，在默认状态下夹点是关闭的。当块的夹点关闭时，在选择块时只能看到唯一的一个夹点，即插入点。一旦块的夹点打开，即可看到其上的所有夹点。在【夹点】区域内，可对未选中的和选中的夹点定义颜色；在【夹点尺寸】区域内，可拖动滑块条设置夹点的大小。

步骤 13 绘制椭圆，选择对象，单击夹点进入【拉伸】模式，按一次空格键进入【移动】模式，如图 4-149 所示。

步骤 14 移动鼠标指针至适当位置单击即可指定移动点，如图 4-150 所示。

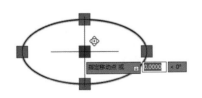

图 4-149 单击夹点

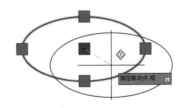

图 4-150 移动夹点

步骤 15 绘制图形并选择对象，单击夹点进入【拉伸】模式，按两次空格键进入【旋转】模式，输入旋转角度，如 90，如图 4-151 所示。

步骤 16 按空格键确定，即可完成对所选对象的旋转，如图 4-152 所示。

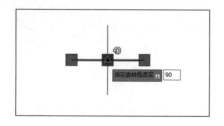

图 4-151　输入旋转角度

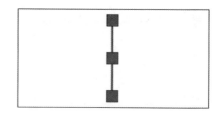

图 4-152　显示效果

步骤 17 绘制图形，并选择对象，单击夹点进入【拉伸】模式，按三次空格键进入【缩放】模式，输入缩放【比例因子】，如 0.5，如图 4-153 所示。

步骤 18 按空格键确定，即可完成对所选对象的缩放，如图 4-154 所示。

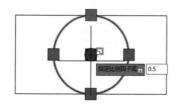

图 4-153　输入比例值

图 4-154　显示效果

步骤 19 绘制图形并选择对象，单击夹点进入【拉伸】模式，按四次空格键进入【镜像】模式，移动鼠标指针指定镜像线的第二点，如图 4-155 所示。

步骤 20 单击即可完成镜像，如图 4-156 所示。

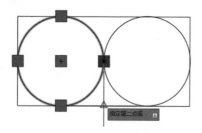

图 4-155　选择对象并镜像

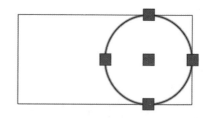

图 4-156　显示效果

> **技能拓展** 可以根据需要打开或关闭夹点并自定义夹点的大小和颜色。执行【工具】→【选项】命令，单击【选择集】选项卡，可设置相关内容。

问题 2：如何在多个文件间复制图形对象？

答：在 AutoCAD 中绘图时，经常会复制文件内的图形到其他图形文件中。可以直接使用【复制】和【粘贴】的方法进行不同文件间图形的复制，具体操作步骤如下。

步骤 01　打开"素材文件\第 4 章\台灯.dwg、餐桌椅.dwg"，单击【台灯】文件，框选台灯，如图 4-157 所示。

步骤 02　按【Ctrl+C】组合键复制选择的台灯，如图 4-158 所示。

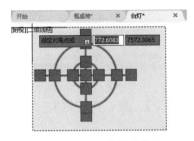

图 4-157　选择对象

图 4-158　复制对象

步骤 03　在文件名称栏单击【餐桌椅】文件名，如图 4-159 所示。

步骤 04　在绘图区按【Ctrl+V】组合键粘贴选择的台灯，单击指定插入点即可完成台灯的复制，如图 4-160 所示。

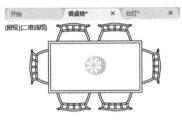

图 4-159　选择文件

图 4-160　指定插入点粘贴对象

问题 3：如何使用路径阵列？

答：路径阵列方式是指沿路径或部分路径均匀分布对象副本，其路径可以是直线、多段线、三维多段线、样条曲线、螺旋、圆弧、圆或椭圆等。路径阵列的具体操作方法如下。

步骤 01　打开"素材文件\第 4 章\问题 3.dwg"，单击【矩形阵列】下拉按钮 ，在菜单中单击【路径阵列】按钮 ，如图 4-161 所示。

步骤 02　单击选择对象，按空格键确定，如图 4-162 所示。

步骤 03　单击选择路径曲线，按空格键确定，如图 4-163 所示。

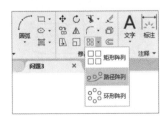

图 4-161　单击【路径阵列】按钮

图 4-162　选择对象

图 4-163　选择路径曲线

步骤 04　输入子命令【方法】M，按空格键确定，如图 4-164 所示。

步骤 05 输入路径方法【定数等分】D，按空格键确定，如图 4-165 所示。

步骤 06 输入子命令【项目】I，按空格键确定，如图 4-166 所示。

图 4-164　输入子命令【方法】　图 4-165　输入路径方法【定数等分】　图 4-166　输入子命令【项目】

步骤 07 输入沿路径的【项目数】，如 50，如图 4-167 所示。

步骤 08 按空格键确定，再次按空格键结束【路径阵列】命令，如图 4-168 所示。

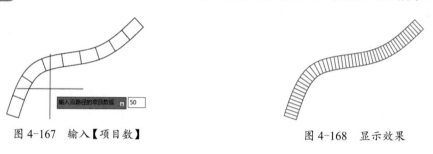

图 4-167　输入【项目数】　　　　　　图 4-168　显示效果

上机实战——绘制坐便器

为了帮助读者巩固本章知识点，下面安排一个"上机实战"案例，使读者对本章知识有更深入的理解。

效果展示

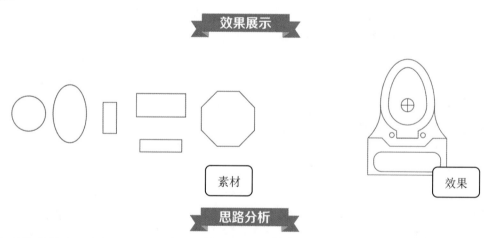

素材　　　　　　效果

思路分析

在现代装修中，坐便器已经成为每个家庭卫生间的必备。使用 AutoCAD 绘制室内家居用品、用具，是室内设计、AutoCAD 软件初学者最好的练习材料。

本实例通过椭圆和圆绘制容器桶，通过矩形绘制主水箱，通过常用二维编辑命令调整坐便器结构各衔接处的效果，完成坐便器平面图的制作，得到最终效果。

制作步骤

步骤 01 打开"素材文件\第 4 章\坐便器.dwg",单击选择圆,如图 4-169 所示。

步骤 02 输入【移动】命令 M,按空格键,单击指定基点,效果如图 4-170 所示。

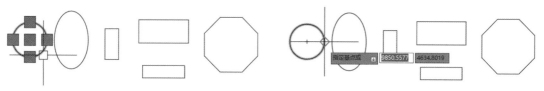

图 4-169 单击选择圆　　　　　　　　　图 4-170 单击指定基点

步骤 03 单击指定第二点,将圆和椭圆的中点重叠,如图 4-171 所示。

步骤 04 输入【修剪】命令 TR,按空格键确定,单击要剪切的椭圆下侧线条,如图 4-172 所示。

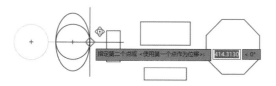
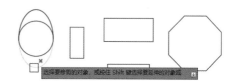

图 4-171 指定第二点　　　　　　　　　图 4-172 激活【修剪】命令

步骤 05 单击需要剪切的圆上侧线条,按空格键确定,如图 4-173 所示。

步骤 06 输入【偏移】命令 O,按空格键确定;输入偏移【距离】,如 50,按空格键确定,如图 4-174 所示。

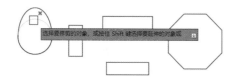
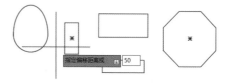

图 4-173 单击需要修剪的对象　　　　　　图 4-174 指定偏移距离

步骤 07 单击椭圆部分的线条,十字光标向内单击偏移复制,如图 4-175 所示。

步骤 08 单击圆部分的线条,十字光标向内单击偏移复制,按空格键结束【偏移】命令,如图 4-176 所示。

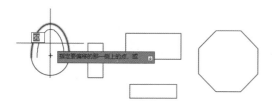
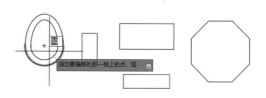

图 4-175 偏移复制线条　　　　　　　　　图 4-176 偏移复制线条

步骤 09　输入【移动】命令M，按空格键确定；单击矩形，按空格键确定，单击矩形下方边的中点指定基点，如图4-177所示。

步骤 10　在圆下方的中点处单击，指定矩形移动至的第二点，按空格键结束【移动】命令，如图4-178所示。

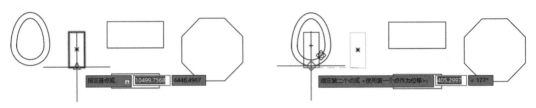

图 4-177　指定基点　　　　　　　　　　　图 4-178　指定第二个点

步骤 11　按空格键激活【移动】命令M，单击矩形，按空格键确定，再单击指定基点，如图4-179所示。

步骤 12　鼠标向下移至适当位置单击，如图4-180所示。

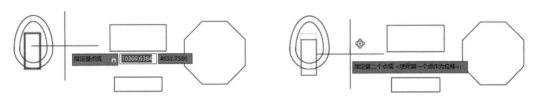

图 4-179　移动矩形　　　　　　　　　　　图 4-180　单击确定移动位置

步骤 13　输入【修剪】命令TR，按空格键确定；依次单击需要删除的对象，如图4-181所示。

步骤 14　单击需要修剪的圆线条部分，按空格键确定，如图4-182所示。

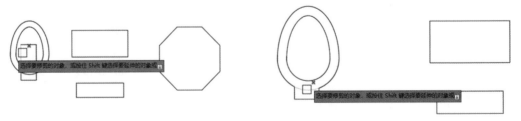

图 4-181　选择要删除的对象　　　　　　　图 4-182　选择要修剪的对象

步骤 15　输入【移动】命令M，按空格键确定；单击矩形，按空格键确定；单击水箱外框上边的中点指定基点，单击矩形的边的中点，如图4-183所示。

步骤 16　按空格键激活【移动】命令M，单击八边形，按空格键确定；单击八边形下方边的中点指定基点，单击水箱外框上方边的中点，如图4-184所示。

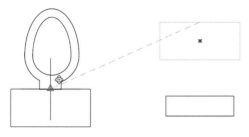

图 4-183 指定基点

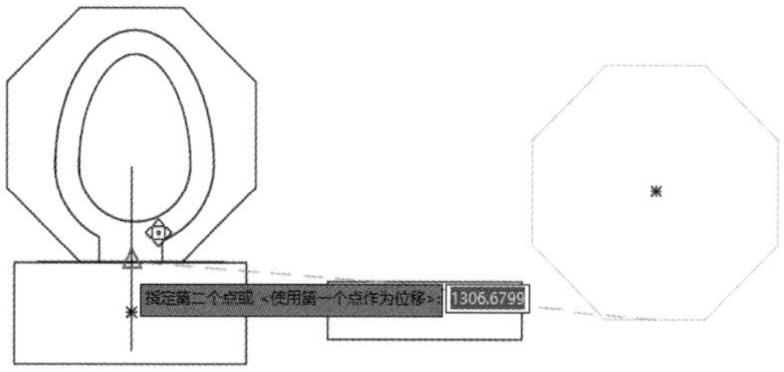

图 4-184 单击指定第二个点

步骤 17 按空格键激活【移动】命令M，单击八边形，按空格键确定；在空白处单击指定基点，输入移动【距离】，如 50，按空格键确定，如图 4-185 所示。

步骤 18 输入【修剪】命令 TR，按空格键确定；单击八边形为界限边，按空格键确定；单击水箱在八边形内的部分，按空格键确定，如图 4-186 所示。

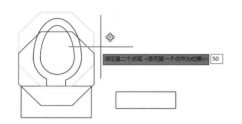

图 4-185 指定基点并输入移动距离

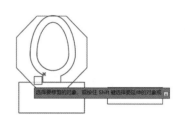

图 4-186 单击要修剪的对象

步骤 19 按空格键激活【修剪】命令TR，单击水箱外框为界限边，按空格键确定；单击需要修剪的八边形部分，按空格键结束【修剪】命令，如图 4-187 所示。

步骤 20 输入【圆弧】命令ARC，按空格键确定；单击水箱外框右上角，再单击指定圆弧中点，单击圆象限点，如图 4-188 所示。

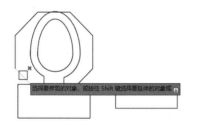

图 4-187 单击要修剪的对象

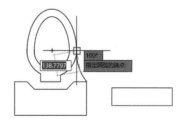

图 4-188 指定圆弧的端点

步骤 21 输入【镜像】命令MI，按空格键确定；单击圆弧，按空格键确定；单击矩形水平线中点，鼠标向上移动并单击，按空格键确认默认选项【否】保留源对象，如图 4-189 所示。

步骤 22 输入【移动】命令M，按空格键确定；单击矩形，按空格键确定；单击矩形下方边线中点，再单击水箱外框下边线中点，按空格键激活【移动】命令，将矩形移动至适当位置，如图 4-190 所示。

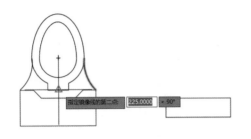

图 4-189　指定镜像线的第二点

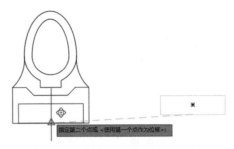

图 4-190　指定移动到的第二个点

步骤 23　选择移动的矩形，使用【移动】命令 M，将矩形向上移动 20，如图 4-191 所示。

步骤 24　输入【圆角】命令 F，按空格键确定；输入【半径】命令 R，按空格键确定；输入【半径】为 50，按空格键确定，如图 4-192 所示。

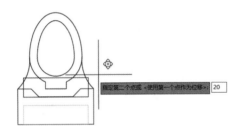

图 4-191　移动矩形

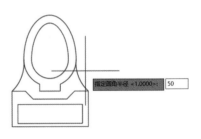

图 4-192　指定圆角半径

步骤 25　单击圆角的第一条边，如图 4-193 所示。

步骤 26　单击圆角的第二条边，依次给对象设置圆角，如图 4-194 所示。

步骤 27　绘制一个圆，使用【镜像】命令镜像所绘制的圆，如图 4-195 所示。

步骤 28　使用【圆】命令和【直线】命令绘制坐便器的水漏，效果如图 4-196 所示。

图 4-193　单击圆角的第一条边

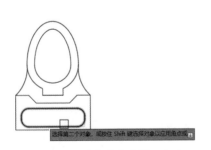

图 4-194　单击圆角的第二条边

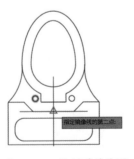

图 4-195　绘制并镜像圆

图 4-196　绘制坐便器的水漏

同步训练——绘制座椅

为了加强读者的动手能力，下面安排一个同步训练案例，让读者能举一反三，触类旁通。

图解流程

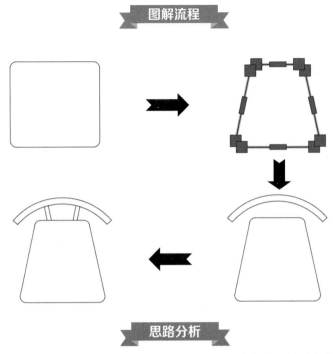

思路分析

在 AutoCAD 中，图形的位置和形状通常是由夹点的位置决定的；利用夹点可以编辑图形的大小、方向、位置及对图形进行镜像复制等操作。

本例首先使用【矩形】命令绘制圆角矩形，通过夹点调整矩形的大小和形状，接下来绘制圆弧表示餐椅靠背，最后绘制直线连接椅子和靠背，最终完成餐椅的制作。

关键步骤

步骤01　新建一个图形文件，输入【矩形】命令 REC，按空格键确定；输入子命令【圆角】F，按空格键确定。

步骤02　输入矩形的【圆角半径】为 30，按空格键确定，如图 4-197 所示。

步骤03　单击指定矩形的第一个角点，输入【@420,390】，按空格键确定，效果如图 4-198所示。

图 4-197　输入【圆角半径】　　　　　　图 4-198　绘制圆角矩形

步骤 04 选中圆角矩形，出现夹点提示后，按住【Shift】键的同时依次选中圆角矩形左上角的 3 个夹点，如图 4-199 所示。

步骤 05 按【F8】键打开【正交模式】，在选中的夹点中单击中间的夹点，将这些夹点向右拉伸 75，如图 4-200 所示。

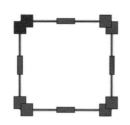
图 4-199　选中 3 个夹点

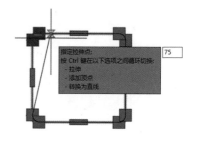
图 4-200　输入拉伸距离

步骤 06 使用相同的方法将圆角矩形右上角的 3 个夹点往左拉伸 75。

步骤 07 单击【绘图】面板中的【圆弧】按钮，绘制一段表示餐椅靠背的圆弧（适当大小即可）。

步骤 08 单击【偏移】按钮，将圆弧向上偏移 30，如图 4-201 所示。

步骤 09 绘制连接两段圆弧端点的直线，如图 4-202 所示。

图 4-201　偏移圆弧

图 4-202　绘制直线

步骤 10 选中两段圆弧和两条连接直线，单击夹点进入【拉伸】模式，按一次空格键进入【移动】模式，如图 4-203 所示。

步骤 11 按【F8】键关闭【正交模式】，移动鼠标指针即可指定移动点，如图 4-204 所示。

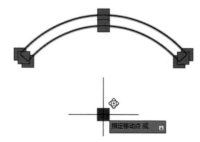
图 4-203　进入【移动】模式

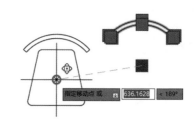
图 4-204　指定移动点

步骤 12 单击确定移动位置，完成椅子靠背的绘制。

步骤 13 单击【直线】按钮，在圆角矩形与椅子靠背之间绘制直线，如图 4-205 所示。

步骤 14 使用【直线】命令继续在已有直线临近处绘制另一条直线。

步骤 15 选择两条直线，单击【镜像】按钮，将其镜像至左侧，完成椅子的绘制，如图 4-206 所示。

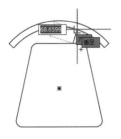

图 4-205 绘制直线

图 4-206 镜像直线

知识能力测试

本章讲解了改变对象位置、创建对象副本、改变对象尺寸、改变对象构造等常用编辑命令，为对知识进行巩固和考核，请读者完成以下练习题。

一、填空题

1. 绘制两个或多个相同对象时，可先绘制一个源对象，再根据_____以指定的角度和方向创建此对象的_____，以达到提高绘图效率和绘图精度的目的。

2. 使用【拉伸】命令可以按指定的方向和角度拉长、缩短实体，或调整对象大小，使其在一个方向上或按比例_____。

3. 夹点编辑包括_____、_____、_____、_____、_____共 5 种模式。

二、选择题

1. 在执行【矩形阵列】命令的过程中，可以单击各蓝色夹点指定行和列的（　　）。

A. 间隔距离 　　　　B. 缩放距离 　　　　C. 偏移距离 　　　　D. 移动距离

2.【镜像】命令可以绕指定轴翻转对象创建对称的镜像图像，也是（　　）方法的一种。

A. 旋转 　　　　B. 特殊复制 　　　　C. 移动对象 　　　　D. 极轴阵列

3. 在 AutoCAD 2022 中修剪对象时，以下描述正确的是（　　）。

A. 修剪对象必须先指定界限边

B. 在需要修剪的任意对象上单击即可修剪

C. 修剪对象时必须按住【Shift】键单击要修剪的部分

D. 修剪对象时必须按住【Shift】键框选对象

三、简答题

1. 什么是夹点？夹点在编辑二维图形时的作用是什么？

2.【延伸】和【拉伸】命令有什么不同？

AutoCAD 2022

在制图的过程中，将不同属性的实体建立在不同的图层上，可以方便管理图形对象；也可以通过修改所在图层的属性，快速、准确地完成实体属性的修改。使用定义块和插入块的方法，可以避免重复绘制相同的对象，从而提高绘图效率。

学习目标

- 熟练掌握创建与编辑图层的方法
- 熟练掌握图层的辅助设置方法
- 熟练掌握创建块的方法
- 熟练掌握编辑块的方法
- 了解设计中心的使用方法

5.1 创建与编辑图层

利用颜色、线宽和线型组织图形的最好方法就是使用图层。图层能够提供区分图形中各种各样的强大功能。下面介绍图层的创建与编辑。

5.1.1 打开图层特性管理器

【图层特性管理器】LAYER是创建与编辑图层及图层特性的地方。在此面板中，主要包括左侧图层树状区和右侧图层设置区。打开【图层特性管理器】的具体操作步骤如下。

步骤01 在【图层】面板单击【图层特性】按钮，如图5-1所示。

步骤02 打开【图层特性管理器】面板，如图5-2所示。

图5-1 单击【图层特性】按钮

图5-2 打开【图层特性管理器】面板

步骤03 单击【展开图层过滤器树】按钮》，如图5-3所示。

步骤04 显示图层树状区和图层设置区，如图5-4所示。

图5-3 单击【展开图层过滤器树】按钮

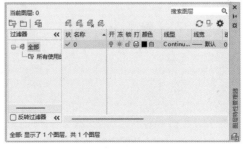

图5-4 显示效果

5.1.2 创建新图层

实际操作中，可以为具有同一种属性的多个对象创建和命名新图层，在一个文件中创建的图层数及可以在每个图层中创建的对象数都没有限制。新建图层的具体操作步骤如下。

步骤01 在【图层特性管理器】面板单击【新建图层】按钮，如图5-5所示。

步骤02 系统在图层设置区自动新建一个名为【图层1】的图层，如图5-6所示。

图 5-5　单击【新建图层】按钮

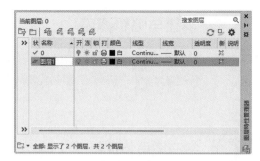

图 5-6　新建图层

在创建新图层时，如果在图层设置区选择了一个图层，接着新建的图层将自动继承当前所选择图层的所有属性。

5.1.3　设置图层名称

在一个图形文件中，一般包含多个图层，为了方便区分对象和图层管理，一般是新建一个图层，即给该图层设置名称。在【图层特性管理器】中单击【新建图层】按钮新建一个图层后，给所创建的新图层设置名称。设置图层名称的具体操作步骤如下。

步骤 01　单击【新建图层】按钮后，图层【名称】栏呈激活状态，此时可直接输入新图层名称，如中心线，如图 5-7 所示。

步骤 02　在空白处单击，当前新建的图层即命名成功，如图 5-8 所示。

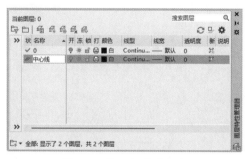

图 5-7　输入新图层名称

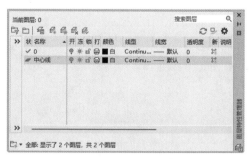

图 5-8　完成新图层命名

步骤 03　单击需要重命名的图层使其呈蓝亮显示，再次单击图层名，激活图层【名称】栏，如图 5-9 所示。

步骤 04　此时直接输入图层的新名称，如辅助线，在空白处单击即完成图层重命名的设置，如图 5-10 所示。

在给图层命名的过程中，图层名称最少有一个字符，最多可达 255 个字符，可以是数字、字母或其他字符；图层名中不允许含有大于号、小于号、斜线及标点等符号；为图层命名时，必须确保图层名的唯一性。默认的只有 0 图层，其他图层数量和名字可根据绘图需要进行设置。

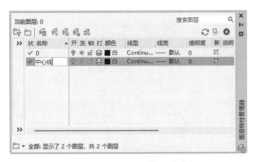

图 5-9　激活图层【名称】栏

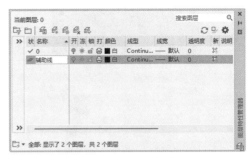

图 5-10　完成图层重命名

5.1.4　设置图层颜色

当一个图形文件中有多个图层时，为了快速识别某图层和方便后期的打印操作，可以为图层设置颜色。设置图层线条颜色的具体操作步骤如下。

步骤 01　在【图层特性管理器】面板创建图层，单击要设置图层的颜色框，如图 5-11 所示。

步骤 02　打开【选择颜色】对话框，程序默认显示【索引颜色】选项卡，如图 5-12 所示。

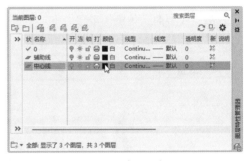

图 5-11　单击颜色框

步骤 03　单击【真彩色】选项卡，可调整色调、饱和度、亮度和颜色模式等内容，如图 5-13 所示。

步骤 04　单击【配色系统】选项卡，此选项卡中可使用第三方或自定义的配色系统，如图 5-14 所示。

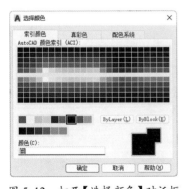

图 5-12　打开【选择颜色】对话框

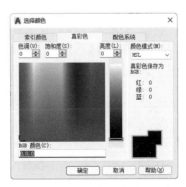

图 5-13　单击【真彩色】选项卡

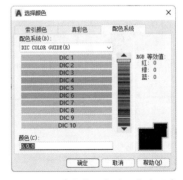

图 5-14　单击【配色系统】选项卡

步骤 05　单击【索引颜色】选项卡，可单击需要的颜色框，如红，再单击【确定】按钮，如图 5-15 所示。

步骤 06　图层的颜色即设置成功，如图 5-16 所示。

图 5-15 选择需要的颜色

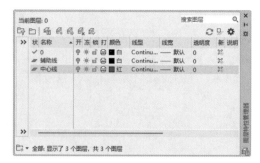

图 5-16 显示设置成功的图层颜色

5.1.5 设置图层线型

给图层设置线型最主要的作用是可以更直观地识别和分辨对象，并给对象编组以方便前期绘图。设置图层线型的具体操作步骤如下。

步骤 01 在【图层特性管理器】面板创建图层，单击需要设置图层的线型，如图 5-17 所示。

步骤 02 打开【选择线型】对话框，单击【加载】按钮，如图 5-18 所示。

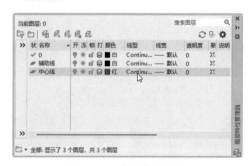

图 5-17 单击线型名称

图 5-18 单击【加载】按钮

步骤 03 打开【加载或重载线型】对话框，如图 5-19 所示。

步骤 04 在【加载或重载线型】对话框的【可用线型】下拉列表中单击选择所需线型，如 CENTER2，单击【确定】按钮，如图 5-20 所示。

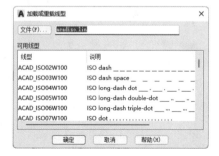

图 5-19 打开【加载或重载线型】对话框

图 5-20 选择线型

步骤 05 单击已加载的线型，如CENTER2，单击【确定】按钮，如图 5-21 所示。

步骤 06 图层的线型即设置成功，如图 5-22 所示。

图 5-21 选择已加载的线型

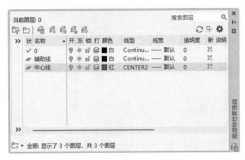

图 5-22 完成图层线型的设置

温馨
提示
在默认设置下，AutoCAD 仅提供了一种【Continuous】线型，用户如果需要使用其他的线型，必须进行加载。

5.1.6 设置图层线宽

给图层设置线宽后绘制图形，并将所绘制的图形按黑白模式打印时，线宽就成为辨识图形对象最重要的属性。设置图层线宽的具体操作步骤如下。

步骤 01 在【图层特性管理器】面板创建图层，在要设置线宽的图层名上单击线宽符号，如图 5-23 所示。

步骤 02 打开【线宽】对话框，如图 5-24 所示。

步骤 03 单击当前图层需要的线宽，如 0.25mm，单击【确定】按钮，如图 5-25 所示。

步骤 04 图层的颜色即设置成功，如图 5-26 所示。

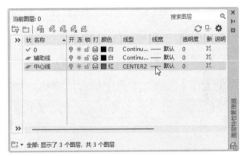

图 5-23 单击要设置的线宽

图 5-24 打开【线宽】
对话框

图 5-25 选择线宽

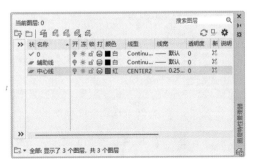

图 5-26 设置效果

温馨
提示

在【线宽】对话框内的【线宽】列表中显示了可应用的线宽，可用线宽由图形中最常用的线宽固定值组成。【旧的】含义是显示上一个线宽。创建新图层时，指定的默认线宽为【默认】。【新的】含义是显示给图层设定的新线宽值。

📠 课堂范例——设置轴线图层

步骤 01 打开"素材文件\第 5 章\轴线线型.dwg"，选择轴线，单击【线型】下拉按钮，单击【其他】命令，如图 5-27 所示。

步骤 02 弹出【线型管理器】对话框，单击【加载】按钮，弹出【加载或重载线型】对话框，单击选择所需线型，此线型呈蓝亮显示，单击【确定】按钮，如图 5-28 所示。

图 5-27 选择对象

图 5-28 加载线型

步骤 03 在【线形管理器】对话框单击选择新加载的线型，单击【显示细节】按钮，在【全局比例因子】后的文本框中输入比例值，如 5，单击【确定】按钮，如图 5-29 所示。

步骤 04 选择圆，设置【线宽】为 0.3；选择轴线，选择加载的线型，如图 5-30 所示。

图 5-29 设置线型参数

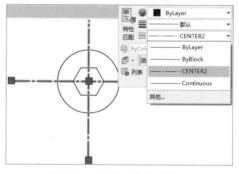

图 5-30 设置对象线宽线型

步骤 05 在状态栏单击【显示/隐藏线宽】按钮 ，圆即以 0.30 毫米的线宽显示，如图 5-31 所示。

步骤 06 选择轴线，单击【颜色】下拉按钮，再单击【红】，完成对象特性设置，如图 5-32 所示。

图 5-31 显示线宽

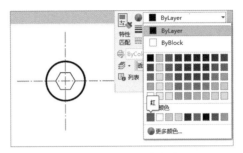

图 5-32 设置轴线颜色

5.2 图层的辅助设置

在绘图过程中，如果绘图区的图形过于复杂，就需要将暂时不用的图层进行关闭、锁定或冻结，以便于绘图操作。

5.2.1 冻结和解冻图层

在实际绘图中，可以暂时对图层中的某些对象进行冻结处理，减少当前屏幕上的显示内容；另外，冻结图层可以在绘图过程中减少系统生成图形的时间，从而提高计算机的速度。因此，在绘制复杂的图形时冻结图层非常重要。被冻结的图层对象不能显示，不能被选择、编辑、修改、打印。在默认情况下，所有的图层都处于解冻状态，按钮显示为 ☼；当图层被冻结时，按钮显示为 ▓。冻结与解冻图层的具体操作步骤如下。

步骤 01 创建图层，单击需要冻结图层的【冻结】按钮 ☼，图层即被冻结，如图 5-33 所示。
步骤 02 单击【图层】下拉按钮，展开当前文件中的图层列表，如图 5-34 所示。

图 5-33 冻结图层

图 5-34 展开图层列表

步骤 03 单击被冻结图层前的【冻结】按钮 ▓，如图 5-35 所示。
步骤 04 图层即显示为【解冻】状态 ☼，如图 5-36 所示。

图 5-35 单击【冻结】按钮

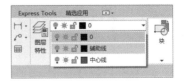

图 5-36 解冻图层

> **温馨提示**
>
> 由于绘制图形是在当前图层中进行的，因此，不能对当前图层进行冻结。如果对当前图层进行冻结操作，系统将出现无法冻结的提示。被冻结图层的内容不能显示和输出，不能进行重生成、消隐、渲染和打印等操作。

5.2.2 锁定和解锁图层

在 AutoCAD 2022 中，锁定图层即锁定该图层中的对象。锁定图层后，图层上的对象仍然处于可见状态，但是不能对其进行选择、编辑、修改等操作，但该图层上的图形仍可显示和输出。默认情况下，所有的图层都处于解锁状态，按钮显示为🔓；当图层被锁定时，按钮显示为🔒。锁定和解锁图层的具体操作步骤如下。

步骤 01 在需要锁定的图层上单击黄色锁形符号🔓，图层即被锁定，如图 5-37 所示。

步骤 02 在需要解锁的图层上单击蓝色锁形符号🔒，图层即被解锁，如图 5-38 所示。

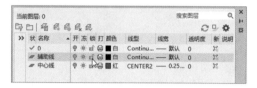

图 5-37　锁定图层

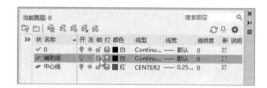

图 5-38　解锁图层

> **技能拓展**
>
> 要解锁被锁定的图层对象，可以在【图层特性管理器】对话框中选择要解锁的图层，然后单击该图层前面的🔒图标，或者在【图层】面板下拉列表框中，单击要解锁图层前面的🔒图标即可。

5.2.3 设置图层可见性

图层的可见性即将图层中的对象暂时隐藏起来，或将隐藏的对象显示出来。被隐藏图层中的图形不能被选择、编辑、修改、打印。默认情况下，所有的图层都处于显示状态，按钮显示为💡，当图层处于关闭状态时，按钮显示为💡。显示或隐藏图层的具体步骤如下。

步骤 01 在需要隐藏的图层上单击灯泡符号，图层即被隐藏，如图 5-39 所示。

步骤 02 单击【图层】下拉按钮，单击被隐藏图层的灯泡使其亮显，即可显示图层内容，如图 5-40 所示。

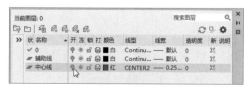

图 5-39　隐藏图层

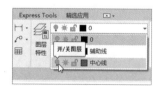

图 5-40　显示图层

步骤03 单击【当前图层】前的灯泡符号，如图 5-41 所示。

步骤04 打开【图层-关闭当前图层】警示框，选择相应的选项，如图 5-42 所示。

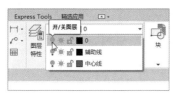

图 5-41　单击灯泡符号　　　　　图 5-42　打开警示框

技能拓展

在【图层-关闭当前图层】警示框中显示了两个选项：一个是【关闭当前图层】，因为此图层是当前图层，所以此后绘制的图形都将不可见；另一个是【使当前图层保持打开状态】，用户可根据情况进行选择。

课堂范例——合并图层

步骤01 打开"素材文件\第5章\合并图层.dwg"，单击【图层】下拉按钮，在打开的列表中有多个不明确的图层，如图 5-43 所示。

步骤02 单击【合并图层】按钮 ，如图 5-44 所示。

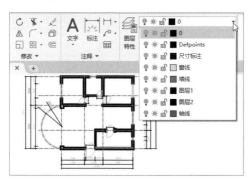

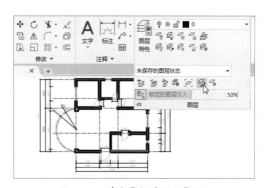

图 5-43　打开【图层】下拉列表　　　　　图 5-44　单击【合并图层】按钮

温馨提示

当文件中的图层过多，影响了作图速度，而这些图层又不能删除时，可以通过合并多余图层来精简图层数量。

步骤03 提示【选择要合并的图层上的对象或】时输入子命令【命名】N，按空格键确定，如图 5-45 所示。

步骤04 在【合并图层】对话框中依次单击要合并的图层，单击【确定】按钮，如图 5-46 所示。

步骤05 按空格键确定选择，提示【选择目标图层上的对象或】时输入子命令【命名】N，按空格键确定，如图 5-47 所示。

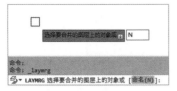

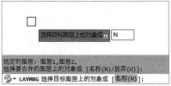

图 5-45　输入子命令【命名】　　　　图 5-46　选择要合并的图层　　　　图 5-47　输入子命令【命名】

步骤 06　在打开的【合并到图层】对话框中单击选择目标图层，单击【确定】按钮，如图 5-48 所示。

步骤 07　在打开的【合并到图层】提示框中单击【是】按钮，完成图层合并，如图 5-49 所示。

步骤 08　单击【图层】下拉按钮，打开列表中的图层，如图 5-50 所示。

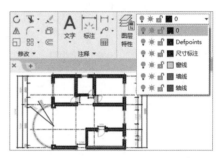

图 5-48　选择目标图层　　　　　图 5-49　单击【是】按钮　　　　　图 5-50　显示【图层】下拉列表

5.3　创建块

通过创建块可以将单独的对象组合在一起，储存在当前图形文件内部，这样就可以在同一图形或其他图形中重复使用。任意对象和对象集合都可以创建成块。

尽管块总是在当前图层上，但块参照保存包含在该块中的对象的有关原图层、颜色和线型特性的信息。可以根据需要，选择控制块中的对象是保留其原特性，还是继承当前的图层、颜色、线型或线宽设置。

5.3.1　定义块

【定义块】BLOCK 就是将一个或多个对象组合成的图形定义为块的过程。在创建块的过程中，一般要在对象集合的外框中点位置指定一个基点，再确定创建，方便图块在其他图形文件中插入时使用。具体操作步骤如下。

步骤 01　打开"素材文件\第 5 章\创建灯具图块 .dwg"，选择需要组合成块的对象，输入【定义块】命令 B，按空格键确定，如图 5-51 所示。

步骤 02 打开【块定义】对话框，在【名称】文本框中输入块名称，如【主灯】，单击【拾取点】按钮，如图 5-52 所示。

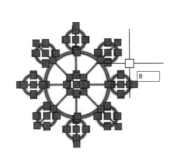

图 5-51 选择要定义成块的对象

图 5-52 打开【块定义】对话框

步骤 03 在对象中单击指定块的插入基点，如图 5-53 所示。在【块定义】对话框中单击【确定】按钮。

步骤 04 再次单击选择块，效果如图 5-54 所示。

图 5-53 指定块的插入基点

图 5-54 单击选择块

技能拓展 【定义块】命令的快捷键为B。在创建块的过程中，一般要在对象集合的外框中点位置指定一个基点，再确定创建块，方便图块在其他图形文件中插入时使用。

5.3.2 插入块

在绘图过程中，可以根据需要把已定义好的图块或图形文件插入当前图形的任意位置，在插入的同时还可以改变图块的大小、旋转角度等。使用【插入块】命令 INSERT 可以一次插入一个块对象。具体操作步骤如下。

步骤 01 打开"素材文件\第 5 章\5-3-2.dwg"，单击【插入】按钮，打开【块库】面板，在【块库】中单击所需要的图块，如【yz1】，如图 5-55 所示。

步骤 02 显示该椅子方向有偏差，输入子命令【旋转】R，按空格键确定，如图 5-56 所示。

图 5-55　选择要插入的图块

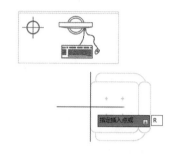

图 5-56　输入子命令【旋转】

步骤 03 输入旋转角度，如 270，按空格键确定，如图 5-57 所示。

步骤 04 在适当位置单击即可指定插入点，如图 5-58 所示。

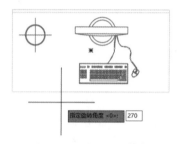

图 5-57　输入旋转角度

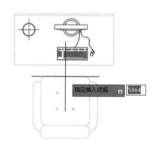

图 5-58　指定插入点

技能拓展

除了使用当前图形文件中的图块外，还可以使用【复制】和【粘贴】将其他图形文件中的图块应用到当前的图形文件中。因此可以新建一个文件，将所创建的块均粘贴到绘图区，做成自己专有的图库，下一次使用时可直接从此图库中调用图块。

5.3.3　写块

在激活【写块】命令 WBLOCK 后打开的【写块】对话框中提供了一种便捷方法，用于将当前图形的零件保存到不同的图形文件中，或将指定的块定义另存为一个单独的图形文件。具体操作步骤如下。

步骤 01 打开"素材文件\第 5 章\5-3-3.dwg"，选择写块的对象，输入【写块】命令 W，按空格键确定，如图 5-59 所示。

步骤 02 在打开的【写块】对话框的【文件名和路径】栏中输入文件名和路径，单击【确定】按钮，完成写块，如图 5-60 所示。

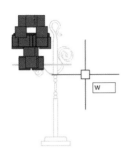

图 5-59　激活【写块】命令

图 5-60　输入文件名和路径

技能拓展

用【定义块】命令 B 创建的块，存在于写块的文件中并对当前文件有效，其他文件不能直接调用，这类块用复制粘贴的方法使用；用【写块】命令创建的块，保存为单独的 DWG 文件，是独立存在的，别的文件可以直接插入使用。

将已定义的内部块写入外部块文件时，需要指定一个块文件名及路径，再指定要写入的块。将所选的实体写入外部块文件，需要先执行【写块】命令，然后选取实体，确定图块插入基点，然后再写入新建块文件，根据需要设置是否删除或转换块属性。

课堂范例——创建属性块

步骤 01　打开"素材文件\第 5 章\属性块.dwg"，单击【块】下拉按钮，在打开的菜单中单击【定义属性】按钮，如图 5-61 所示。

步骤 02　打开【属性定义】对话框，如图 5-62 所示。

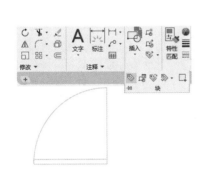

图 5-61　单击【定义属性】按钮

图 5-62　打开【属性定义】对话框

步骤 03　在【标记】文本框中输入标记内容，如 800，在【提示】文本框中输入提示内容，如门，在【文字高度】文本框中输入文字高度，如 50，单击【确定】按钮，如图 5-63 所示。

步骤 04　在绘图区单击指定对象定义的起点，如图 5-64 所示。

图 5-63 输入属性内容

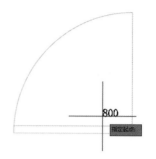

图 5-64 指定对象定义的起点

步骤 05 单击【创建】按钮，如图 5-65 所示。

步骤 06 在打开的【块定义】对话框中单击【选择对象】按钮，如图 5-66 所示。

图 5-65 单击【创建】按钮

图 5-66 单击【选择对象】按钮

步骤 07 从右向左框选所有对象，按空格键确定，如图 5-67 所示。

步骤 08 输入块名称，如大门，然后单击【确定】按钮，如图 5-68 所示。

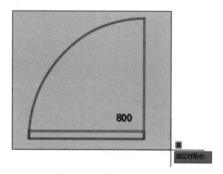

图 5-67 框选对象

图 5-68 输入块名称

步骤 09 在【编辑属性】对话框中单击【确定】按钮，如图 5-69 所示。

步骤 10 单击选择属性块对象，如图 5-70 所示。

图 5-69 单击【确定】按钮

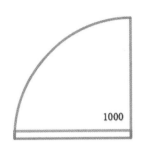

图 5-70 选择属性块对象

5.4 编辑块

编辑块主要是指对已经存在的块进行相关编辑，这一节包括块的分解、重定义、在位编辑和删除块等内容。在使用图块时，除了快捷键的大量运用，在常用面板中的【块】面板中也有相关的按钮可以使用。

5.4.1 块的分解

在实际绘图中，一个块要适用于当前图形，往往要对组成块的对象做一些调整，此时会将块分解并进行修改。具体操作步骤如下。

步骤 01 打开"素材文件\第 5 章\5-4-1.dwg"，单击块对象，并输入【分解】命令 X，如图 5-71 所示。

步骤 02 按空格键确认分解对象，选择已分解的对象，效果如图 5-72 所示。

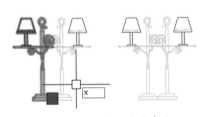

图 5-71 输入【分解】命令

图 5-72 完成对象的分解

5.4.2 块的重定义

通过对块的重定义，可以更新所有与之相关的块实例，达到自动修改的效果；在绘制比较复杂且大量重复的图形时，块的重定义应用很频繁。具体操作步骤如下。

步骤 01 打开"素材文件\第 5 章\5-4-2.bak"，分解对象后，删除左侧椅子，如图 5-73 所示。

步骤 02 选择需要定义块的对象，输入【创建块】命令 B，按空格键确定，如图 5-74 所示。

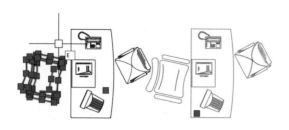
图 5-73 分解当前图块

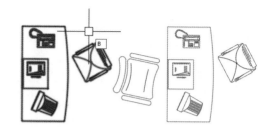
图 5-74 输入【创建块】命令

步骤 03 打开【块定义】对话框，输入块名称，单击【拾取点】按钮，如图 5-75 所示。

步骤 04 在图形中单击指定对象的插入基点，如图 5-76 所示。

图 5-75 单击【拾取点】按钮

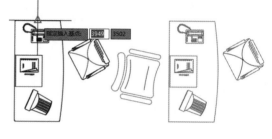
图 5-76 单击指定插入基点

步骤 05 单击【确定】按钮，打开【块-重新定义块】对话框，单击【重新定义块】选项，如图 5-77 所示。

步骤 06 完成块的重定义，如图 5-78 所示。

图 5-77 单击【重新定义块】选项

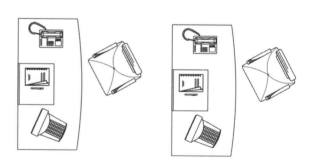
图 5-78 完成块的重定义

温馨提示

在【块-重新定义块】对话框中，单击【不重新定义】选项将返回【块定义】对话框，重新输入其他块名称即可。

5.4.3　编辑属性块

带属性的块编辑完成后，还可以在块中编辑属性定义、从块中删除属性及更改插入块时软件提示用户输入属性值的顺序。具体操作步骤如下。

步骤01　打开"素材文件\第 5 章\5-4-3.bak"，单击选择对象，单击【块】下拉按钮，在打开的菜单中单击【属性，块属性管理器】按钮 ⬚，如图 5-79 所示。

步骤02　在【块属性管理器】对话框中单击【编辑】按钮，如图 5-80 所示。

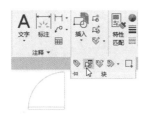

图 5-79　激活命令

图 5-80　单击【编辑】按钮

步骤03　在【编辑属性】对话框中单击【属性】选项卡，将【标记】改为 800，如图 5-81 所示。

步骤04　单击【文字选项】选项卡，将文字【倾斜角度】改为 30，如图 5-82 所示。

图 5-81　修改【标记】参数

图 5-82　修改文字倾斜角度

步骤05　单击【特性】选项卡，再单击【图层】下拉按钮，在列表中单击【家具】层，如图 5-83 所示。

步骤06　还可更改设置对象线型、颜色、线宽等内容，完成后单击【确定】按钮，如图 5-84 所示。

图 5-83　选择图层

图 5-84　设置完成

步骤07　返回【块属性管理器】对话框确认编辑内容完成，也可单击【设置】按钮更改内容，如图 5-85 所示。

步骤 08 打开【块属性设置】对话框，设置相关内容，然后单击【确定】按钮，如图 5-86 所示。

图 5-85 单击【设置】按钮

图 5-86 单击【确定】按钮

步骤 09 单击【应用】按钮确认，如图 5-87 所示。

步骤 10 单击【确定】按钮，如图 5-88 所示。

图 5-87 单击【应用】按钮

图 5-88 单击【确定】按钮

步骤 11 双击对象打开【增强属性编辑器】对话框，输入【值】1000，单击【确定】按钮，如图 5-89 所示。

步骤 12 本实例块属性编辑完成，如图 5-90 所示。

图 5-89 修改值后单击【确定】按钮

图 5-90 完成块属性的编辑

技能拓展

在 AutoCAD 中，ATTDISP 命令可以控制是否显示块属性，执行 ATTDISP 命令后，系统提示中的普通选项用于恢复属性定义时设置的可见性；ON/OFF 命令用于使属性暂时可见或不可见。

课堂范例——插入带属性的块

步骤 01 使用【圆】命令 C 绘制一个【半径】为 200 的圆，输入命令 ATT，按空格键确定，如图 5-91 所示。

步骤 02 输入【标记】，如 A。在【提示】后输入内容，如轴号，单击【对正】下拉按钮，选择【居中】选项，【文字高度】设为 200，单击【确定】按钮，如图 5-92 所示。

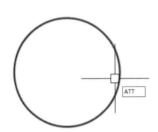

图 5-91　输入命令 ATT

图 5-92　设置属性内容

步骤 03 在圆内左下角单击，在圆内右下角单击，如图 5-93 所示。

步骤 04 框选所有对象，如图 5-94 所示。

图 5-93　指定文字位置

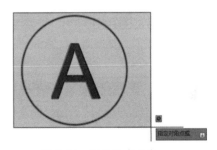

图 5-94　框选所有对象

步骤 05 单击【块】面板中的【创建】按钮，如图 5-95 所示。

步骤 06 输入块名称，如轴圈，然后单击【确定】按钮，如图 5-96 所示。

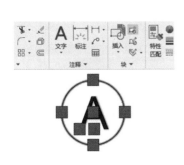

图 5-95　单击【创建】按钮

图 5-96　输入块名称

步骤07 在标记【A】后的文本框中输入1，单击【确定】按钮，如图5-97所示。效果如图5-98所示。

图 5-97 输入值

图 5-98 显示效果

步骤08 单击【插入】按钮，选择名称为【轴圈】的块，如图5-99所示。

步骤09 在绘图区单击指定插入点，效果如图5-100所示。

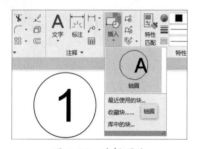

图 5-99 选择图块

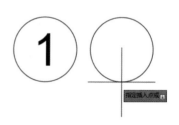

图 5-100 指定插入点

步骤10 输入标记【A】的值为2，单击【确定】按钮，如图5-101所示。效果如图5-102所示。

图 5-101 指定插入点

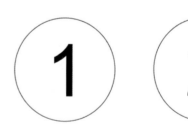

图 5-102 显示效果

5.5 设计中心

通过设计中心可轻易地浏览计算机或网络上任何图形文件中的内容，其中包括图块、标注样式、图层、布局、线型、文字样式、外部参照。另外，可以使用设计中心从任意图形中选择图块，或从 AutoCAD 图元文件中选择填充图案，然后将其置于工具选项板上以便以后使用。

5.5.1 初识AutoCAD 2022设计中心

在 AutoCAD 中，要浏览、查找、预览及插入内容，包括块、图案填充和外部参照，就必须先进入【设计中心】面板（图 5-103）浏览查看。

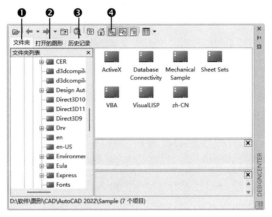

图 5-103 【设计中心】面板

❶文件夹	显示计算机或网络驱动器（包括【我的电脑】和【网上邻居】）中文件和文件夹的层次结构。可以使用 ADCNAVIGATE 在设计中心树状图中定位到指定的文件名、目录位置或网络路径
❷打开的图形	显示当前工作任务中打开的所有图形，包括最小化的图形
❸历史记录	显示最近在设计中心打开的文件的列表。显示历史记录后，在一个文件上右击显示此文件信息，或从"历史记录"列表中删除此文件
❹顶部工具栏	工具栏按钮可以显示和访问选项

> **技能拓展**
>
> 执行ADCENTER命令后即打开【设计中心】面板。面板顶部有一系列工具栏按钮，选取任一图标即可显示相关的内容；单击【文件夹】或【打开的图形】选项卡时，将显示左侧窗格的【树状图】和右侧窗格的【内容区域】，从中可以管理图形内容。

5.5.2 插入图例库中的图块

在 AutoCAD 中，一个文件中创建的图块不能直接被其他文件使用。为了解决这个问题，可以将创建的图块加载到设计中心内，在同一台计算机中的所有 AutoCAD 文件都可以直接使用这些图块。具体操作步骤如下。

步骤 01 单击【设计中心】面板顶部的【加载】按钮，如图 5-104 所示。

步骤 02 打开【加载】对话框，如图 5-105 所示。

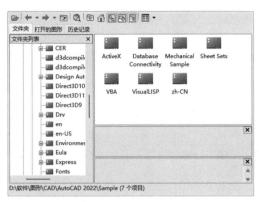

图 5-104　单击【加载】按钮

图 5-105　打开【加载】对话框

步骤 03　在预览框中会显示选定的内容，单击选择加载的文件，再单击【打开】按钮，如图 5-106 所示。

步骤 04　【设计中心】面板即可加载该文件内容，双击文件名称【实战 2】，再单击【块】选项，如图 5-107 所示。

图 5-106　选择要加载的文件

图 5-107　显示加载文件的内容

5.5.3　在图形中插入设计中心内容

在 AutoCAD 设计中心里，将【搜索】对话框搜索的对象拖放到打开的图形中，根据提示设置图形的插入点、图形的比例因子、旋转角度等，即可将选择的对象加载到图形中。通过双击设计中心的块对象，以插入对象的方法将其添加到当前的图形中。具体操作步骤如下。

步骤 01　输入命令 ADC，按空格键确定，在左侧【树状图】窗格内选择文件中的【块】栏目，在右侧【内容区域】窗格内双击所需要的图块，如图 5-108 所示。

步骤 02　打开【插入】对话框，根据需要设置相关内容，完成设置后单击【确定】按钮，如图 5-109 所示。在绘图区适当位置单击即完成图块的插入。

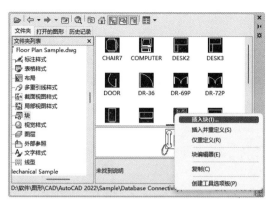

图 5-108 双击需要的图块

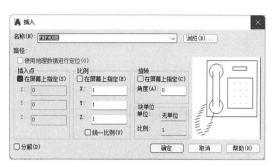

图 5-109 设置相关内容

课堂范例——插入【花盆】图块

步骤 01 新建一个图形文件，按【Ctrl+2】组合键打开【设计中心】窗口，在左侧【树状图】中单击【图库】文件，如图 5-110 所示。

步骤 02 双击【块】，右侧显示其中所包含的图块，在花盆图块上右击，在快捷菜单中单击【插入块】命令，如图 5-111 所示。

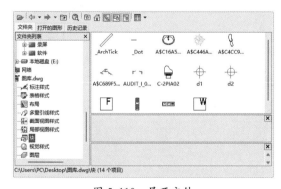

图 5-110 展开文件

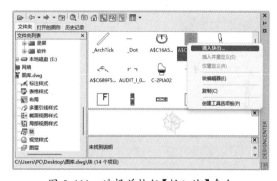

图 5-111 选择并执行【插入块】命令

步骤 03 打开【插入】对话框，单击【确定】按钮，如图 5-112 所示。

步骤 04 在绘图区单击插入图块，如图 5-113 所示。

图 5-112 确认要插入的块

图 5-113 插入图块

👤 **课堂问答**

问题1：如何修复图形线型不显示的问题？

答：在绘图时会经常遇到已经设置好的线型没有按要求显示的情况，这个问题可以通过设置线型比例进行修复。具体操作步骤如下。

步骤 01 打开"素材文件\第5章\问题1.bak"，单击【图层】下拉按钮，在打开的列表中选择要修改线型的图层【中心线】，在【特性】面板单击【线型】下拉按钮，在打开的列表中单击【其他】命令，如图5-114所示。

步骤 02 打开【线型管理器】对话框，单击【显示细节】按钮，如图5-115所示。

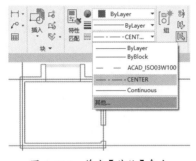

图 5-114　单击【其他】命令

图 5-115　单击【显示细节】按钮

步骤 03 单击需要设置的线型名称，设置【全局比例因子】为20，单击【确定】按钮，如图5-116所示。

步骤 04 文件中的中心线按设置的比例显示线型，如图5-117所示。

图 5-116　设置【全局比例因子】

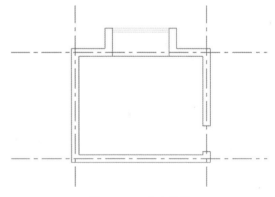

图 5-117　显示效果

问题2：如何使用增强属性编辑器？

答：双击属性块即可打开【增强属性编辑器】对话框，在修改块属性时，使用增强属性编辑器更加方便快捷。具体操作步骤如下。

步骤 01 打开"素材文件\第5章\问题2.dwg"，双击属性块，打开【增强属性编辑器】对话框，选择要修改线型的图层，如图5-118所示。

步骤02 输入【值】1000，如图 5-119 所示。

图 5-118 选择要修改线型的图层

图 5-119 输入【值】1000

步骤03 在【特性】选项卡中单击【颜色】下拉按钮，在打开的列表中单击选择【蓝】，如图 5-120 所示。

步骤04 单击【确定】按钮，所选择的属性块显示修改后的属性，如图 5-121 所示。

图 5-120 设置颜色

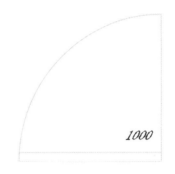

图 5-121 修改属性后的块效果

问题 3：如何解决图块不能分解的问题？

答：在绘制图形的过程中，会遇到有些图块不能分解的问题，在将对象组合成图块时，设置相应的内容即可避免出现这样的情况，具体操作方法如下。

步骤01 打开"素材文件\第 5 章\问题 3.dwg"，在绘图区单击选择对象，输入【分解】命令 X，如图 5-122 所示。

步骤02 按空格键确定，程序提示无法分解，如图 5-123 所示。

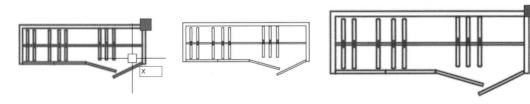

图 5-122 输入【分解】命令　　　　　　　　　图 5-123 无法分解

步骤03 选择要组块的对象，输入【定义块】命令B，如图 5-124 所示，按空格键确定，打开【块定义】对话框。

步骤 04　在【名称】文本框中输入块名称，单击【拾取点】按钮，在对象上单击指定拾取点，选中【允许分解】复选框，单击【确定】按钮，如图 5-125 所示。

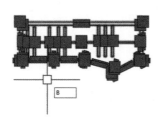

图 5-124　输入【定义块】命令　　　　　　　　图 5-125　设置内容

步骤 05　在绘图区选择对象，输入【分解】命令 X，如图 5-126 所示。

步骤 06　按空格键确定，完成块对象的分解，单击对象只能选择单一对象，如 5-127 所示。

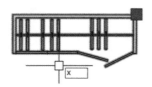

图 5-126　输入【分解】命令　　　　　　　　图 5-127　选择分解后的对象

上机实战——绘制会议桌及椅子

为了帮助读者巩固本章知识点，下面安排一个"上机实战"案例，使读者对本章知识有更深入的理解。

效果展示

　　本实例主要讲解绘制会议桌及椅子平面图的效果，目的是使用户熟练掌握图块的一些使用技巧，以及图块和定数等分的组合使用，在绘制过程中要注意绘图命令的使用。

　　本实例首先绘制会议桌，再绘制椅子并将之定义为块，再使用【定数等分】命令将椅子复制并使之围绕会议桌一周，完成会议桌及其椅子的制作，得到最终效果。

制作步骤

步骤01 使用【多段线】命令 PL 绘制会议桌，如图 5-128 所示。

步骤02 使用【偏移】命令 O，将多段线向内侧偏移 200，如图 5-129 所示。

图 5-128　绘制会议桌　　　　　　　　　　　图 5-129　偏移多段线

步骤03 使用【圆弧】命令 ARC 和【直线】命令 L 绘制椅子，如图 5-130 所示。

步骤04 选择椅子的各部分，输入【定义块】命令 B，按空格键确定，如图 5-131 所示。

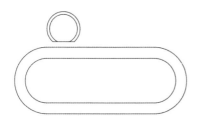
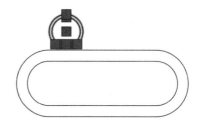

图 5-130　绘制椅子　　　　　　　　　　　　图 5-131　定义块

步骤05 在打开的【块定义】对话框的【名称】文本框中输入块名称，如【yi zi】，单击【拾取点】按钮，如图 5-132 所示。

步骤06 在多段线上单击指定块的基点，如图 5-133 所示。

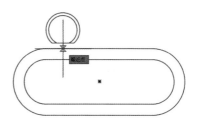

图 5-132　单击【拾取点】按钮　　　　　　　图 5-133　指定块的基点

步骤 07 在【块定义】对话框中单击【确定】按钮，如图 5-134 所示。

步骤 08 输入【定数等分】命令 DIV，按空格键确定，单击定数等分的对象，如图 5-135 所示。

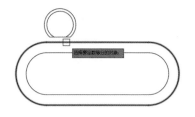

图 5-134　单击【确定】按钮　　　　　　　　图 5-135　选择对象

步骤 09 输入子命令【块】B，按空格键确定；输入要插入的块名，如【yi zi】，按空格键确定，如图 5-136 所示。

步骤 10 输入子命令【是】Y，确认对齐块和对象，按空格键确定；输入【线段数目】，如10，按空格键确定，如图 5-137 所示。

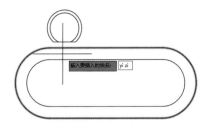

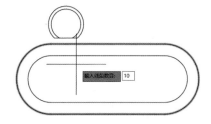

图 5-136　输入要插入的块名　　　　　　　图 5-137　输入【线段数目】

步骤 11 完成会议桌及椅子的绘制，如图 5-138 所示。

步骤 12 选择多余的椅子并删除，最终效果如图 5-139 所示。

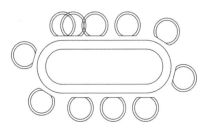

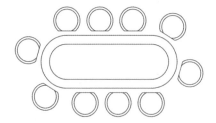

图 5-138　显示效果　　　　　　　　　图 5-139　删除多余的椅子

> **温馨提示**
> 在此实例中，在创建块时将基点定在多面线上，所以可以使用【定数等分】命令将其他对象快速绘制出来。根据行业和需要的不同，块的使用方法也有区别。

同步训练——绘制饮水机图块

为了增强读者的动手能力，下面安排一个同步训练案例，让读者能举一反三，触类旁通。

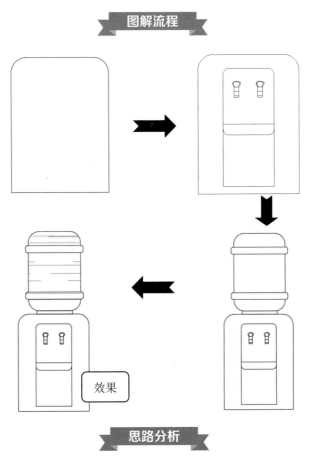

效果

思路分析

在本实例的制作过程中，使用【矩形】命令绘制饮水机的立面轮廓，使用【修剪】命令对图形进行修剪，使用【样条曲线】命令创建出水按钮，使用【直线】命令创建饮水机中的水。将绘制的图形定义为块，得到最终效果。

关键步骤

步骤 01　新建一个图形文件，绘制一个长 520、宽 700 的矩形，然后将矩形上方的两个顶角进行圆角，圆角半径为 80。

步骤 02　在矩形内再绘制一个长 260、宽 310 的矩形，效果如图 5-140 所示。

步骤 03　使用【矩形】命令绘制一个长 260、宽 330、圆角半径为 30 的圆角矩形，如图 5-141 所示。

步骤 04　使用【矩形】命令绘制一个长为 25、宽为 55 的矩形，将其分解，对水平线段进行适当偏移。

步骤 05　使用【样条曲线】命令绘制一段样条曲线，然后将其向内偏移 2，创建出水按钮，如图 5-142 所示。

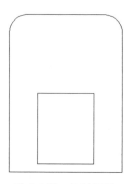
图 5-140　绘制矩形

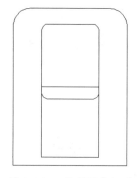
图 5-141　绘制圆角矩形

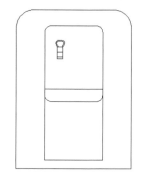
图 5-142　绘制出水按钮

步骤 06 使用【复制】命令将出水按钮向右复制一次，如图 5-143 所示。

步骤 07 绘制一个长 380、宽 570、圆角半径为 80 的圆角矩形，如图 5-144 所示。

步骤 08 绘制一个长 420、宽 50、圆角半径为 15 的圆角矩形，然后将其复制一次，如图 5-145 所示。

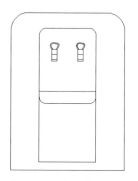
图 5-143　复制出水按钮

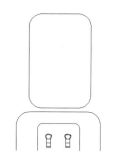
图 5-144　绘制圆角矩形

图 5-145　绘制并复制圆角矩形

步骤 09 使用【修剪】命令对绘制的圆角矩形进行修剪。

步骤 10 使用【直线】命令绘制桶内水效果。

步骤 11 使用【直线】命令绘制两条垂直线段连接上下两个图形。选择饮水机图形，创建为饮水机图块。

知识能力测试

本章讲解了创建与编辑图层、图层的辅助设置、创建块、编辑块等内容，为对知识进行巩固和考核，请读者完成以下练习题。

一、填空题

1. 给图层_____最主要的作用是可以更直观地识别和分辨对象，并给对象编组以方便前期绘图。

2.【写块】对话框中提供了一种便捷的方法，用于将当前图形的零件保存到不同的图形文件中，或将指定的块定义另存为一个_____。

3. 在 AutoCAD 2022 设计中心里，通过双击设计中心的块对象，以_____的方法将其添加到当前的图形中。

二、选择题

1.(　　)显示图形中已保存的图层状态列表；也可以创建、重命名、编辑和删除图层状态。

A.【图层状态管理器】　　　　　　　　B.【图层】下拉列表

C.【图层】对话框　　　　　　　　　　D.【AutoCAD】警示框

2. 在创建块的过程中，一般要在对象集合的外框中点位置指定一个(　　)，再确定创建块，方便图块在其他图形文件中插入时使用。

A. 端点　　　　　　B. 中心点　　　　　　C. 交点　　　　　　D. 基点

3. 在 AutoCAD 2022 中，当前图层不可以(　　)。

A. 关闭　　　　　　B. 冻结　　　　　　C. 锁定　　　　　　D. 打印

三、简答题

1. 在 AutoCAD 2022 中，图层有什么作用？

2. 请简单回答【定义块】与【写块】的共同点和区别。

AutoCAD 2022

第6章
图案填充与对象特性

为了区别不同形体的各个组成部分，在绘图过程中经常需要用到图案或渐变色填充。对象特性指的是对象的线型、颜色、线宽、透明度等属性。在 AutoCAD 中，修改对象特性的方法有很多种，如通过【图层】【特性】工具栏或【特性】面板等，本章将详细介绍 AutoCAD 的图案填充功能及如何设置对象特性以组织图形。

学习目标

- 熟练掌握创建图案填充的方法
- 熟练掌握编辑图案填充的方法
- 熟练掌握更改对象特性的方法
- 熟练掌握特性匹配的方法

6.1　创建图案填充

创建图案填充通常用来表现组成对象的材质或区分工程的部件，使图形看起来更加清晰，更加具有表现力。对图形进行图案填充，可以使用预定义的填充图案、使用当前的线型定义简单的直线图案，或者创建更加复杂的填充图案。

6.1.1　【图案填充】选项卡

可以使用【图案填充和渐变色】对话框，对图形进行图案填充和渐变色填充。【图案填充和渐变色】对话框默认显示的【图案填充】选项卡内容如图 6-1 所示。

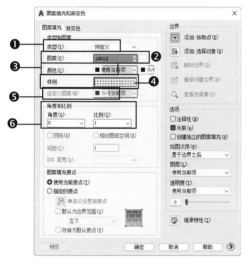

图 6-1　【图案填充】选项卡

技能拓展

比例默认情况下为【1】，小于【1】时所填充的图案更密集，数值越小，图案越细密；大于【1】时，填充的图案更稀疏，数值越大，图案越稀疏。

❶类型	设置填充图案的类型有 3 个选项：预定义、用户定义和自定义。【预定义】表示使用系统预定义的填充图案，可以控制预定义填充图案的比例和旋转角度；【用户定义】表示使用当前线型定义简单的填充图案；【自定义】表示让用户从其他定制的 .pat 文件中选择一个图案，而不是从 Acad.pat 或 Acadiso.pat 文件中选择，用户同样可以控制自定义填充图案的比例和旋转角度
❷图案	只有设置【类型】为【预定义】时，该参数才能被激活，用于在下拉列表中选择系统提供的填充图案
❸颜色	用于设置填充图案的颜色。单击【颜色】后的下拉按钮显示可用颜色；单击【为新图案填充对象指定背景色】按钮 ☑▼ 也可选择相应颜色。在此下拉菜单中选择【无】可关闭背景色
❹样例	显示所选图案的预览效果
❺自定义图案	只有设置【类型】为【自定义】时，该参数才能被激活，其下拉列表中列出了可供用户使用的自定义图案名称
❻角度和比例	角度：指定填充图案相对于当前用户坐标系 X 轴的旋转角度。比例：设置填充图案的缩放比例，以使图案的外观变得更稀疏或更紧密一些

打开【图案填充和渐变色】对话框的具体操作步骤如下。

步骤01 在【绘图】面板中单击【图案填充】按钮，如图6-2所示。

步骤02 打开【图案填充创建】面板，输入子命令【设置】T，按空格键确定，如图6-3所示。

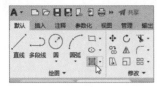

图6-2 单击【图案填充】按钮

图6-3 输入子命令【设置】

步骤03 打开【图案填充和渐变色】对话框，单击右下角的【更多选项】按钮，隐藏部分的内容被打开，如图6-4所示。

步骤04 单击【更少选择】按钮，被打开的内容又会被隐藏，如图6-5所示。

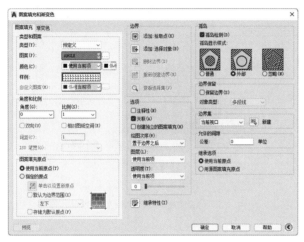

图6-4 隐藏部分的内容被打开

图6-5 被打开的内容被隐藏

6.1.2 确定填充边界

通过【图案填充和渐变色】对话框右侧的【边界】和【选项】区域内的参数，可以控制需要填充的边界和填充时的一些设置，如图6-6所示。

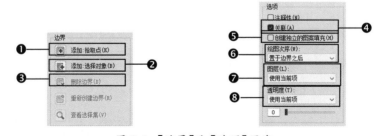

图6-6 【边界】和【选项】区域

❶添加：拾取点	在待填充区域内部拾取一点，以围绕拾取点构成封闭区域的现有对象来确定边界
❷添加：选择对象	根据构成封闭区域的选定对象确定边界
❸删除边界	选定边界对象后，该按钮才能被激活。用于从边界定义中删除之前添加的任何对象
❹关联	填充图案和边界的关系可分为关联和无关两种。关联填充图案是指随着边界的修改，填充图案也会自动更新，即重新填充更改后的边界；无关填充图案是指随着边界的修改，填充图案不会自动更新，依然保持原状态
❺创建独立的图案填充	勾选此选项后，如果指定了多个单独的闭合边界，那么每个闭合边界内的填充图案都是独立对象；没有勾选此选项，那么多个单独闭合边界内的填充图案是一个整体对象
❻绘图次序	设置填充图案的放置次序，其中有多个选项供用户选择，系统默认设置是把填充图案置于边界线的后面
❼图层	指定的图层指定新图案填充对象，替代当前图层
❽透明度	设置填充图案的透明度，取值范围为 0~90

1. 添加：拾取点

在需要进行填充的封闭区域内部任意位置单击，软件自动分析图案填充的边界。具体操作步骤如下。

步骤 01　打开"素材文件\第 6 章\6-1-2.dwg"，在【绘图】面板中单击【图案填充】按钮▦，打开【图案填充创建】面板；输入子命令【设置】T，按空格键确定，如图 6-7 所示。

步骤 02　在【图案填充和渐变色】对话框中单击【添加：拾取点】按钮▣，如图 6-8 所示。

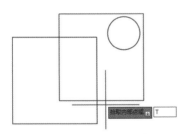

图 6-7　输入子命令【设置】

图 6-8　单击【添加：拾取点】按钮

步骤 03　将【比例】设为 10，在需要填充区域的内部任意位置单击，如图 6-9 所示。

步骤 04　按空格键打开【图案填充和渐变色】对话框，单击【预览】按钮，效果如图 6-10 所示。

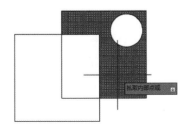

图 6-9　在对象中单击

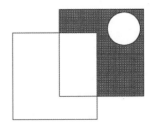

图 6-10　预览效果

2. 添加: 选择对象

单击需要构成填充区域的闭合边框线，即可将此边框线内填充指定的图案或颜色。具体操作步骤如下。

步骤 01 打开"素材文件\第 6 章\6-1-2.dwg"，在【绘图】面板中单击【图案填充】按钮▦，打开【图案填充创建】面板，输入子命令【设置】T，按空格键确定，如图 6-11 所示。

步骤 02 在【图案填充和渐变色】对话框中单击【添加: 选择对象】按钮▦，如图 6-12 所示。

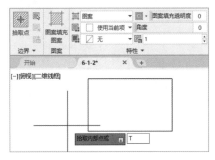

图 6-11 输入子命令【设置】　　　　　　　　图 6-12 单击【添加: 选择对象】按钮

步骤 03 将【比例】设为 10，单击需要填充区域闭合的外边框线，效果如图 6-13 所示。

步骤 04 按空格键打开【图案填充和渐变色】对话框，单击【预览】按钮，效果如图 6-14 所示。

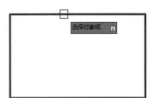

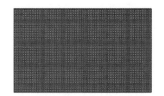

图 6-13 单击选择对象　　　　　　　　　　图 6-14 预览效果

> **技能拓展**
>
> 在指定填充区域时，【指定点】和【选择对象】是最常用的指定填充边界的方法。【指定点】一般在交叉图形比较多、选择边框较难的情况下使用，因为【指定点】是软件自动计算边界，当图形文件较大时，会大量占用计算机资源；在可以快速找到填充对象边框的情况下一般选用【选择对象】。

3. 删除边界

当已填充图案的区域内还有其他封闭边框内的区域未填充，删除封闭边框就是删除边界，删除边界后，原边框内的区域也将填充图案或颜色。具体操作步骤如下。

步骤 01 打开"素材文件\第 6 章\6-1-2.dwg"，在【绘图】面板中单击【图案填充】按钮▦，打开【图案填充创建】面板，单击【拾取点】按钮▦，如图 6-15 所示。

步骤 02 将【比例】设为 10，如图 6-16 所示。

步骤 03　在需要填充的闭合区域内单击，如图 6-17 所示。

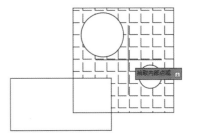

图 6-15　单击【拾取点】按钮　　　图 6-16　将【比例】设为 10　　　图 6-17　单击拾取点

步骤 04　在【边界】面板中单击【删除边界】按钮，如图 6-18 所示。

步骤 05　在绘图区单击选择未填充区域的边框线，如图 6-19 所示。

步骤 06　效果如图 6-20 所示。

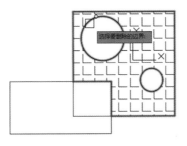

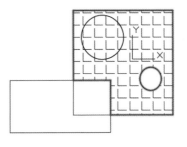

图 6-18　单击【删除边界】按钮　　　图 6-19　单击边框线　　　图 6-20　显示效果

步骤 07　按空格键接受填充，在绘图区单击未填充区域边框，如图 6-21 所示。

步骤 08　按【Delete】键删除此边框，效果如图 6-22 所示。

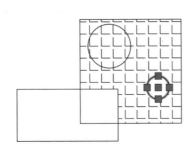

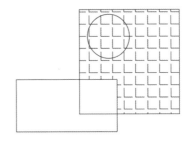

图 6-21　选择边框　　　　　　　图 6-22　删除边框

6.1.3　控制孤岛中的填充

在 AutoCAD 中，填充的封闭区域被称作孤岛，用户可以使用 3 种填充样式来填充孤岛，分别是【普通】【外部】和【忽略】。具体操作方法如下。

步骤 01 在【图案填充和渐变色】对话框中单击 按钮，显示【孤岛】参数栏，单击选择【普通】单选按钮，单击【添加：拾取点】按钮，如图 6-23 所示。

步骤 02 在对象中指向需要拾取内部点的区域，效果如图 6-24 所示。

步骤 03 输入子命令【设置】T，按空格键确定，单击选择【外部】单选按钮，单击【添加：拾取点】按钮，如图 6-25 所示。

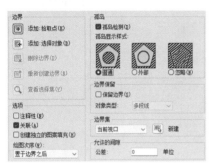
图 6-23 单击【添加：拾取点】按钮

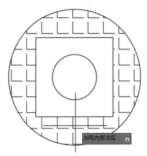
图 6-24 普通孤岛填充效果

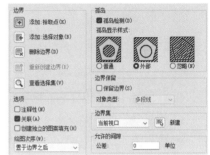
图 6-25 单击【添加：拾取点】按钮

步骤 04 在对象中指向需要拾取内部点的区域，如图 6-26 所示。

步骤 05 效果如图 6-27 所示。

步骤 06 输入子命令【设置】T，按空格键确定，单击选择【忽略】单选按钮，单击【添加：拾取点】按钮，单击填充区域，按空格键结束【填充】命令，如图 6-28 所示。

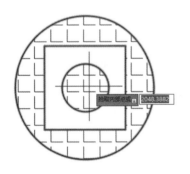
图 6-26 拾取内部点

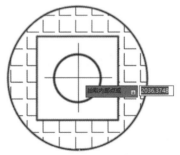
图 6-27 外部孤岛填充效果

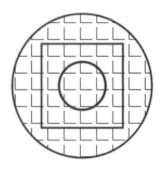
图 6-28 忽略孤岛填充效果

温馨提示

【孤岛】面板中各选项的使用方法如下。

【普通】：从外部边界向内填充。若填充过程中遇到内部边界，填充将停止，直到遇到另一个边界。

【外部】：从外部边界向内填充并在下一个边界处停止。此选项仅填充指定区域，不影响内部孤岛，是默认填充方式。

【忽略】：忽略内部边界，填充整个闭合区域。

6.1.4　继承特性

继承特性是指继承填充图案的样式、颜色、比例等所有属性。在【图案填充和渐变色】对话框右下角有一个【继承特性】按钮 ⬚，该按钮可以使选定的图案填充对象对指定的边界进行填充。具体操作方法如下。

步骤 01　在绘图区绘制并填充图形，如图 6-29 所示。

步骤 02　在【图案填充和渐变色】对话框中单击【继承特性】按钮 ⬚，如图 6-30 所示。

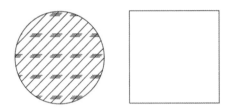

图 6-29　绘制并填充图形

图 6-30　单击【继承特性】按钮

> 温馨提示
>
> 使用【继承特性】功能的要求是，绘图区域内至少有一个填充图案存在。单击【继承特性】按钮 ⬚ 后，将返回绘图区域，提示用户选择一个填充图案。

步骤 03　单击选择图案填充的源对象，如图 6-31 所示。

步骤 04　单击拾取内部点，按【Enter】键确定，所选区域即可继承所选图案填充对象进行填充，如图 6-32 所示。

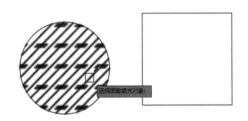

图 6-31　选择源对象

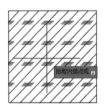

图 6-32　显示效果

6.1.5　无边界填充图案

前面介绍的图案填充方法都是基于有封闭边界的填充区域，下面介绍无边界填充图案的方法，具体操作方法如下。

步骤 01　输入并执行命令 -HATCH，如图 6-33 所示。

步骤 02　输入子命令【特性】P，按空格键确定，如图 6-34 所示。

> **技能拓展**
>
> 在执行 HATCH 命令时，在命令前面添加了一个符号"-"，如果不添加这个符号，则系统将打开【图案填充和渐变色】对话框，请读者在使用时注意两者的区别。

步骤 03 输入【图案名称】ANSI37，按空格键确定，如图 6-35 所示。

图 6-33　执行命令　　　　图 6-34　输入子命令　　　　图 6-35　输入名称

步骤 04 输入图案缩放比例，如 4，按【Enter】键确认，如图 6-36 所示。

步骤 05 指定十字光标线的【角度】，如 45，按空格键确定，如图 6-37 所示。

步骤 06 输入子命令【绘图边界】W，按空格键确定，如图 6-38 所示。

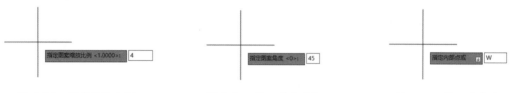

图 6-36　指定缩放比例　　　　图 6-37　输入【角度】　　　　图 6-38　输入子命令

步骤 07 按空格键确定执行默认命令 N，即不保留多段线边界，如图 6-39 所示。

步骤 08 在绘图区单击指定起点，向右移动鼠标指针，输入【距离】，如 100，按空格键确定，如图 6-40 所示。

步骤 09 向下移动鼠标指针，输入【距离】，如 50，按空格键确定，如图 6-41 所示。

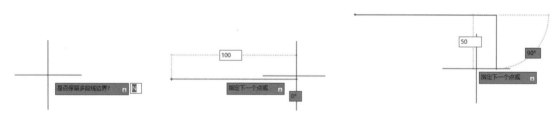

图 6-39　选择默认选项　　　　图 6-40　输入【距离】100　　　　图 6-41　输入【距离】50

步骤 10 向左移动鼠标指针，输入【距离】，如 100，按空格键确定，如图 6-42 所示。

步骤 11 输入子命令【闭合】C，按空格键确定，如图 6-43 所示。

步骤 12 按空格键接受当前绘制的闭合区域，如图 6-44 所示。

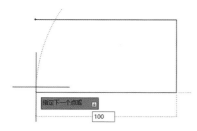

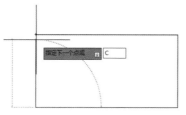

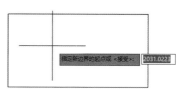

图 6-42　输入【距离】100　　　　图 6-43　闭合区域　　　　图 6-44　接受闭合区域

步骤 13　按【Enter】键确认，如图 6-45 所示。

步骤 14　按【Enter】键确定并结束无边界填充命令，效果如图 6-46 所示。

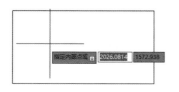

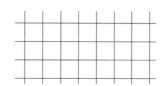

图 6-45　选择默认选项　　　　　　　　　图 6-46　最终效果

6.1.6　渐变色填充

渐变色填充就是使用渐变色填充封闭区域或选定对象。渐变色填充属于实体图案填充，渐变色能够体现出光照在平面上产生的过渡颜色效果。具体操作方法如下。

步骤 01　绘制【边长】为 200mm 的八边形，在【绘图】面板单击【图案填充】下拉按钮▥▾，在打开的菜单中单击【渐变色】命令，如图 6-47 所示。

步骤 02　输入子命令【设置】T，按空格键，单击选择【双色】单选按钮，选择【从左至右】填充方式，单击【添加：选择对象】按钮▣，如图 6-48 所示。

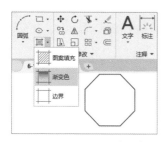

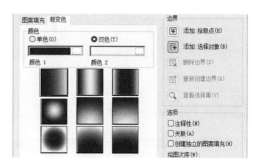

图 6-47　激活【渐变色】命令　　　　　图 6-48　单击【添加：选择对象】按钮

> **技能拓展**
>
> 【渐变色】选项卡用于定义要应用渐变填充的图形。渐变色填充包括【单色】和【双色】效果，【单色】填充指一种颜色与白色平滑过渡的渐变效果；【双色】渐变填充指两种颜色之间平滑过渡的效果，同时可选择渐变图案

和方向来丰富渐变效果。

步骤 03　单击选择需要填充渐变色的对象，如图6-49所示。

步骤 04　输入子命令【设置】T，按空格键确定，如图6-50所示。

图6-49　选择对象　　　　　　　　　　　图6-50　输入子命令

步骤 05　回到【渐变色】选项卡，单击选择【从内向外】填充方式，单击【确定】按钮，如图6-51所示。

步骤 06　完成所选对象的渐变色填充，如图6-52所示。

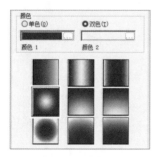

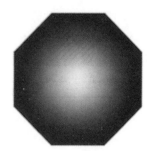

图6-51　选择填充方式　　　　　　　　　　图6-52　最终效果

6.2　编辑图案填充

在使用【图案填充】命令的过程中，如果对当前填充的图案或渐变色不满意，可以对图案内容进行修改。

6.2.1　修改填充图案

对图形进行图案填充后，若填充效果与实际情况不符，可对相应参数进行修改。具体操作方法如下。

步骤 01　在绘图区绘制两个矩形，单击【图案填充】按钮 打开【图案填充创建】面板；单击选择斜线，如ANSI31，如图6-53所示。

步骤 02　【角度】为0，【比例】为10，如图6-54所示，单击【添加：选择对象】按钮 。

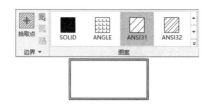

图 6-53　选择填充图案

图 6-54　设置角度和比例

步骤 03　在绘图区单击内矩形框，如图 6-55 所示。

步骤 04　在【图案填充和渐变色】对话框中单击【预览】按钮，如图 6-56 所示。

图 6-55　选择对象

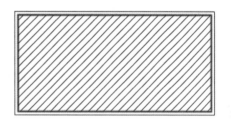

图 6-56　预览效果

步骤 05　将【角度】改为 15，【比例】设为 80，如图 6-57 所示。

步骤 06　单击【预览】按钮，按空格键完成填充，效果如图 6-58 所示。

图 6-57　设置角度和比例

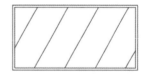

图 6-58　最终效果

技能
拓展

在进行填充的过程中，设定好各项内容后，一般单击【预览】按钮来查看所设置内容的显示效果。若对当前效果不满意，可按【Esc】键返回【图案填充和渐变色】对话框对相关选项进行修改，直至达到满意的效果，再按空格键确定填充。

6.2.2　修剪图案填充

在对图形进行图案填充后，如果不需要某部分填充内容，可以对图案填充进行修剪。具体操作方法如下。

步骤 01　在绘图区绘制图形并填充对象，如图 6-59 所示。

步骤 02　输入并执行【修剪】命令 TR，单击选择需要修剪的图案填充，界限边内的图案填充被修剪掉，按【Enter】键结束【修剪】命令，如图 6-60 所示。

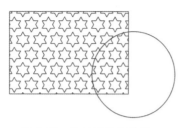

图 6-59 绘制并填充图形

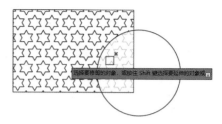

图 6-60 修剪对象

课堂范例——创建卧室地面布置图

步骤 01 打开"素材文件\第 6 章\卧室地面.bak",在【绘图】面板单击【图案填充】下拉按钮,单击【渐变色】命令,如图 6-61 所示。

步骤 02 在【图案】面板中选择【GR_LINEAR】图案,设置图案【渐变色 1】和【渐变色 2】的颜色,均为 133,输入【图案填充透明度】参数 87,如图 6-62 所示。

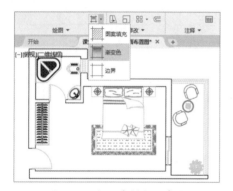

图 6-61 打开素材激活命令

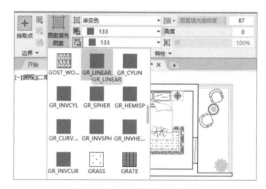

图 6-62 选择【渐变色】

步骤 03 单击【拾取点】按钮，单击卫生间内部拾取点,填充渐变色,按空格键确定,如图 6-63 所示。

步骤 04 按空格键重复执行【图案填充】命令,选择【GR_CYLIN】图案,设置图案【渐变色 1】为 40,【渐变色 2】为 41,输入【图案填充透明度】参数 44,如图 6-64 所示。

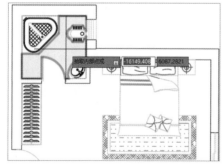

图 6-63 拾取内部点

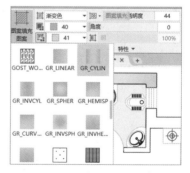

图 6-64 选择图案设置参数

步骤 05 单击确定卧室内部拾取点,填充渐变色,按空格键确定,如图 6-65 所示。

步骤 06　按空格键执行【图案填充】命令，输入【图案填充透明度】参数 59，在阳台位置单击拾取内部点，填充渐变色，按空格键确定，如图 6-66 所示。

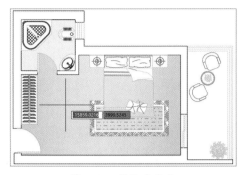

图 6-65　拾取内部点

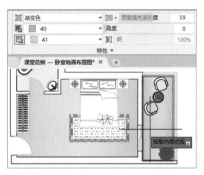

图 6-66　设置参数拾取内部点

步骤 07　单击【绘图】面板中的【图案填充】按钮▨，选择【ANGLE】图案，输入【图案填充比例】30，输入【图案填充透明度】参数 39，如图 6-67 所示。

步骤 08　单击卫生间内部拾取点，填充瓷砖图案，按空格键确定，如图 6-68 所示。

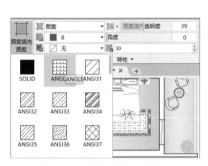

图 6-67　选择图案设置参数

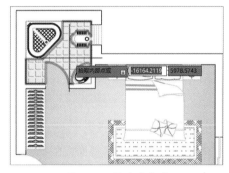

图 6-68　拾取内部点

步骤 09　按空格键重复执行【图案填充】命令，选择【DOLMIT】图案，输入【图案填充透明度】参数 57，单击卧室内部拾取点，填充地板图案，按空格键确定，如图 6-69 所示。

步骤 10　按空格键执行【图案填充】命令，输入【角度】参数 90，调整填充角度，单击阳台内部拾取点，填充地板图案，按空格键确定，如图 6-70 所示。完成卧室地面布置图的绘制。

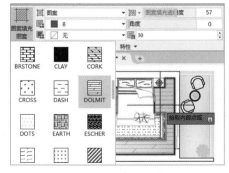

图 6-69　填充图案

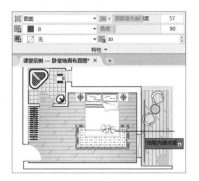

图 6-70　填充图案

6.3 更改对象特性

对象特性主要是指图形对象的颜色、线型、线宽等内容，可以根据需要进行修改调整，下面分别进行介绍。

6.3.1 改变图形的颜色

设置线条颜色是为了快速区分对象，并可以直观地将对象编组。具体操作步骤如下。

步骤 01 打开"素材文件\第 6 章\6-3-1.dwg"，框选需要改变颜色的对象，如图 6-71 所示。

步骤 02 被选取的对象显示其在【门窗线】图层，默认颜色为【青色】，在【特性】面板中单击【对象颜色】下拉按钮，如图 6-72 所示。

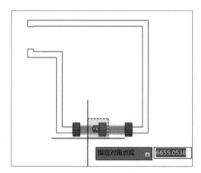

图 6-71 框选对象

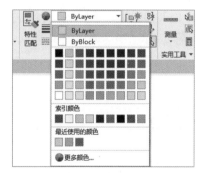

图 6-72 单击【对象颜色】下拉按钮

步骤 03 在打开的下拉面板中单击【绿】，所选对象即显示为绿色，如图 6-73 所示。

步骤 04 在对象上双击，打开快捷特性面板，如图 6-74 所示。

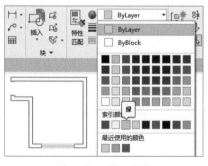

图 6-73 显示效果

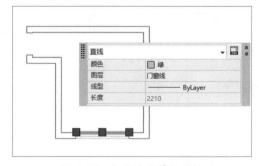

图 6-74 打开快捷特性面板

步骤 05 单击【绿】下拉按钮，在打开的下拉列表中单击【蓝】，如图 6-75 所示。

步骤 06 所选对象显示为蓝色，单击【关闭】按钮退出快捷特性面板，如图 6-76 所示。

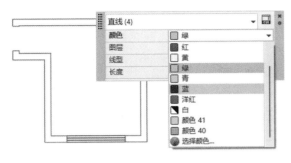
图 6-75　选择颜色

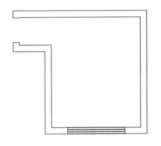
图 6-76　关闭【快捷特性面板】

6.3.2　改变图形的线宽

在一个文件中，当图形对象的线型相同，但表示的对象不一样时，可以给不同种类的对象设置不同的线宽，方便对象的识别和观看。具体操作步骤如下。

步骤 01　打开"素材文件\第 6 章\6-3-1.dwg"，框选需要改变颜色的对象，单击【线宽】下拉按钮，在打开的列表中单击【0.30 毫米】，所选对象没有变化，如图 6-77 所示。

步骤 02　在辅助工具栏单击【显示/隐藏线宽】按钮 ☰，显示线宽，线条效果如图 6-78 所示。

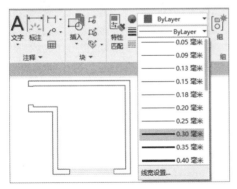
图 6-77　为选择对象设置线宽

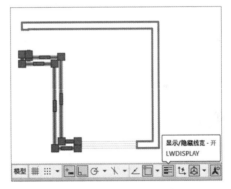
图 6-78　单击【显示/隐藏线宽】按钮

6.3.3　改变图形的线型

在 AutoCAD 中，主要是用线条绘制图形，当文件中的图形对象过多时，可以对线型进行设置，将对象区别开来，便于图形的观看。具体操作步骤如下。

步骤 01　打开"素材文件\第 6 章\6-3-1.dwg"，框选需要改变线型的对象，单击【线型】下拉按钮，在打开的列表中单击【CENTERX2】线型，如图 6-79 所示。

步骤 02　为了修改【CENTERX2】线型的显示效果，单击【线型】下拉按钮，在打开的列表中单击【其他】命令，如图 6-80 所示。

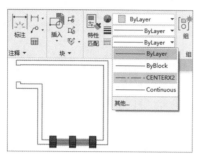

图 6-79　选择线型

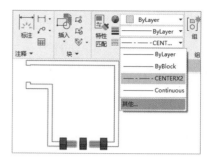

图 6-80　单击【其他】命令

步骤 03　打开【线型管理器】对话框，单击选择【CENTERX2】线型，单击右上方的【显示细节】按钮，如图 6-81 所示。

步骤 04　在【详细信息】区域中输入【全局比例因子】为 5，单击【确定】按钮，如图 6-82 所示。

图 6-81　单击【显示细节】按钮

图 6-82　设置全局比例因子并确定

步骤 05　修改后的线型显示效果如图 6-83 所示。

步骤 06　在对象上双击，打开快捷特性面板，单击线型名称后的下拉按钮，在打开的下拉列表中单击【ByLayer】选项，即可修改线型的显示效果，如图 6-84 所示。

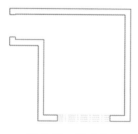

图 6-83　显示效果

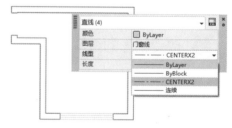

图 6-84　修改线型的显示效果

6.4　特性匹配

　　【特性匹配】就是将选定图形的属性应用到其他图形上，属性指图形对象的颜色、线型、线宽等内容。

6.4.1　匹配所有属性

匹配所有属性是将一个图形的所有属性应用到其他图形，可以应用的属性类型包括颜色、图层、线型、线型比例、线宽、打印样式和三维厚度。具体操作步骤如下。

步骤 01　分别绘制一个任意大小的矩形和圆，点击【显示/隐藏线宽】按钮，修改矩形的【线宽】为 0.40，【线型】为 ACAD_ISO02W100，效果如图 6-85 所示。

步骤 02　在【特性】面板中单击【特性匹配】按钮，单击选择源对象，如图 6-86 所示。

步骤 03　在绘图区单击选择目标对象，按空格键确定，匹配属性后的效果如图 6-87 所示。

图 6-85　修改矩形的线宽和线型

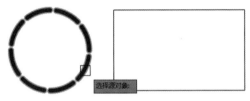

图 6-86　选择源对象

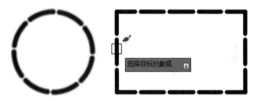

图 6-87　选择目标对象

6.4.2　匹配指定属性

默认情况下，所有可应用的属性都自动从选定的源图形应用到其他图形。如果不希望应用源图形中的某个属性，可通过【设置】选项取消这个属性。例如，不想匹配某个属性（如【线宽】属性），具体操作步骤如下。

步骤 01　分别绘制任意大小的矩形和圆，设置圆的【线宽】为 0.40，【线型】为 ACAD_ISO02W100，在【特性】面板中单击【特性匹配】按钮，如图 6-88 所示。

步骤 02　单击选择源对象，如图 6-89 所示。

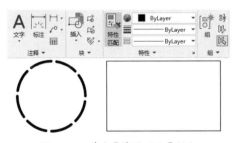

图 6-88　单击【特性匹配】按钮

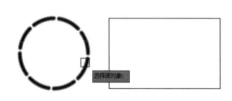

图 6-89　选择源对象

步骤 03　输入子命令【设置】S，按空格键确定，如图 6-90 所示。

步骤 04　打开【特性设置】对话框，如图 6-91 所示。

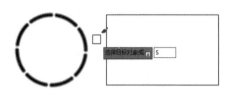

图 6-90 输入子命令

图 6-91 打开【特性设置】对话框

步骤 05 单击取消选中【线宽】复选框,单击【确定】按钮,如图 6-92 所示。

步骤 06 单击选择目标对象,如图 6-93 所示。按空格键结束【特性匹配】命令。

图 6-92 单击【确定】按钮

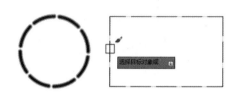

图 6-93 选择目标对象

💬 课堂问答

问题 1:如何编辑关联图案?

答:【关联图案填充】的特点是图案填充区域与填充边界互相关联,边界发生变动时,图形填充区域随之自动更新。用编辑命令修改填充边界后,如果其继续保持封闭,则图案填充区域自动更新,并保持关联性;如果边界不再保持封闭,则其关联性消失。具体操作步骤如下。

步骤 01 绘制图形,在【图案填充和渐变色】对话框中选中【关联】复选框,填充左侧对象,如图 6-94 所示。

步骤 02 取消选中【关联】复选框,填充右侧对象,如图 6-95 所示。

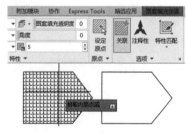

图 6-94 填充对象

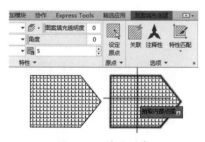

图 6-95 填充对象

步骤 03　单击选择并移动对象节点，如图 6-96 所示。

步骤 04　至适当位置单击确定节点新位置，填充内容随边框的变化而变化，如图 6-97 所示。

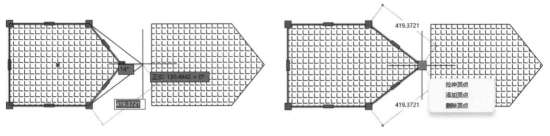

图 6-96　移动节点　　　　　　　　　　　　　　图 6-97　显示效果

步骤 05　单击选择右侧填充对象；单击选择并移动对象节点，至适当位置单击确定节点新位置，如图 6-98 所示。

步骤 06　填充内容与边框无关联，不会随边框的变化而变化，按【Esc】键退出节点编辑，如图 6-99 所示。

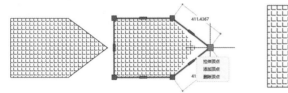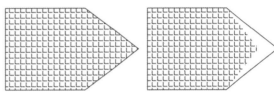

图 6-98　移动节点　　　　　　　　　　　　　　图 6-99　显示效果

问题 2：如何使用图案填充透明度？

答：进行图案填充后，如果需要填充的区域看起来不那么明显，可以通过降低透明度来增强图案填充的效果。具体操作步骤如下。

步骤 01　绘制并填充图形，单击选择填充内容，如图 6-100 所示。

步骤 02　在图案填充透明度后面输入数值，如 80，如图 6-101 所示。

步骤 03　按空格键确定，效果如图 6-102 所示。

步骤 04　设置图案填充透明度为 50，效果如图 6-103 所示。

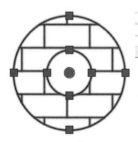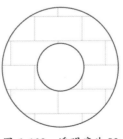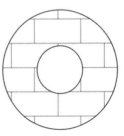

图 6-100　填充图形　　图 6-101　输入图案　　图 6-102　透明度为 80　　图 6-103　透明度为 50
　　　　　　　　　　　　　　　填充透明度　　　　　　的效果　　　　　　　　的效果

问题 3：填充时如何使用角度和比例?

答：可以在【图案填充和渐变色】对话框或【图案填充创建】下的【特性】面板中进行设置，具体操作方法如下。

步骤 01 创建矩形，单击【图案填充】按钮，在打开的面板中选择名为【DOLMIT】的图案进行填充，如图 6-104 所示。

步骤 02 输入子命令【设置】T，按空格键确定，打开【图案填充和渐变色】对话框，在【角度】文本框中设置图案填充的角度，在【比例】文本框中设置图案填充的比例，默认值如图 6-105 所示。

步骤 03 在名为【DOLMIT】的图案【角度】为 0 时，效果如图 6-106 所示。

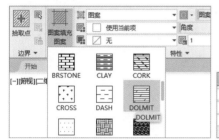

图 6-104　选择图案　　　　图 6-105　设置角度和比例　　　　图 6-106　显示效果 1

步骤 04 在名为【DOLMIT】的图案【角度】为 90 时，效果如图 6-107 所示。

步骤 05 在名为【DOLMIT】的图案【角度】为 0，【比例】为 0.5 时，效果如图 6-108 所示。

步骤 06 在名为【DOLMIT】的图案【角度】为 0，【比例】为 30 时，效果如图 6-109 所示。

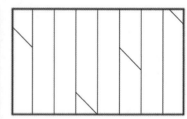

图 6-107　显示效果 2　　　　图 6-108　显示效果 3　　　　图 6-109　显示效果 4

📷 上机实战——绘制微波炉立面图

为了帮助读者巩固本章知识点，下面安排一个"上机实战"案例，使读者对本章知识有更深入的理解。

效果展示

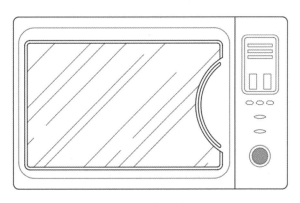

思路分析

本例主要介绍如何绘制微波炉,目的是使读者熟练掌握图案填充的方法。首先使用【矩形】命令绘制一个圆角矩形作为微波炉立面的轮廓,接着使用【圆形】和【椭圆】命令绘制微波炉的控制按钮,再使用【圆】和【修剪】命令绘制微波炉的炉身,得到最终效果。

制作步骤

步骤 01　使用【矩形】命令REC绘制长520、宽320、圆角半径为10的圆角矩形,如图6-110所示。

步骤 02　在矩形左方绘制长400、宽280、圆角半径为30的圆角矩形,如图6-111所示。

步骤 03　使用【直线】命令L绘制垂直线,使用【矩形】命令REC在垂直线右侧绘制长60、宽100、圆角半径为5的圆角矩形,如图6-112所示。

图 6-110　绘制矩形 1　　　　图 6-111　绘制矩形 2　　　　图 6-112　绘制矩形 3

步骤 04　使用【偏移】命令O向内偏移5,如图6-113所示。

步骤 05　在小圆角矩形中绘制多个矩形,如图6-114所示。

步骤 06　使用【椭圆】命令EL,绘制多个椭圆形作为控制按钮,如图6-115所示。

图 6-113　偏移矩形　　　　　图 6-114　绘制矩形　　　　　图 6-115　绘制椭圆

步骤 07　使用【圆】命令 C 绘制半径为 20 的圆，使用【偏移】命令 O 向内偏移 5，如图 6-116 所示。

步骤 08　执行【图案填充】命令 H，对小圆进行图案填充，设置图案为 ANSI31、比例为 15，图案填充效果如图 6-117 所示。

步骤 09　使用【矩形】命令 REC 绘制长 375、宽 240、圆角半径为 10 的圆角矩形，使用【偏移】命令 O 向内偏移 5，效果如图 6-118 所示。

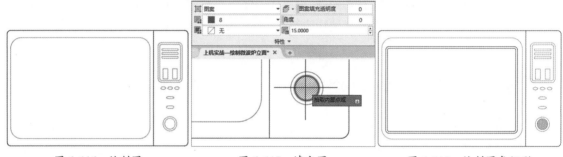

图 6-116　绘制圆　　　　　图 6-117　填充圆　　　　　图 6-118　绘制圆角矩形

步骤 10　使用【圆】命令 C 绘制圆，使用【偏移】命令 O 向内偏移两次，偏移距离为 5，如图 6-119 所示。

步骤 11　使用【修剪】命令 TR 对圆形和圆角矩形进行修剪，并拖动图形的夹点，适当调整图形的形状，如图 6-120 所示。

步骤 12　执行【图案填充】命令 H，选择图案【AR-RROOF】，设置图案填充【颜色】为 8，设置角度为 45，输入图案【比例】参数为 100，如图 6-121 所示。

图 6-119　绘制圆　　　　　图 6-120　修剪对象　　　　　图 6-121　填充图形

◉ **同步训练——绘制衣柜外立面图**

为了增强读者的动手能力，下面安排一个同步训练案例，让读者能举一反三，触类旁通。

图解流程

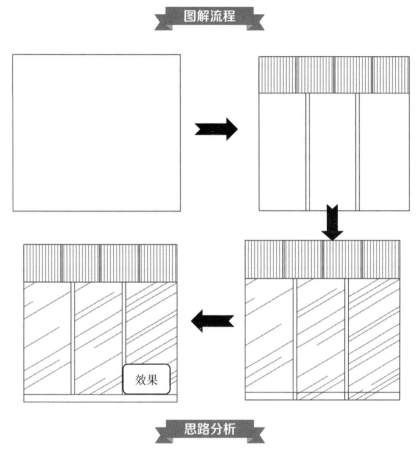

效果

思路分析

衣柜是室内设计中必不可少的一部分，衣柜的风格和整体的装修风格必须一致，所以其大小、形状、材料都是由室内的整体风格决定的。

本例主要讲解使用填充图案创建衣柜的效果。首先绘制衣柜，通过设置图案填充的内容完成图案填充；并对不完善的地方进行相应修改，最终完成衣柜的效果制作。

关键步骤

步骤 01　使用【矩形】命令REC绘制长、宽为2100的矩形，使用【直线】命令L，绘制垂直线为500、水平线为2100的直线，如图6-122所示。

步骤 02　使用【直线】命令L，绘制水平线上方的垂直线，创建衣柜上方的柜体。

步骤 03　在衣柜下方，绘制间距为700的垂直线，创建衣柜的推拉门，如图6-123所示。

步骤 04　选择【填充线】图层，如图6-124所示。输入【图案填充】命令H，单击【图案】面板右下方的下拉按钮 ▼，在打开的下拉列表中选择【ANSI31】图案。

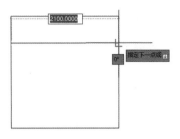

图 6-122　绘制直线

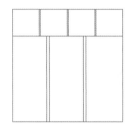

图 6-123　绘制衣柜

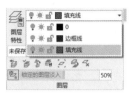

图 6-124　指定图层

步骤 **05**　输入填充【比例】，如 60，设置【角度】为 45，单击衣柜上方的柜体，选择图案填充区域，填充为木质效果，如图 6-125 所示。

步骤 **06**　输入【H】，按空格键，选择图案【AR-RROOF】，将【角度】改为 30，【比例】修改为 15，如图 6-126 所示。

步骤 **07**　单击衣柜的推拉门，填充玻璃材质，如图 6-127 所示。

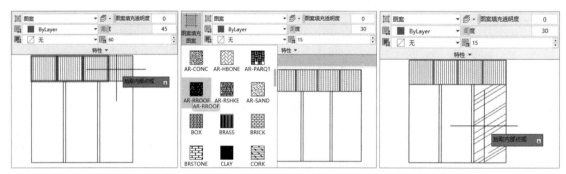

图 6-125　填充图案　　　　　图 6-126　选择填充图案　　　　　图 6-127　填充推拉门

步骤 **08**　【比例】修改为 20，单击选择衣柜门进行填充，如图 6-128 所示。

步骤 **09**　【比例】修改为 28，单击选择另一扇衣柜门，效果如图 6-129 所示。

图 6-128　填充衣柜门

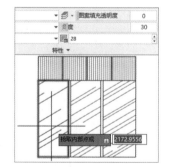

图 6-129　填充另一扇衣柜门

步骤 **10**　使用【直线】命令 L 绘制衣柜底部，单击选择填充图案，单击下方夹点，在上方水平线上单击指定新位置，如图 6-130 所示。

步骤 **11**　使用夹点调整图案填充，使用【修剪】命令修剪多余对象，效果如图 6-131 所示。

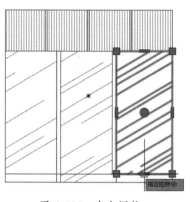

图 6-130 夹点调整

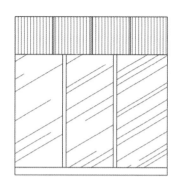

图 6-131 显示效果

知识能力测试

本章讲解了创建图案填充、编辑图案填充、更改对象特性和特性匹配的方法，为对知识进行巩固和考核，请读者完成以下练习题。

一、填空题

1. 可以使用【图案填充和渐变色】对话框，对图形进行图案填充和_____。

2. 匹配所有属性是将一个图形的所有属性应用到其他图形，可以应用的属性类型包括颜色、图层、线型、线型比例、线宽、打印样式和_____。

3. 【特性】面板中的____按钮，可以显示选定对象的特性数据。

二、选择题

1. 下列说法正确的是（   ）。

A. 创建图案填充通常用来表现组成对象的材质或颜色，使图形看起来更加清晰，更加具有表现力

B. 对象特性指的是对象的线型、颜色、线宽、透明度等属性

C. 设置线条颜色是为了快速区分对象，并可以直观地将对象进行填充

D. 如果不希望应用源图形中的某个属性，可通过【特性面板】选项取消这个属性

2. 在进行填充的过程中，若对当前效果不满意，可按（   ）返回【图案填充和渐变色】。

A.【Tab】键   B.【Alt】键   C.【Esc】键   D.【Ctrl】键

3. 【继承特性】按钮 可以使选定的图案填充对象对指定的（   ）进行填充。

A. 边界   B. 图案   C. 对象   D. 颜色

三、简答题

1. 请简单回答在【边界】中【添加：拾取点】和【添加：选择对象】两个按钮的区别。

2. 更改对象特性是指更改哪些内容？

AutoCAD 2022

第7章
尺寸标注与查询

　　图形标注是绘图中非常重要的一个内容。图形的尺寸和角度能准确地反映物体的形状、大小和相互关系，是识别图形和现场施工的主要依据。完成图形的初步绘制后，就需要运用查询命令对图形的相关内容做标注。本章将介绍标注和查询的相关知识与应用。

学习目标

- 掌握标注样式操作
- 熟练掌握标记图形尺寸的方法
- 熟练掌握快速连续标注的方法
- 熟练掌握编辑标注的方法
- 熟练掌握查询的方法

7.1 标注样式操作

图形的尺寸和角度能准确反映物体的形状、大小和相互关系，是识别图形和现场施工的主要依据。标注是向图形中添加测量注释的过程，用户可以为各种图形沿各个方向创建标注。

7.1.1 标注的基本元素

一个完整的尺寸标注由尺寸线、尺寸界线、标注文字、尺寸箭头和主单位等几个部分组成，如图7-1所示。

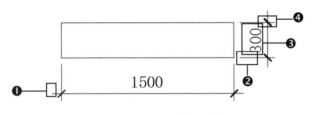

图7-1 标注的基本元素

❶尺寸线	通常与所标对象平行，位于两尺寸界线之间，用于指示标注的方向和范围。而角度标注的尺寸线是一段圆弧
❷尺寸界线	也称为投影线，用于标注尺寸的界线。标注时，延伸线从所标的对象上自动延伸出来，超出箭头的部分为【超出尺寸线】，尺寸线端点与所标注对象接近的部分为【起点偏移量】
❸标注文字	通常位于尺寸上方或中间处，用于指示测量值的文本字符串。文字还可以包含前缀、后缀和公差。在进行尺寸标注时，AutoCAD会自动生成所标注图形对象的尺寸数值，用户也可对标注文字进行修改
❹尺寸箭头	也称为终止符号，显示在尺寸线两端，用以表明尺寸线的起始位置，AutoCAD默认使用闭合的填充箭头作为尺寸箭头。此外，系统还提供了多种箭头符号，以满足不同行业的需要，如建筑标注、点、斜线箭头等，箭头大小也可以进行修改

7.1.2 创建标注样式

进行尺寸标注之前需要先创建标注样式。【标注样式】可以控制标注的格式和外观，使整体图形更容易识别和理解。用户可以在标注样式管理器中设置尺寸的标注样式。具体操作步骤如下。

步骤01 单击【注释】面板下【标注】面板右下角的【标注样式】按钮 ◥，如图7-2所示。

步骤02 打开【标注样式管理器】对话框，单击【新建】按钮，如图7-3所示。

温馨提示
AutoCAD默认的标注格式是ISO-25，可以根据有关规定及所标注图形的具体要求，对尺寸标注格式进行设置，实际绘图时可以根据需要创建新的标注样式。

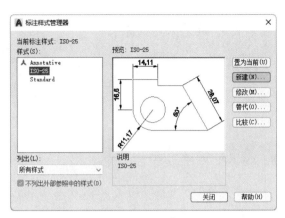

图 7-2　单击【标注样式】按钮　　　　　　　图 7-3　打开【标注样式管理器】对话框

步骤 03 打开【创建新标注样式】对话框，输入【新样式名】，如建筑装饰，选择【基础样式】，如ISO-25，选择用于【所有标注】，单击【继续】按钮，如图 7-4 所示。

步骤 04 打开【新建标注样式：建筑装饰】对话框，根据需要进行相关参数设置，如图 7-5 所示。设置完成后单击【确定】按钮即可。

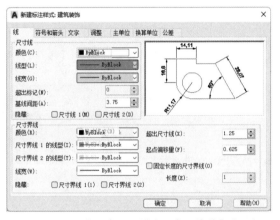

图 7-4　单击【继续】按钮　　　　　　　图 7-5　打开【新建标注样式：建筑装饰】对话框

7.1.3　修改标注样式

若对当前样式不满意，则可对标注样式进行修改，修改标注样式的优势是所有使用该样式的标注均可自动更新。具体操作步骤如下。

步骤 01 在【标注样式管理器】对话框的【样式】列表中选择要修改的样式，单击【修改】按钮，如图 7-6 所示。

步骤 02 打开【修改标注样式：建筑装饰】对话框，在其中根据需要修改标注样式内容，如将【超出尺寸线】改为 60，【起点偏移量】改为 10，单击【确定】按钮，如图 7-7 所示。

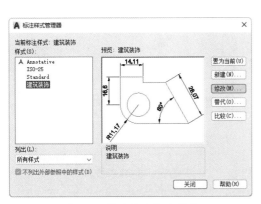

图 7-6 修改所选标注样式

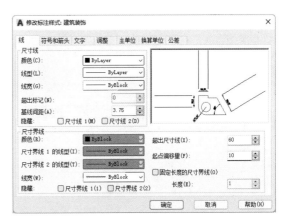

图 7-7 修改内容

7.2 标记图形尺寸

尺寸标注是 AutoCAD 中非常重要的内容。通过对图形进行尺寸标注，可以准确地反映图形中各对象的大小和位置。尺寸标注给出了图形的真实尺寸，并为生产加工提供了依据，因此具有非常重要的作用。

7.2.1 线性标注

使用【线性标注】命令 DIMLINEAR 可以标注长度类型的尺寸。通过拾取两个尺寸界线原点，可以定义标注的长度。具体操作步骤如下。

步骤 01 绘制一个矩形，输入【D】并按空格键确定，打开【标注样式管理器】对话框，选择【建筑装饰】样式，单击【置为当前】按钮，再单击【关闭】按钮，如图 7-8 所示。

步骤 02 在【注释】面板中单击【线性】标注按钮，如图 7-9 所示。

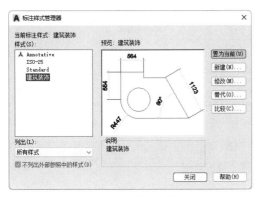

图 7-8 设置标注样式

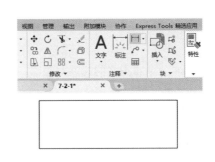

图 7-9 单击【线性】标注按钮

步骤 03 单击指定第一条尺寸界线原点，如图 7-10 所示。

步骤 04 单击指定第二条尺寸界线原点，如图 7-11 所示。

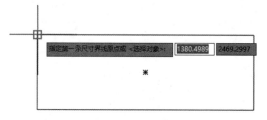

图 7-10 指定起点

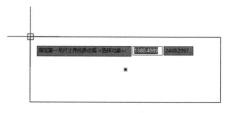

图 7-11 指定终点

温馨提示

线性标注用于标注直线段，也可用于标注弧的弦长（不是周长）及圆的直径。

步骤 05 鼠标指针向上移并单击指定尺寸线位置，如图 7-12 所示。

步骤 06 使用同样的方法绘制对象右侧的尺寸标注，如图 7-13 所示。

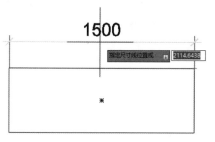

图 7-12 指定尺寸线位置

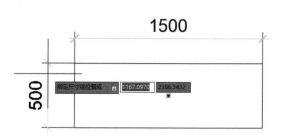

图 7-13 完成尺寸标注

技能拓展

【线性标注】是基于 3 个点来建立的，即该尺寸标注的【起始点】【终止点】和尺寸标注线的位置）。【线性标注】中的【起始点】和【终止点】是确定标注对象长度的，而【尺寸标注线的位置】主要是确定标注尺寸线和标注对象之间的距离。当命令行出现【指定尺寸线位置或】时，可直接输入具体数值，以使各水平、垂直标注线整洁、美观。

7.2.2 对齐标注

当要标注一个非正交的线性对象时，需要使用【对齐标注】。【对齐标注】的尺寸线总是平行于对象，类似于【线性】命令的【旋转】选项，不过在使用上比【旋转】选项更方便。具体操作步骤如下。

步骤 01 绘制一个三角形，单击【线性】标注按钮后的下拉按钮 ⊢·，在打开的菜单中单击【对齐】命令 ↖对齐，单击指定第一条尺寸界线原点，如图 7-14 所示。

步骤 02 单击指定第二条尺寸界线原点，如图 7-15 所示。

步骤 03 移动鼠标指针并单击指定尺寸界线位置，如图 7-16 所示。

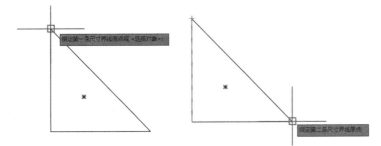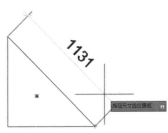

图 7-14 指定标注起点　　　图 7-15 单击指定第二条尺寸界线原点　　　图 7-16 指定尺寸界线位置

温馨
提示
【对齐标注】DIMALIGNED 是线性标注的一种形式；若是圆弧，则对齐尺寸标注的尺寸线与圆弧的两个端点所连接的弦保持平行。

7.2.3　半径标注

【半径标注】命令 DIMRADIUS 用于标注圆或圆弧的半径，【半径标注】由一条具有指向圆或圆弧的箭头的半径尺寸线组成。具体操作步骤如下。

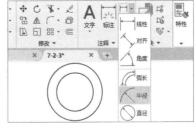

图 7-17 激活【半径标注】命令

步骤 01　绘制两个不同大小的同心圆，单击【线性】标注按钮后的下拉按钮，在打开的菜单中单击【半径】命令，如图 7-17 所示。

步骤 02　单击选择圆，如图 7-18 所示。

步骤 03　单击指定尺寸线位置，如图 7-19 所示。

步骤 04　按空格键激活【半径标注】命令，单击选择圆，移动鼠标指针并单击指定尺寸线位置，如图 7-20 所示。

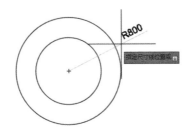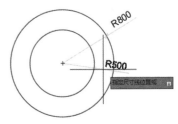

图 7-18 选择标注对象　　　图 7-19 指定尺寸线位置　　　图 7-20 标注对象

7.2.4　角度标注

使用【角度标注】命令 DIMANGULAR 可以标注线段之间的夹角，也可以标注圆弧所包含的弧度。具体操作步骤如下。

步骤 01 绘制两条线段，单击【线性】标注按钮后的下拉按钮 ，在打开的菜单中单击【角度】命令 ，如图 7-21 所示。

步骤 02 单击选择其中一条直线，如图 7-22 所示。

步骤 03 单击选择第二条直线，如图 7-23 所示。

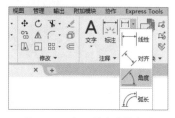
图 7-21　激活【角度】命令

图 7-22　选择标注对象

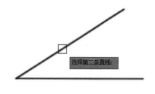
图 7-23　选择第二条直线

步骤 04 移动鼠标指针并单击指定标注弧线位置，如图 7-24 所示。

步骤 05 绘制圆弧，激活【角度标注】命令，单击选择圆弧，如图 7-25 所示。

步骤 06 移动鼠标指针并单击指定弧线尺寸标注位置，如图 7-26 所示。

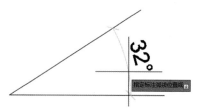
图 7-24　指定标注弧线位置

图 7-25　绘制并选择圆弧

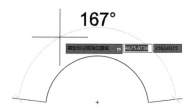
图 7-26　指定弧线尺寸标注位置

7.2.5　公差标注

【公差标注】命令DIMANGULAR主要用于标注机械设计中的形位公差。具体操作步骤如下。

步骤 01 在【注释】面板下的【标注】面板中，单击【公差】按钮 ，如图 7-27 所示。

步骤 02 打开【形位公差】对话框，如图 7-28 所示。

图 7-27　单击【公差】按钮

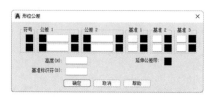
图 7-28　打开【形位公差】对话框

步骤 03 在【形位公差】对话框的【符号】框内单击，打开【特征符号】对话框，如图 7-29 所示。

步骤 04 单击选择形位符号，如图 7-30 所示。

图 7-29 打开【特征符号】对话框

图 7-30 选择形位符号

步骤 05 在【公差 1】区域下的文本框中输入公差参数，单击【确定】按钮，如图 7-31 所示。

步骤 06 在绘图区适当位置单击指定公差位置，如图 7-32 所示。

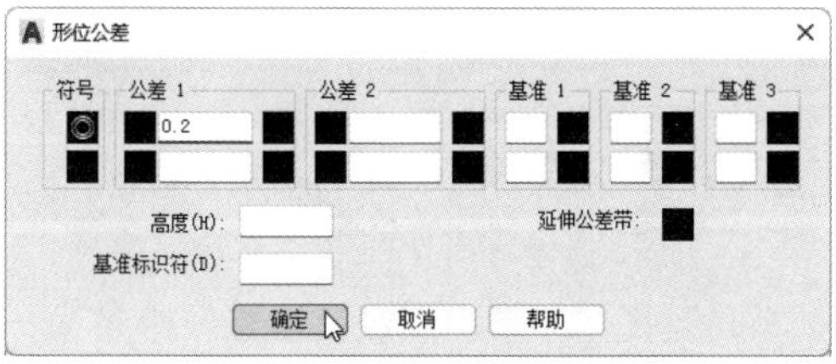

图 7-31 输入公差参数

图 7-32 指定公差位置

7.2.6 引线标注

【引线】命令 LEADER 用于快速创建引线标注和引线注释。【引线】是一条连接注释与特征的线，通常和【公差】一起用来标注机械设计中的形位公差，也常用来标注建筑装饰设计中的材料等内容，具体操作步骤如下。

步骤 01 打开"素材文件\第 7 章\问题 2.dwg"，在命令行中输入【引线】命令 LE，按空格键确定，单击指定第一个引线点，如图 7-33 所示。

步骤 02 单击指定下一点，按空格键确定，根据提示指定【文字宽度】，如 100，按空格键确定，如图 7-34 所示。

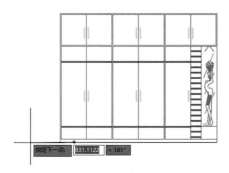

图 7-33 指定第一个引线点

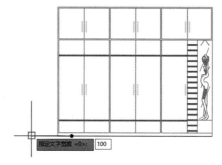

图 7-34 指定【文字宽度】

步骤 03 输入注释文字的第一行，如【踢脚板】，按两次空格键结束【引线】命令，如图 7-35 所示。

步骤 04　选择引线标注，复制两个，在其中一个引线标注的文字上双击，输入【银色带条】，如图 7-36 所示。

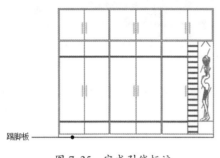

图 7-35　完成引线标注

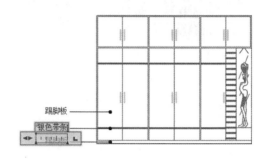

图 7-36　输入文字内容

步骤 05　在空白处单击，双击上一个引线标注文字，输入文字，如【白瓷漆饰面】，在空白处单击，如图 7-37 所示。

步骤 06　输入【引线】命令 LE，按空格键确定，单击指定第一个引线点，再单击指定下一点，继续单击指定下一点，如图 7-38 所示。

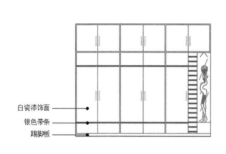

图 7-37　完成引线标注

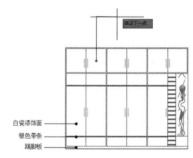

图 7-38　单击指定下一点

步骤 07　输入文字高度【100】，按空格键确定，输入文字【白瓷漆饰面】，如图 7-39 所示。

步骤 08　按空格键确定，按【Enter】键结束【引线】命令，如图 7-40 所示。

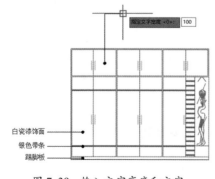

图 7-39　输入文字高度和文字

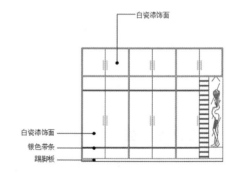

图 7-40　结束【引线】命令

步骤 09　选择创建的引线标注，复制两个，并修改名称，如图 7-41 所示。

步骤 10 用同样的方法绘制其他引线标注，如图 7-42 所示。

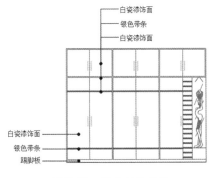

图 7-41 修改标注名称

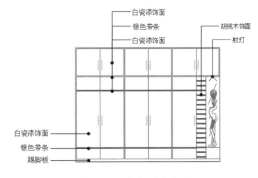

图 7-42 完成引线标注

> **技能拓展**
>
> 在标注文字注解时，巧妙运用了【引线】命令进行一步到位的标注注解。在使用引线时，在输入【引线】命令并按空格键后，输入子命令【设置】S，按空格键，会弹出【引线设置】对话框，在对话框中有【注释】【引线和箭头】【附着】3 个选择卡，可以对其中的内容进行相应的设置。

7.3 快速连续标注

在 AutoCAD 中，有时候需要创建一系列相互关联的标注。在这种情况下，会使用到连续标注、基线标注和快速标注等标注方法对图形进行标注。

7.3.1 连续标注

【连续标注】命令 DIMCONTINUE 用于标注在同一方向上连续的线型或角度尺寸，该命令用于从上一个或选定标注的第二条尺寸界线处创建新的线性、角度或坐标的连续标注，具体操作步骤如下。

步骤 01 绘制图形并创建线性标注，如图 7-43 所示。

步骤 02 在【注释】面板下的【标注】面板中，单击【连续】标注按钮，如图 7-44 所示。

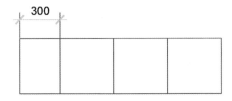

图 7-43 创建线性标注

图 7-44 单击【连续】标注按钮

步骤 03 单击指定第二条尺寸界线原点，如图 7-45 所示。

步骤 04 单击指定下一条尺寸界线原点，如图 7-46 所示。

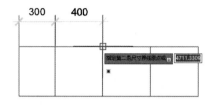

图 7-45 指定第二条尺寸界线原点

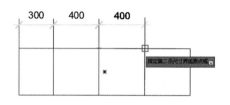

图 7-46 指定下一条尺寸界线原点

步骤 05 单击指定下一条尺寸界线原点，如图 7-47 所示。

步骤 06 按空格键确定，程序显示选择连续标注，按空格键结束【连续标注】命令，如图 7-48 所示。

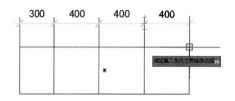

图 7-47 指定下一条尺寸界线原点

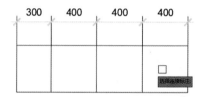

图 7-48 结束【连续标注】命令

7.3.2 基线标注

【基线标注】命令DIMBASELINE用于标注图形中有一个共同基准的线型、坐标或角度关联标注。基线标注是以某一点、线、面作为基准，其他尺寸按照该基准进行定位。因此，在进行基线标注之前，需要指定一个线性尺寸标注，以确定基线标注的基准点。具体操作步骤如下。

步骤 01 绘制图形，创建线性标注，如图 7-49 所示。

步骤 02 在【注释】面板的【标注】面板中单击【连续】标注按钮后的下拉按钮 ，在打开的菜单中单击【基线】标注按钮 ，如图 7-50 所示。

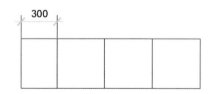

图 7-49 创建线性标注

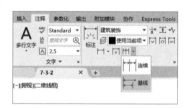

图 7-50 单击【基线】标注按钮

步骤 03 单击选择基线标注，如图 7-51 所示。

步骤 04 单击指定第二条尺寸界线原点，如图 7-52 所示。

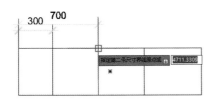

图 7-51　选择基线标注

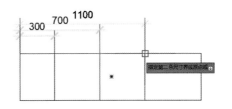

图 7-52　指定第二条尺寸界线原点

步骤 05　单击指定下一条尺寸界线原点，如图 7-53 所示。

步骤 06　单击指定下一条尺寸界线原点，按空格键结束【基线标注】命令，如图 7-54 所示。

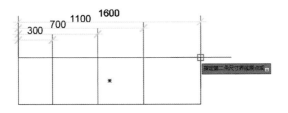

图 7-53　指定下一条尺寸界线原点

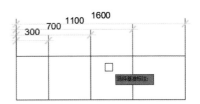

图 7-54　结束【基线标注】命令

技能拓展

【基线标注】和【连续标注】非常相似，都必须在已有标注上才能开始创建。但【基线标注】是将已经标注的起始点作为基准起始点开始创建的，此基准点也就是起始点是不变的；而【连续标注】是将已有的标注终止点作为下一个标注的起始点，以此类推。

7.3.3　快速标注

利用【快速标注】功能可以一次标注几个对象。可以使用【快速标注】创建基线标注、连续标注和坐标标注，也可以对多个圆和圆弧进行标注。具体操作步骤如下。

步骤 01　绘制图形，设置标注样式，在【注释】面板的【标注】面板中单击【快速】按钮，如图 7-55 所示。

步骤 02　单击选择要标注的对象，按空格键确定，如图 7-56 所示。

步骤 03　按空格键激活【快速标注】命令，单击指定标注位置，如图 7-57 所示。

图 7-55　激活命令

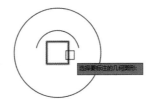

图 7-56　选择对象

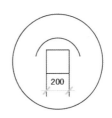

图 7-57　创建标注

步骤 04 按空格键激活【快速标注】命令，单击选择圆弧，如图 7-58 所示。

步骤 05 按空格键激活【快速标注】命令，单击选择圆，如图 7-59 所示。

步骤 06 单击指定尺寸线的位置，依次完成所选对象的标注，如图 7-60 所示。

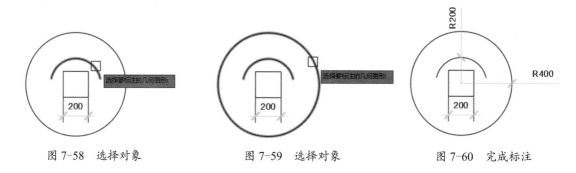

图 7-58　选择对象　　　　图 7-59　选择对象　　　　图 7-60　完成标注

课堂范例——创建沙发标注

步骤 01 打开"素材文件\第 7 章\沙发.bak"，打开【标注样式管理器】对话框，单击【新建】按钮，在【创建新标注样式】对话框中输入【新样式名】，如【家具标注】，单击【继续】按钮，如图 7-61 所示。

步骤 02 单击【文字】选项卡，输入【文字高度】100，输入【从尺寸线偏移】20，选中【ISO标准】单选项，如图 7-62 所示。

图 7-61　单击【继续】按钮

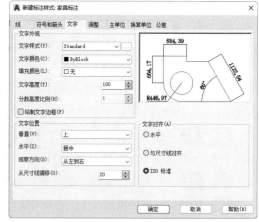

图 7-62　设置【文字】内容

步骤 03 单击【主单位】选项卡，单击【精度】下拉按钮，单击选择【0】，如图 7-63 所示。

步骤 04 单击【符号和箭头】选项卡，设置箭头区域的第一个和第二个为【建筑标记】，输入【箭头大小】，如 50，如图 7-64 所示。

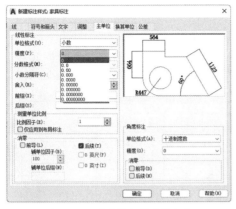

图 7-63 设置【主单位】内容

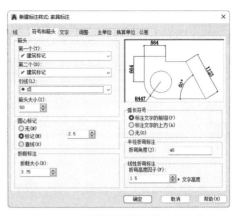

图 7-64 设置【符号和箭头】内容

步骤 05 单击【线】选项卡，输入【超出标记】，如 60，设置【超出尺寸线】，如 40，【起点偏移量】设为 50，单击【确定】按钮，如图 7-65 所示。

步骤 06 单击【线性】标注按钮，单击指定标注起点，再单击指定标注终点，下移鼠标单击指定尺寸线的位置，如图 7-66 所示。

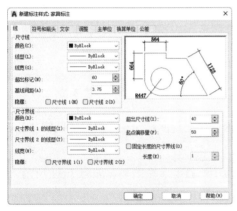

图 7-65 设置【线】内容

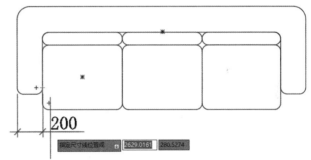

图 7-66 创建线性标注

步骤 07 单击【连续】标注按钮，向右移动鼠标，依次单击指定下一点，完成沙发各部分的水平尺寸标注，如图 7-67 所示。

步骤 08 单击【线性】标注按钮，在沙发靠背上方水平线处单击指定起点，下移鼠标至沙发靠背内侧单击指定终点，右移鼠标单击指定尺寸线位置，如图 7-68 所示。

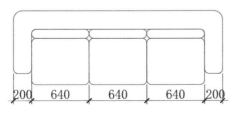

图 7-67 创建连续标注

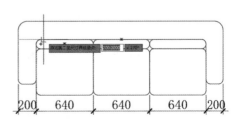

图 7-68 创建线性标注

步骤 09　单击【基线】标注命令🔳，下移鼠标，单击沙发各组成部分标注尺寸，创建完成后使用【移动】命令M，将尺寸标注移动到相应位置，如图 7-69 所示。

步骤 10　使用【线性标注】命令和【半径标注】命令，创建沙发尺寸标注，如图 7-70 所示。

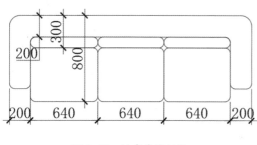

图 7-69　创建基线标注

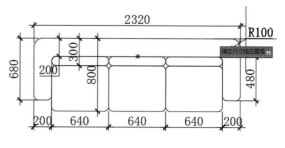

图 7-70　创建半径标注

7.4　编辑标注

在图形上创建标注后可能需要进行多次修改。修改标注可确保尺寸界线或尺寸线不会遮挡任何对象，可以重新放置标注文字，也可以调整线性标注的位置，从而使其均匀分布。

7.4.1　翻转标注箭头

有时可能希望将标注箭头置于尺寸界线外，使箭头向内，如在空间相对狭小时可能就需要这样做。具体操作步骤如下。

步骤 01　选择标注，将鼠标指针指向箭头旁边的夹点上，打开一个菜单，如图 7-71 所示。

步骤 02　在快捷菜单中选择【翻转箭头】选项，效果如图 7-72 所示。

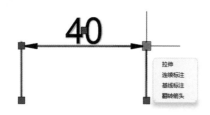

图 7-71　单击夹点菜单中的命令

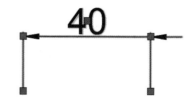

图 7-72　显示效果

7.4.2　使用【特性】面板编辑标注

使用【特性】面板编辑标注就如同编辑其他对象特性一样。具体操作方法如下。

步骤 01　选择标注并按【Ctrl+1】组合键打开【特性】面板，即可看到将要编辑的标注特性，如图 7-73 所示。

步骤 02　单击【颜色】下拉按钮，在打开的列表中单击【绿】，标注的颜色显示为绿色，如图 7-74 所示。

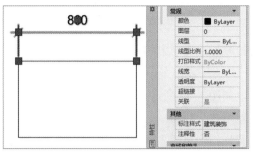

图 7-73　打开【特性】面板

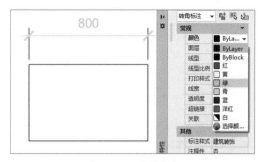

图 7-74　设置颜色

步骤 03　设置【箭头大小】为 150，效果如图 7-75 所示。

步骤 04　设置【尺寸线范围】为 200，效果如图 7-76 所示。

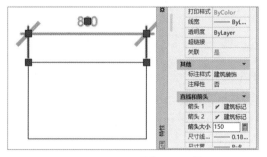

图 7-75　设置【箭头大小】

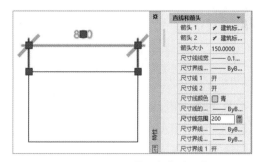

图 7-76　设置【尺寸线范围】

7.4.3　使用夹点编辑标注

在 AutoCAD 中不仅可以使用夹点编辑对象，而且可以使用夹点编辑尺寸标注。具体操作方法如下。

步骤 01　绘制矩形，设置标注样式并创建线性标注，单击线性标注右侧尺寸线的起点夹点，如图 7-77 所示。

步骤 02　左移鼠标指针，将夹点移动至适当位置单击，如图 7-78 所示。

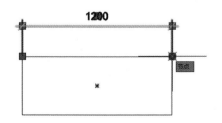

图 7-77　选择夹点

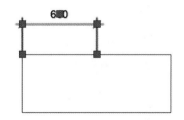

图 7-78　移动夹点

技能拓展 要将尺寸线移近标注对象或拉远一些，可拾取尺寸线使其显示节点。拾取尺寸线两端的节点使其高亮显示。在【指定拉伸点或［基点（B）/复制（C）/放弃（U）/退出（X）]:】提示出现后，拖动尺寸线到所需的位置，按【Esc】键移除节点即可。

要移动标注文字，可拾取标注使其显示夹点，再拾取标注文字上的夹点使其高亮显示，最后将文字拖动到所需的位置即可。

步骤 03 单击线性标注左侧尺寸线的起点夹点，如图 7-79 所示。

步骤 04 上移鼠标指针，将夹点移动至适当位置单击，如图 7-80 所示。

步骤 05 单击尺寸标注右侧的箭头夹点，上移鼠标指针至适当位置单击，如图 7-81 所示。

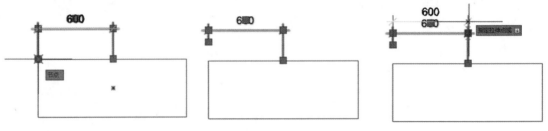

图 7-79 选择夹点　　　　　图 7-80 移动夹点　　　　　图 7-81 选择并移动夹点

步骤 06 指向标注文字夹点，打开可操作的快捷菜单，如图 7-82 所示。

步骤 07 单击夹点，下移鼠标指针，在适当位置单击即可调整尺寸线位置，如图 7-83 所示。

步骤 08 完成尺寸线的设置，如图 7-84 所示。

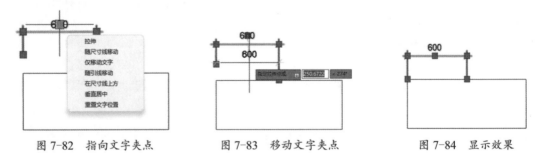

图 7-82 指向文字夹点　　　　图 7-83 移动文字夹点　　　　图 7-84 显示效果

步骤 09 单击文字中的夹点，如图 7-85 所示。

步骤 10 移动鼠标指针并单击指定文字位置，如图 7-86 所示。

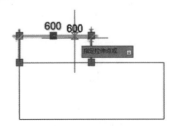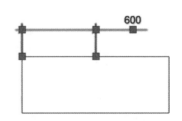

图 7-85 指定夹点　　　　　　　　　图 7-86 指定文字位置

温馨
提示

在【径向型】尺寸标注中，单击选择该标注有且只有 3 个节点框，使用节点框可以更改直径或半径的值，也可将标注文字与标注对象的位置进行调整。不同的标注类型每个节点的精确位置也不同。

7.5 查询

使用 AutoCAD 提供的查询功能可以对图形的属性进行分析与查询操作，可以直接测量点的坐标、两个对象之间的距离、图形的面积与周长及线段间的角度等。

7.5.1 距离查询

【查询距离】命令 DIST 用于测量一个 AutoCAD 图形中两个点之间的距离。在查询距离时，如果忽略 Z 轴的坐标值，使用【查询距离】命令计算的距离将采用第一点或第二点的当前距离。具体操作步骤如下。

步骤 01 绘制图形，单击【测量】下拉按钮 测量，再单击【距离】按钮 距离，如图 7-87 所示。

步骤 02 单击指定矩形左上角端点为第一点，如图 7-88 所示。

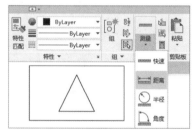

图 7-87 单击【距离】按钮

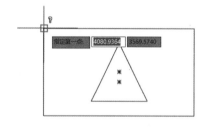

图 7-88 指定第一点

步骤 03 单击指定矩形右上角端点为第二点，如图 7-89 所示。

步骤 04 完成第一点至第二点的距离测量，按空格键即可测量下一个对象的距离，如图 7-90 所示。

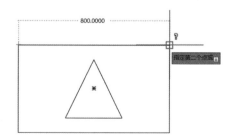

图 7-89 指定第二点

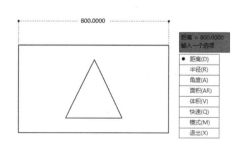

图 7-90 显示两点间的距离

步骤 05 单击指定三角形顶部端点为测量的第一点，如图 7-91 所示。

步骤 06 下移鼠标指针单击指定第二点，完成两点距离测量，按【Esc】键退出距离测量命令，如图 7-92 所示。

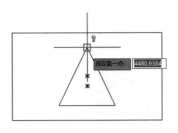

图 7-91　指定第一点

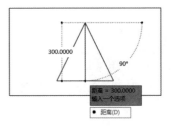

图 7-92　完成距离的测量

7.5.2　半径查询

在计算机辅助制图中，常常需要查询对象的【半径】MEASUREGEOM，以便于了解对象的情况并对当前图形进行调整。具体操作方法如下。

步骤 01 绘制一个圆，单击【测量】下拉按钮 测量，再单击【半径】按钮 半径，在圆或圆弧的线段上单击选择对象，如图 7-93 所示。

步骤 02 即显示当前对象的半径和直径，按【Esc】键退出半径测量命令，如图 7-94 所示。

图 7-93　单击选择对象

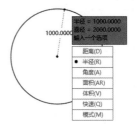

图 7-94　显示测量结果

> **技能拓展**
>
> 在使用测量工具时，一旦激活命令，选择对象后会显示测量数值，若对象只有一个，则按【Esc】键退出；若对象有多个，按空格键可以直接选择下一个对象进行测量，以此类推；若需要退出测量命令，按【Esc】键退出。使用半径查询命令查询的是所选对象的半径和直径两个内容。

7.5.3　角度查询

【角度】命令主要测量选定对象或点序列的角度。具体操作方法如下。

步骤 01 绘制一个六边形，单击【测量】下拉按钮 测量，再单击【角度】按钮 角度，如图 7-95 所示。

步骤 02 单击选择构成对象角度的第一条直线，如图 7-96 所示。

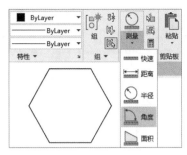

图 7-95　单击【角度】按钮

图 7-96　单击选择对象

步骤 03 单击选择构成对象角度的第二条直线，如图 7-97 所示。即可显示当前对象的角度值，如图 7-98 所示。

图 7-97　选择第二条直线

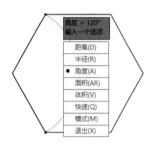

图 7-98　显示角度值

7.5.4　列表显示

查询命令中的【列表】命令 LIST 主要是将当前所选择对象的各种信息用文本窗口的方式显示出来供用户查阅。具体操作方法如下。

步骤 01 打开"素材文件\第 7 章\7-5-4.dwg"，如图 7-99 所示。

步骤 02 使用【多段线】命令 PL 沿对象边缘绘制一条封闭的线段，如图 7-100 所示。

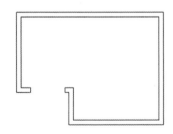

图 7-99　打开素材文件

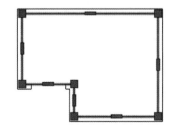

图 7-100　绘制线段

步骤 03 输入【列表】命令 LI，按空格键确定；单击选择对象，如图 7-101 所示。

步骤 04 按空格键打开【AutoCAD 文本窗口】，显示所选对象的信息，如图 7-102 所示。

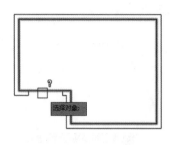

图 7-101   选择对象

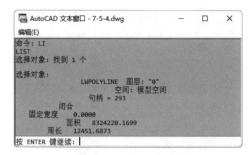

图 7-102   显示信息

课堂问答

问题1：如何使用【直径标注】？

答：【直径标注】命令用于标注圆或圆弧的直径，由一条具有指向圆或圆弧的箭头的直径尺寸线组成。同【半径标注】一样，【直径标注】也可以标注在圆或圆弧的内部和外部。具体操作步骤如下。

步骤01　绘制一个圆和圆弧，单击【线性】标注按钮后的下拉按钮 ┣▾，在打开的菜单中单击【直径】命令 ◯直径，如图 7-103 所示。

步骤02　单击选择圆，移动鼠标指针并单击指定尺寸线位置，如图 7-104 所示。

图 7-103   单击【直径】命令

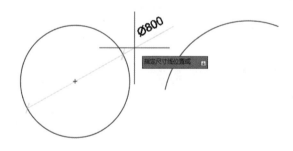

图 7-104   选择对象

步骤03　按空格键激活【直径标注】命令，单击圆弧，如图 7-105 所示。

步骤04　单击指定尺寸线位置，如图 7-106 所示。

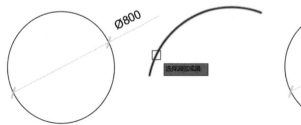

图 7-105   选择对象

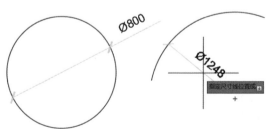

图 7-106   指定尺寸线位置

【半径】和【直径】尺寸标注用于标注一个弧或圆的尺寸，而不考虑对象的类型。如要给一条封闭的有直线、圆弧、箭头的多段线进行标注，可以根据需要使用【半径】或【直径】标注给圆弧进行尺寸标注。【半径】和【直径】标注是基于选择两点的尺寸标注方法，进行标注时只需要拾取标注对象以指定第一点，再单击第二点指定尺寸标注线的位置即可。

问题2: 如何对面积和周长进行查询?

答：可以使用【面积】查询命令 AREA 将图形的面积和周长测量出来。在使用此命令测量区域面积和周长时，需要依次指定构成区域的角点。具体操作方法如下。

步骤 01 打开"素材文件\第 7 章\问题 2.dwg"，单击【测量】下拉按钮，在打开的菜单中单击【面积】命令，如图 7-107 所示，单击指定构成区域的第一个角点。

步骤 02 单击指定构成区域的下一个角点，如图 7-108 所示。

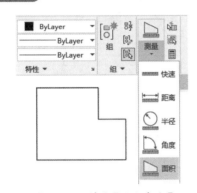

图 7-107　单击【面积命令】

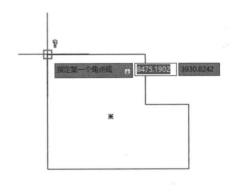

图 7-108　单击指定下一个角点

步骤 03 右移鼠标单击指定下一个角点，下移鼠标单击指定下一点，如图 7-109 所示。

步骤 04 继续依次单击指定下一点，最后单击起点，按空格键显示所绘区域的面积和周长，如图 7-110 所示。

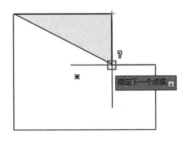

图 7-109　单击指定下一点

图 7-110　显示测量结果

问题3: 如何更新标注?

答：在一个图形文件中创建多个标注样式时，会遇到给单独的图形对象更换标注样式的情况，此时可以单击【更新】命令，选择要【更新】为当前【标注样式】的标注对象，按【Enter】键确定，即可完成对所选对象的标注更新。

上机实战——标注轴承座

为了帮助读者巩固本章知识点，下面安排一个"上机实战"案例，使读者对本章知识有更深入的理解。

效果展示

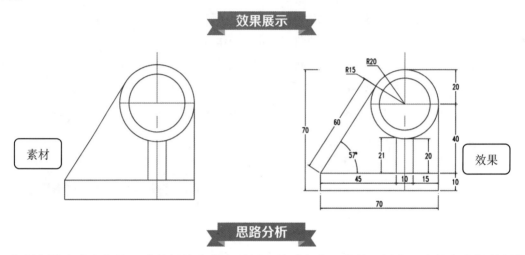

思路分析

机械标注和电气标注、建筑标注有很多不同，关于角度、公差、折弯、直径和半径的标注点更多。

本例首先打开素材，使用【线性】标注创建右侧的尺寸标注，接下来创建【角度】标注，最后补充图中的尺寸标注，从而得到最终效果。

制作步骤

步骤01 打开"素材文件\第7章\轴承座.dwg"，选择【机械】标注样式，如图7-111所示。

步骤02 单击【线性】标注按钮，创建线性标注，如图7-112所示。

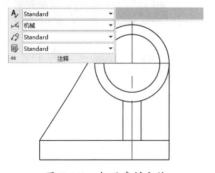

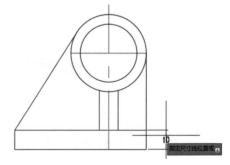

图 7-111 打开素材文件　　　　　图 7-112 创建线性标注

步骤03　单击【连续】标注按钮⊞▼，上移鼠标依次单击指定下一点，如图 7-113 所示。

步骤04　输入【快速标注】命令 QD，按空格键；单击选择要标注的对象，按空格键；下移鼠标单击指定尺寸线位置，如图 7-114 所示。

步骤05　单击【线性】标注按钮┠▼，创建线性标注，如图 7-115 所示。单击【连续】标注按钮⊞▼，右移鼠标依次单击指定下一点，完成水平标注的创建。

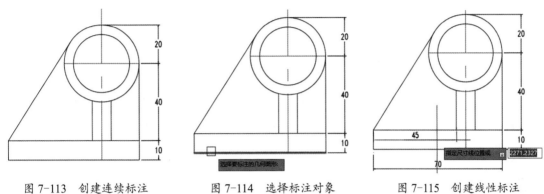

图 7-113　创建连续标注　　　图 7-114　选择标注对象　　　图 7-115　创建线性标注

步骤06　输入【快速标注】命令 QD，按空格键；单击选择要标注的对象内圆，按空格键；单击指定尺寸线位置，如图 7-116 所示。按空格键激活【快速标注】命令，单击选择要标注的外圆，单击指定尺寸线位置。

步骤07　单击【角度】标注命令△ 角度，单击直线，单击斜线，移动鼠标单击指定尺寸线位置，如图 7-117 所示。

步骤08　单击【对齐】标注命令╲ 对齐，单击指定第一点，单击指定第二点，移动鼠标单击指定尺寸线位置，如图 7-118 所示。完成轴承座的标注。

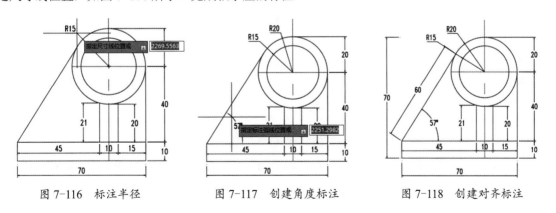

图 7-116　标注半径　　　图 7-117　创建角度标注　　　图 7-118　创建对齐标注

🌐 同步训练——查询并标注户型图尺寸

为了增强读者的动手能力，下面安排一个同步训练案例，让读者能举一反三，触类旁通。

效果

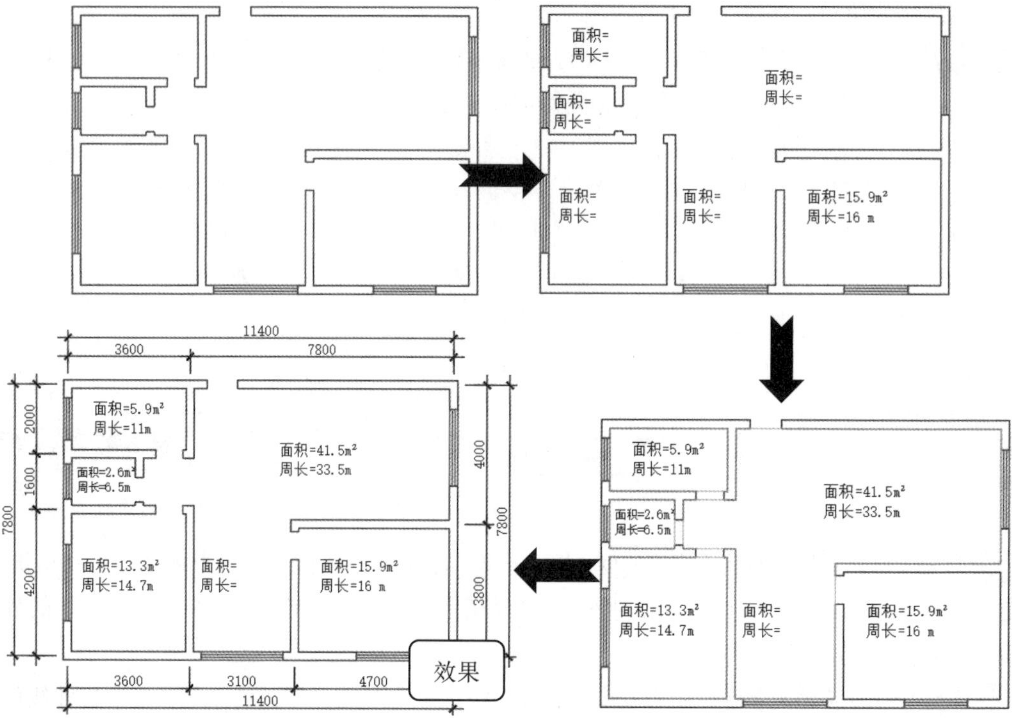

思路分析

在建筑装饰图样中，一般情况下，若客厅和餐厅没有明显的分区，可以将两个区域内的面积和周长作为一个区域标注出来，在某些户型中还可以将过道作为公共区域的一部分标注在客厅、餐厅的区域内。

本例创建文本对象并依次复制给每一个区域对象，给每一个区域对象创建封闭的线条，使用【测量】命令依次测得所选对象的面积、周长值，并将其输入相应的文本对象中，最后将作为辅助线存在的线条和多余文本对象删除，完成图形尺寸的查询与标注。

关键步骤

步骤 01　打开"素材文件\第 7 章\户型图.dwg"，输入【区域】测量命令 AA，按空格键确定。

步骤 02　单击指定测量区域的第一个角点，单击指定第二个角点，单击指定第三个角点，如图 7-119 所示。

步骤 03　单击指定第四个角点，单击指定测量区域的起点，按空格键确定指定区域，命令栏显示指定区域的面积和周长，如图 7-120 所示。

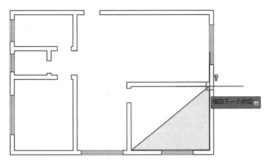

图 7-119　依次指定角点

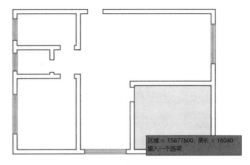

图 7-120　显示面积和周长

步骤 04　在命令行输入【多行文字】命令 T，按空格键确定；单击指定文本框第一个角点，单击指定文本框第二个角点，如图 7-121 所示。

步骤 05　文字【高度】设为 300，输入内容【面积 =】，按空格键换行，输入【周长 =】，单击【关闭文字编辑器】按钮，如图 7-122 所示。

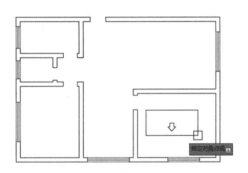

图 7-121　创建文本输入框

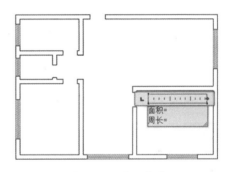

图 7-122　输入文字

步骤 06　使用【复制】命令 CO 将创建的文字依次复制给每一个区域。

步骤 07　双击已测量区域的文字，在【面积 =】后输入【15.9m^2】，在【周长 =】后输入【16m】，按两次空格键，如图 7-123 所示。

步骤 08　使用【矩形】命令沿测量区域绘制一个矩形，在命令行输入【列表】命令 LI，按空格键确定，单击选择所绘制的矩形，如图 7-124 所示。

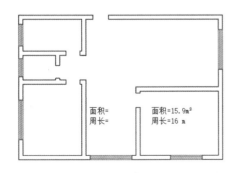

图 7-123　输入对应的数值

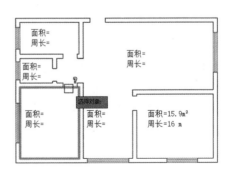

图 7-124　选择对象

步骤 **09** 按空格键确定，打开显示此区域相关信息的文本窗口。

步骤 **10** 双击此区域的文字，输入面积值【13.3 m^2】，输入周长值【14.7m】，按两次空格键结束文本命令。

步骤 **11** 在卫生间区域绘制一个矩形；在命令行输入【列表】命令LI，按空格键确定；单击选择所绘矩形，按空格键确定。

步骤 **12** 输入面积的值为【2.6m^2】，输入周长的值为【6.5m】，效果如图 7-125 所示。

步骤 **13** 用同样的方法测量并标注厨房的面积和周长。

步骤 **14** 在命令行输入【多段线】命令PL，按空格键确定；单击指定起点，再单击指定下一点，依次指定至餐厅位置，如图 7-126 所示。

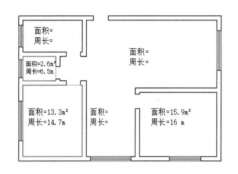

图 7-125 输入对应的值

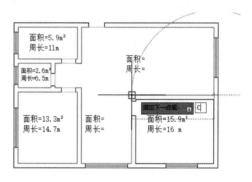

图 7-126 绘制多段线

步骤 **15** 继续沿餐厅、过道指定测量区域的角点，最后单击指定多段线起点；输入子命令【闭合】C，按空格键确定；输入【列表】命令LI，按空格键确定，单击多段线，按空格键确定，如图 7-127 所示。

步骤 **16** 闭合多段线区域的信息在文本窗口中显示出来。

步骤 **17** 输入面积的值为【41.5m^2】，输入周长的值为【33.5m】，选择矩形和多段线并删除，完成各房间的面积和周长尺寸的设置，选择多余文本对象并删除，效果如图 7-128 所示。

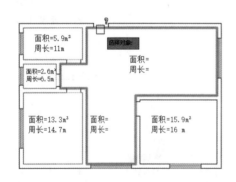

图 7-127 选择对象

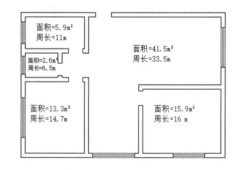

图 7-128 显示效果

步骤 **18** 打开【中心线】图层，如图 7-129 所示。

步骤 **19** 输入【标注样式管理器】命令D，按空格键确定，打开【标注样式管理器】对话框，选择【建筑标注】，单击【置为当前】按钮，单击【确定】按钮，如图 7-130 所示。

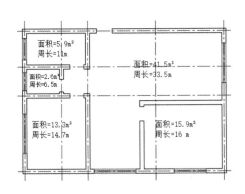

图 7-129　显示中心线

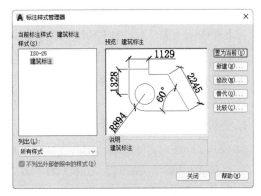

图 7-130　设置标注样式

步骤 20　使用【线性标注】命令 DLI 创建线性标注，使用【连续标注】命令 DCO 创建连续标注，如图 7-131 所示。

步骤 21　使用【线性标注】命令 DLI 创建各个方向的总标注尺寸，最终效果如图 7-132 所示。

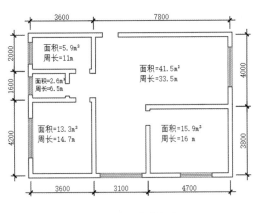

图 7-131　创建标注

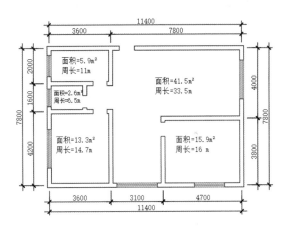

图 7-132　最终效果

知识能力测试

本章讲解了标注样式操作、标记图形尺寸、快速连续标注、编辑标注和查询等知识，为对知识进行巩固和考核，请读者完成以下练习题。

一、填空题

1. AutoCAD 中不仅可以使用夹点编辑对象，同样可以使用夹点＿＿＿＿＿＿。

2. 修改标注样式的优势是，所有使用该样式的标注均可＿＿＿＿＿＿。

3. 尺寸标注给出了图形的真实尺寸并为生产加工提供了依据，可以准确地反映图形中各对象的＿＿＿＿＿＿。

二、选择题

1. 使用( )命令可以标注线段之间的夹角，也可以标注圆弧所包含的弧度。

A.【直径标注】　　　　B.【角度标注】　　　　C.【弧长标注】　　　　D.【引线标注】

2. 创建【连续标注】和【基线标注】的前提是( )。

A. 先创建【标注样式】，再创建【连续标注】和【基线标注】

B. 先创建【线性标注】，在已有线性标注的基础上创建【连续标注】和【基线标注】

C. 先设置【特性】，再创建【连续标注】和【基线标注】

D. 使用【标注对齐】命令，先对齐标注，再创建【连续标注】和【基线标注】

3. 当【标注】解除关联时，AutoCAD 会在命令提示下显示( )通知消息。

A. 标注已解除关联

B. 标注界线已解除关联

C. 标注已解除关联，标注界线已解除关联

D. 标注值位于检验标注的中心部分

三、简答题

1.【连续标注】和【基线标注】的共同点和区别分别是什么？

2.【列表】查询与【面积】查询有什么区别？

AutoCAD 2022

第8章
文本、表格的创建与编辑

文字和表格在图形中是不可缺少的重要组成部分，可以对图形中不便于表达的内容加以说明，使图形的含义更加清晰，使设计和施工及加工人员对图形有更深入的理解。

学习目标

- 掌握文字样式的使用方法
- 熟练掌握输入文字的方法
- 熟练掌握创建表格的方法
- 熟练掌握编辑表格的方法

8.1 文字样式

文字样式是在图形中添加文字的标准，是文字输入都要参照的准则。通过文字样式可以设置文字的字体、字号、倾斜角度、方向及其他一些特性。

8.1.1 创建文字样式

在 AutoCAD 中除了自带的文字样式外，还可以在【文字样式】对话框中创建新的文字样式。具体操作方法如下。

步骤 01 单击【注释】面板，单击【文字样式】按钮，如图 8-1 所示。

步骤 02 打开【文字样式】对话框，单击【新建】按钮，如图 8-2 所示，打开【新建文字样式】对话框。

图 8-1　单击【文字样式】按钮

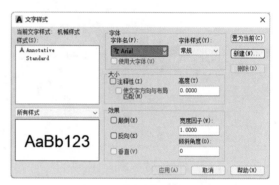

图 8-2　单击【新建】按钮

步骤 03 在【样式名】文本框中输入新建文字样式的名称，如【机械设计】，单击【确定】按钮，如图 8-3 所示。

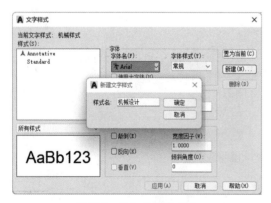

图 8-3　输入新样式名称

> **温馨提示**
>
> 　　使用快捷命令 ST 可以快速打开【新建文字样式】对话框，在【样式名】文本框中输入新建文字样式的名称时，不能与已经存在的样式名称重复。

步骤 04 【文字样式】对话框左侧的【样式】框中则显示新建样式的名称，并默认显示为当前文字样式，如图 8-4 所示。

图 8-4　显示新样式名称

8.1.2　修改文字样式

在实际使用AutoCAD绘图时，常常需要修改文字样式，如字体、大小、效果等内容。具体操作方法如下。

步骤 01　在【文字样式】对话框中单击【字体名】下拉按钮，在打开的下拉列表中单击【仿宋】命令，即可修改字体，如图 8-5 所示。

步骤 02　【文字样式】对话框左下角的预览框，显示对样式进行修改后的效果，如选中【颠倒】复选框，效果如图 8-6 所示。

图 8-5　单击【仿宋】命令

图 8-6　选中【颠倒】复选框

技能
拓展

在【文字样式】对话框中还可以修改字体样式、注释、高度、反向、宽度因子、倾斜角度等内容。

另外注意，【颠倒】和【反向】效果只对单行文字有效，对于多行文字无效。【倾斜角度】参数只对多行文字有效。【垂直】选项只有当字体支持双重定向时才可用，并且不能用于 TrueType 类型的字体。如果要绘制倒置的文本，不一定要使用【颠倒】选项，将该文本的【旋转角度】设置为 180 也可。

8.2 输入文字

在 AutoCAD 中，通常可以创建两种类型的文字，一种是单行文字，另一种是多行文字。单行文字主要用于制作不需要使用多种字体的简短内容；多行文字主要用于制作一些复杂的说明性文字。

8.2.1 创建单行文字

单行文本（DTEXT）可以是单个字符、单个词或一个完整的句子，并且可以对文本进行字体、大小、倾斜、镜像、对齐和文字间隔调整等设置，具体操作方法如下。

步骤 01 单击【注释】面板中的【多行文字】下拉按钮 多行文字，在打开的菜单中单击【单行文字】命令，在绘图区单击指定文字的起点，如图 8-7 所示。

步骤 02 输入文字的旋转角度，若正常显示，输入数值【0】，按空格键确定，如图 8-8 所示。

图 8-7　指定文字起点

图 8-8　指定旋转角度

步骤 03 输入文字内容，如【地下停车场】，如图 8-9 所示。

步骤 04 按【Enter】键即可换行，输入本行文字，如【给排水平面图】，如图 8-10 所示。

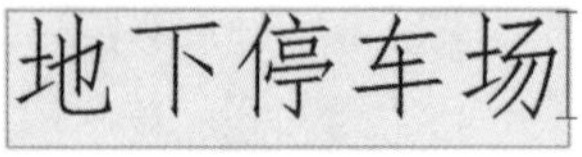

图 8-9　输入文字内容 1 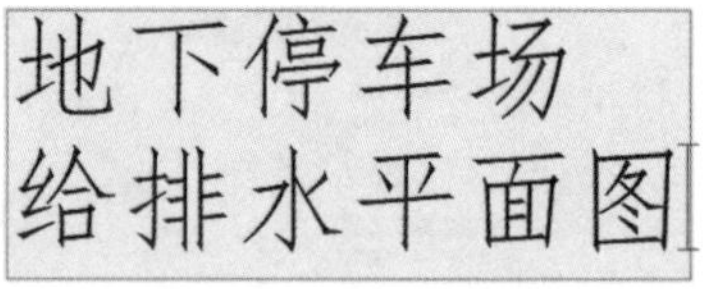　　　　　　　　　　　图 8-10　输入文字内容 2

步骤 05 按空格键，输入文字【厨房】，按两次【Enter】键结束【单行文字】命令，如图 8-11 所示。

步骤 06 单击所创建的文字内容，效果如图 8-12 所示。

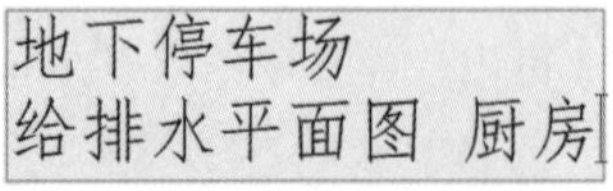

图 8-11　结束【单行文字】命令 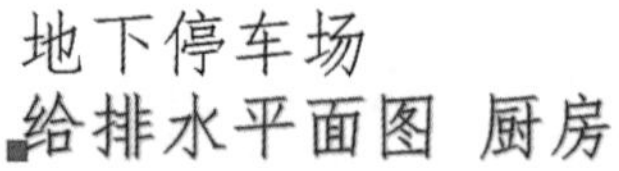　　　　　　　图 8-12　显示效果

技能
拓展

执行【单行文字】命令，输入文字内容后按【Enter】键，系统自动换行；若不继续创建文字，按【Enter】键可终止【单行文字】命令；若需要继续创建内容，直接输入文字即可；完成后按两次【Enter】键终止【单行文字】命令，所创建的文字每一行都是一个独立的文本对象。

8.2.2　编辑单行文字

编辑已经创建完成的单行文本时，可以使用【文字编辑】DDEDIT 和【特性】PROPERTIES 两个命令。具体操作方法如下。

步骤 01　创建【单行文字】园林景观，在需要更改内容的文字对象上双击，如图 8-13 所示。

步骤 02　输入文字内容后按两次【Enter】键结束命令，如图 8-14 所示。

步骤 03　选择对象，输入【特性】命令 PR，按空格键打开【特性】面板，如图 8-15 所示。

图 8-13　双击对象

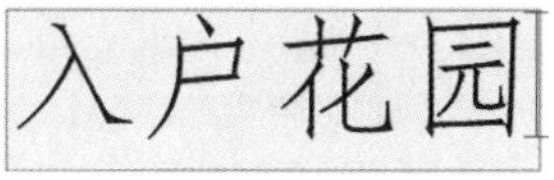

图 8-14　输入内容

图 8-15　打开【特性】面板

步骤 04　拖动到【文字】选项组，在【旋转】栏后输入角度值，如 90，按空格键确定，效果如图 8-16 所示。

步骤 05　单击【对正】选项后的下拉按钮，在列表中单击【右下】选项，如图 8-17 所示。

步骤 06　在【倾斜】栏后输入角度值，如 45，按空格键确定，完成后按【Esc】键退出，如图 8-18 所示。

图 8-16　输入文字旋转角度

图 8-17　指定对正选项

图 8-18　指定倾斜角度

8.2.3 创建多行文字

在 AutoCAD 中,【多行文字】MTEXT 是由沿垂直方向任意数目的文字行或段落构成的,可以指定文字行段落的水平宽度,可以对其进行移动、旋转、删除、复制、镜像或缩放操作。具体操作方法如下。

步骤 01 选择文字样式后,单击【多行文字】按钮 **A** ,如图 8-19 所示。

步骤 02 在绘图区空白处单击指定第一个角点,如图 8-20 所示。

图 8-19 单击【多行文字】按钮

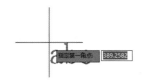

图 8-20 单击指定第一个角点

步骤 03 在适当位置单击指定对角点,如图 8-21 所示。

步骤 04 在打开的文本框内输入文字,如【说明:】,如图 8-22 所示。

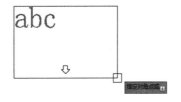

图 8-21 指定对角点

图 8-22 输入文字

步骤 05 按【Enter】键换行,输入下一行文字,如【1. 按现场实际尺寸为准】,如图 8-23 所示。

步骤 06 在标尺右侧箭头上按住鼠标左键不放,向右拖动扩大文本框,至适当位置释放鼠标,如图 8-24 所示。

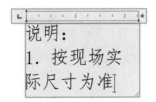

图 8-23 输入文字

图 8-24 调整文本框宽度

步骤 07 按【Enter】键换行,输入文字内容,完成后在空白处单击,完成多行文字的创建,如图 8-25 所示。

步骤 08 单击所创建的多行文字,如图 8-26 所示。

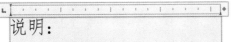

说明：
1. 按现场实际尺寸为准
2. 单位为毫米（mm）

图 8-25　完成多行文字的创建

说明：
1. 按现场实际尺寸为准
2. 单位为毫米（mm）

图 8-26　单击显示效果

技能拓展

【单行文字】适用于不需要多种字体或多行的内容；可以对【单行文字】进行字体、大小、倾斜、镜像、对齐和文字间隔调整等设置，命令是DTEXT。【多行文字】由沿垂直方向任意数目的文字行或段落构成，可以指定文字行段落的水平宽度。用户可以对其进行移动、旋转、删除、复制、镜像或缩放操作，命令是MTEXT。

8.2.4 设置多行文字格式

多行文字创建成功后，可以对其进行相关格式设置。下面将着重讲解修改文本内容、修改文本特性、缩放文本的方法，具体操作方法如下。

步骤 01 创建多行文字，双击需要修改内容的文本对象，如图 8-27 所示。

步骤 02 修改文本内容，完成后在文本框外的空白处单击，如图 8-28 所示。

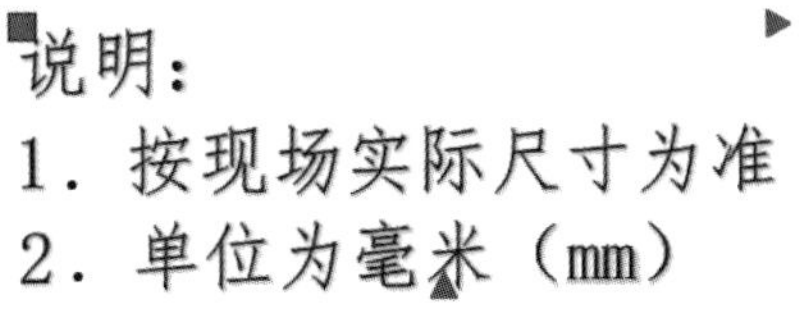

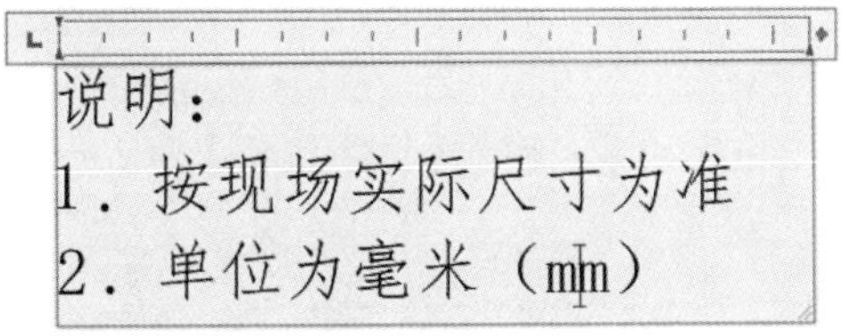

说明：
1. 按现场实际尺寸为准
2. 单位为毫米（mm）

图 8-27　选择对象

说明：
1. 按现场实际尺寸为准
2. 单位为mm（毫米）

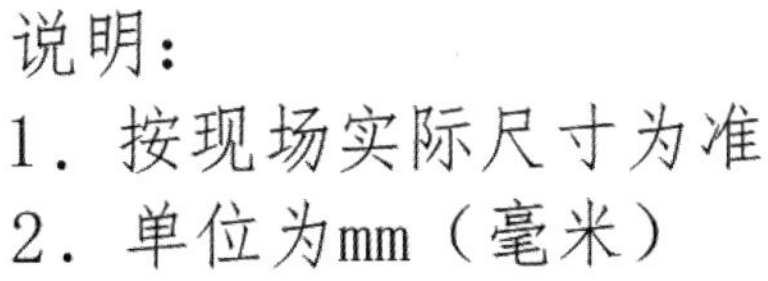

图 8-28　显示修改效果

步骤 03 单击【注释】面板中的【文字】下拉按钮，再单击【缩放】按钮，如图 8-29 所示。

步骤 04 单击选择需要缩放的对象，按空格键确定，如图 8-30 所示。

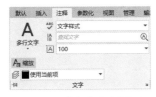

默认
插入
注释
参数化
视图
管理
多行文字
文字样式
查找文字
100
缩放
使用当前项
文字

图 8-29　单击【缩放】按钮

说明：
1. 按现场实际尺寸为准
2. 单位为mm（毫米）
选择对象:

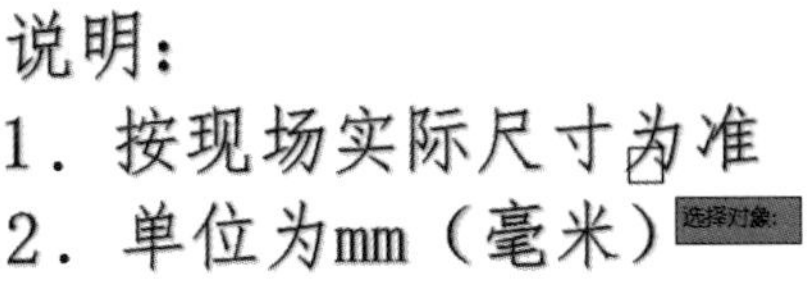

图 8-30　选择要缩放的对象

步骤 05 输入缩放的基点选项，如【居中】C，按空格键确定，在命令行输入子命令【比例因子】S，按空格键确定，如图 8-31 所示。

步骤 06 输入【缩放比例】，如 0.5，按空格键确定，设置完成后的效果如图 8-32 所示。

说明：
1. 按现场实际尺寸为准
2. 单位为mm（毫米）

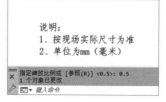

图 8-31　设置文本格式　　　　　　　　　　　　图 8-32　显示设置效果

步骤 07　按【Ctrl+Z】组合键取消缩放，双击文字对象，进入【文字编辑器】，如图 8-33 所示。

步骤 08　选择文字，设置文字格式，如单击【加粗】按钮使文字加粗，单击【倾斜】按钮使文字倾斜，如图 8-34 所示。

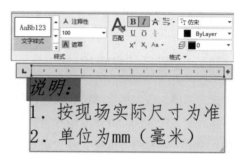

图 8-33　进入【文字编辑器】　　　　　　　　　图 8-34　设置格式

步骤 09　完成后单击【关闭】按钮；在绘图区单击选择对象，在命令行输入【特性】命令 PR，按空格键打开【特性】面板，如图 8-35 所示。

步骤 10　选择对象，输入【旋转】值为 180，按空格键确定；输入【行距比例】为 2，按空格键确定，然后单击【关闭】按钮，如图 8-36 所示。

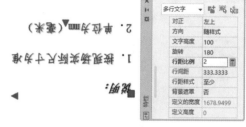

图 8-35　打开【特性】面板　　　　　　　　　　图 8-36　显示效果

温馨提示

使用 MTXET 命令输入的文本，无论行数是多少，都将作为一个实体，可以对它进行整体选择、编辑等操作；而使用 DTEXT 命令输入多行文字时，每一行都是一个独立的实体，只能单独对每行进行选择、编辑等操作。

课堂范例——绘制交流电符号

步骤 01 加载【DASHED】线型，设置【比例】为 0.5，选择该线型，使用【圆】命令 C 绘制半径为 20 的圆，输入【多行文字】命令 T，按空格键，拖动鼠标创建文字框，设置【文字高度】为 10，输入文字内容 M3，如图 8-37 所示。

步骤 02 将文字移动到圆内上方的适当位置，使用【样条曲线】命令 SPL 绘制线段，完成交流电符号的绘制，如图 8-38 所示。

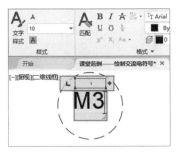

图 8-37 指定文字高度

图 8-38 显示效果

8.3 创建表格

表格是由单元格构成的矩阵，这些单元格中包含注释（内容主要是文字，也可以是块）。

8.3.1 创建表格样式

在创建表格之前可以先设置好表格的样式，再进行表格的创建。设置表格样式需要在【表格样式】对话框中进行。具体操作步骤如下。

步骤 01 单击【注释】面板下【表格】面板右下角的【表格样式】按钮，如图 8-39 所示。

步骤 02 打开【表格样式】对话框，单击【新建】按钮，如图 8-40 所示。

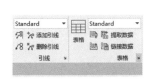

图 8-39 单击【表格样式】按钮

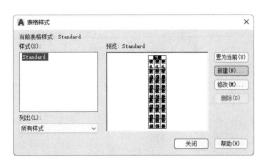

图 8-40 单击【新建】按钮

步骤 03 在打开的【创建新的表格样式】对话框中输入新样式名，如【Standard副本】，单击【继续】按钮，如图 8-41 所示。

步骤 04 完成设置后单击【确定】按钮，如图 8-42 所示。

图 8-41 单击【继续】按钮

图 8-42 单击【确定】按钮

> **温馨提示**
> 如果要将图形中使用的表格样式保存起来供以后使用，可以将表格样式存入样板中。打开表格样式的快捷键是 TS，创建空白表格的快捷键是 TB。

8.3.2 创建空白表格

表格是在行和列中包含数据的对象。空白表格即创建由行和列组成，可在其任一单元格创建对象和格式的表格对象。具体操作步骤如下。

步骤 01 单击【表格】面板中的【表格】按钮，打开【插入表格】对话框，如图 8-43 所示。

步骤 02 设置【列数】为 4，【数据行数】为 6，单击【确定】按钮，如图 8-44 所示。

图 8-43 打开【插入表格】对话框

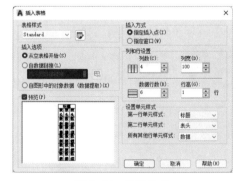

图 8-44 设置数值

步骤 03 在绘图区空白处单击指定插入点，如图 8-45 所示。

步骤 04 完成表格的插入，程序默认进入标题行，效果如图 8-46 所示。

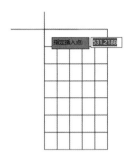

图 8-45　单击指定插入点

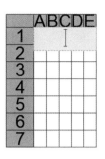

图 8-46　显示效果

8.3.3　在表格中输入文字

当表格外框建立后，需要在表格中输入文字以使表格更完整。具体操作步骤如下。

步骤 01　插入表格后，光标自动进入标题行，在【文字高度】后的文本框内输入 100，按空格键确定，如图 8-47 所示。

步骤 02　输入文字内容，如【主材说明】，单击【关闭】按钮，单击选择表格，单击右下角的箭头，如图 8-48 所示。

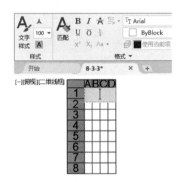

图 8-47　指定文字高度

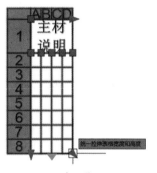

图 8-48　单击箭头

步骤 03　将鼠标指针向右下角移动，在适当位置单击，如图 8-49 所示。

步骤 04　在需要添加文字的单元格上双击，将【文字高度】设为 100，如图 8-50 所示。

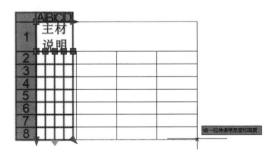

图 8-49　调整表格大小

图 8-50　选择单元格

步骤 05　输入文字【主材名称】，按空格键，【文字高度】设为 100；输入【数量】，按空格键，【文字高度】设为 100；输入【品牌】，按空格键，【文字高度】设为 100，输入【价格】，如图 8-51 所示，按空格键，【文字高度】设为 100。

步骤 06　单击【关闭】按钮，继续创建【主材名称】列的内容，完成效果如图 8-52 所示。

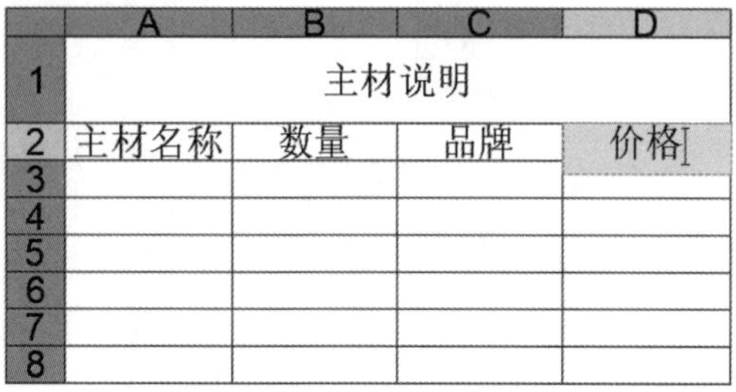

	A	B	C	D
1		主材说明		
2	主材名称	数量	品牌	价格
3				
4				
5				
6				
7				
8				

图 8-51　输入文字

主材说明			
主材名称	数量	品牌	价格
沙发组合			
床及床垫			
餐桌椅			
书桌椅			
衣柜			
五金浴具			

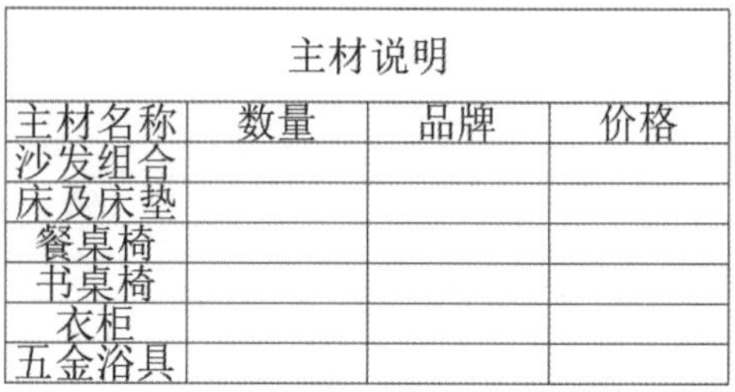

图 8-52　显示效果

8.4　编辑表格

　　无论是表格中的数据还是表格的外观，都可以方便地进行修改。但是，要了解其中的一些技巧，因为 AutoCAD 中的表格与文字处理软件中的表格还是有些不同的。

8.4.1　合并表格单元格

　　单元格是组成表格最基本的元素。在编辑表格时有可能只需要调整某一个单元格即可完成表格调整，如合并单元格。具体操作方法如下。

步骤 01　从右向左框选需要合并的单元格，如图 8-53 所示。

步骤 02　单击【合并单元】下拉按钮，单击【按行合并】命令，合并所选对象，如图 8-54 所示。

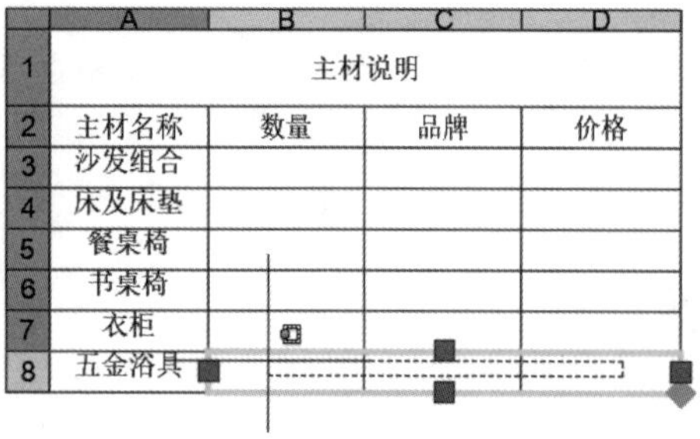

图 8-53　选择单元格

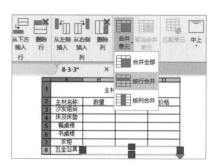

图 8-54　合并单元格

8.4.2　添加和删除表格的行和列

表格创建完成后，可根据需要对当前表格的行和列进行相应调整，如添加或删除行和列。具体操作方法如下。

步骤 01　选择单元格显示【表格单元】面板，单击【从右侧插入】按钮　，如图 8-55 所示。

步骤 02　在所选单元格右侧即添加了一列，效果如图 8-56 所示。

图 8-55　单击【从右侧插入】按钮

图 8-56　添加列

步骤 03　选择单元格，单击【从下方插入】按钮　，如图 8-57 所示。

步骤 04　即在所选单元格下方添加了一行，效果如图 8-58 所示。

图 8-57　单击【从下方插入】按钮

图 8-58　添加行

步骤 05　选择单元格，单击【删除列】按钮　，如图 8-59 所示。

步骤 06　即删除单元格所在列，光标左移一列，如图 8-60 所示。

图 8-59　删除列

图 8-60　显示效果

步骤07 选择单元格，单击【删除行】按钮，如图 8-61 所示。

步骤08 即删除单元格所在行，光标上移一行，如图 8-62 所示。

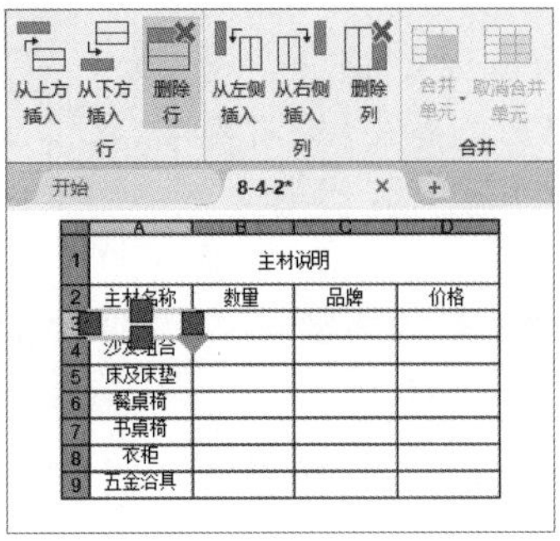

图 8-61　选择单元格

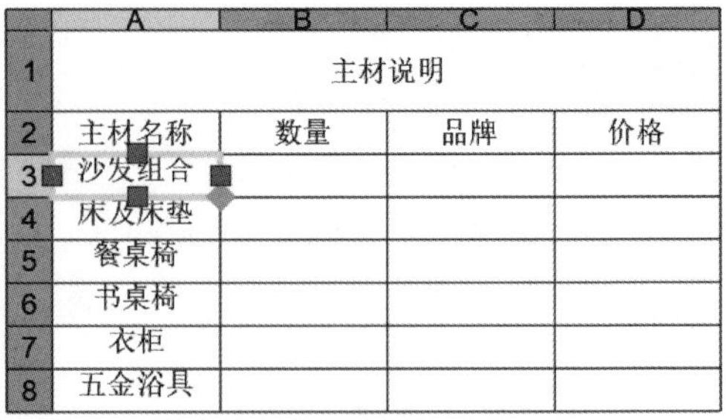

图 8-62　删除行

8.4.3　调整表格的行高和列宽

在编辑表格的过程中，必须经常根据内容或版面的需要对表格的行高和列宽进行相应调整。具体操作方法如下。

步骤01 单击表格边框选择所创建的表格，如图 8-63 所示。

步骤02 单击表格左上方节点，移动表格，效果如图 8-64 所示。

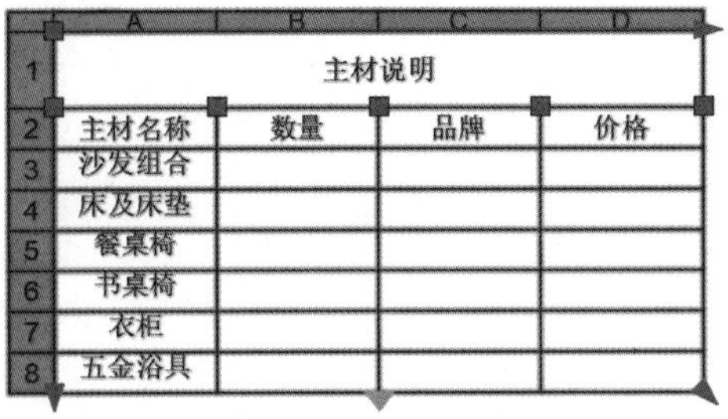

图 8-63　单击选择表格

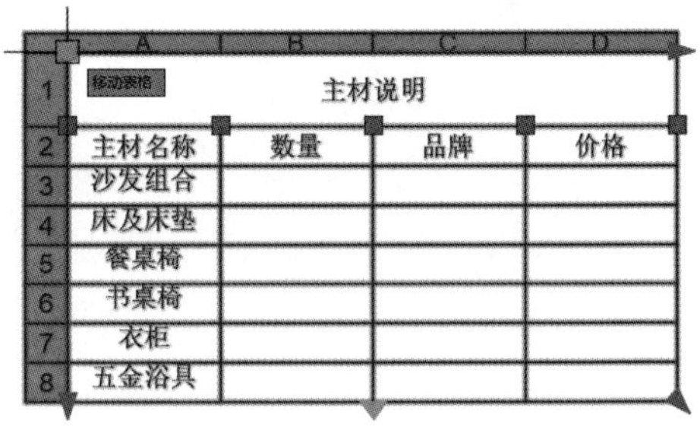

图 8-64　移动表格

步骤03 单击表格列端点处的节点，左右移动鼠标指针更改列宽，如图 8-65 所示。

步骤04 单击表格下方向下的箭头，上下移动鼠标指针统一拉伸表格高度，如图 8-66 所示。

图 8-65　更改列宽

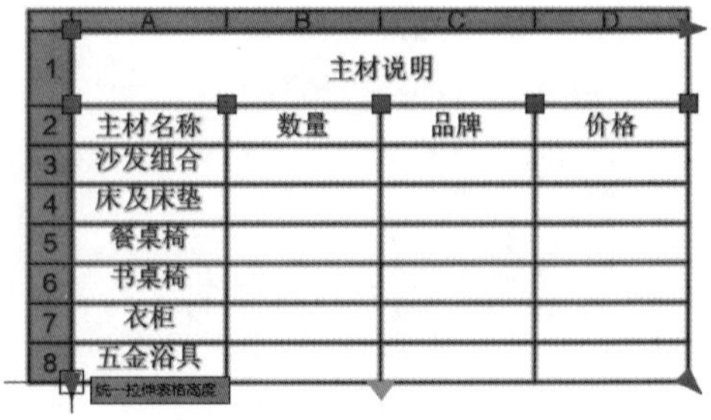

图 8-66　拉伸表格高度

步骤 05 单击表格列端点处的节点，左右移动鼠标指针更改列宽，如图 8-67 所示。

步骤 06 单击表格右下角箭头，上下移动鼠标统一拉伸表格高度和宽度，如图 8-68 所示。

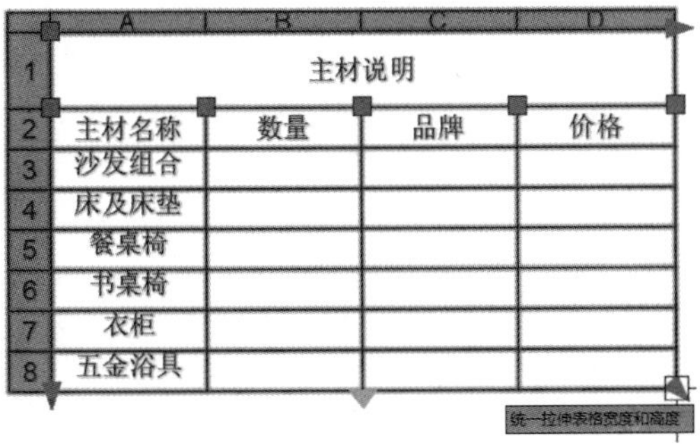

图 8-67 更改列宽

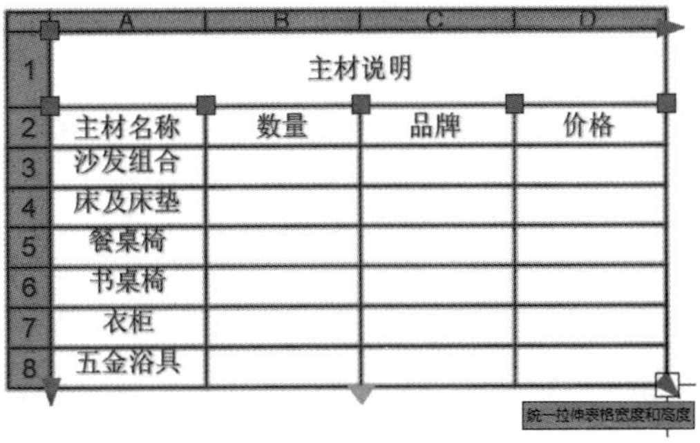

图 8-68 统一拉伸表格

技能拓展
在调整表格的行高和列宽时，选择表格后右击，在弹出的快捷菜单中单击【均匀调整列大小】命令，可以均匀调整当前表格中列的大小；单击【均匀调整行大小】命令，可以均匀调整当前表格中行的大小。

8.4.4 设置单元格的对齐方式

在一个表格中常常需要使用对齐方式来使对象根据需要对齐，使表格更加美观、实用。具体操作方法如下。

步骤 01 打开"素材文件\第 8 章\8-4-4.dwg"，选择要对齐的单元格，在【表格单元】面板中单击【对齐】下拉按钮，在打开的菜单中单击【正中】选项，如图 8-69 所示。

步骤 02 所选单元格对象均按设置要求居中对齐，效果如图 8-70 所示。

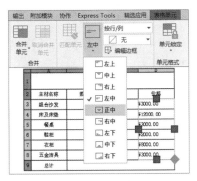

图 8-69 单击【正中】选项

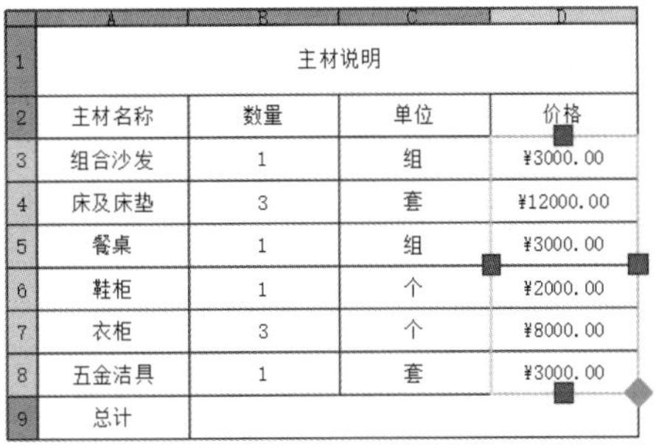

图 8-70 显示对齐效果

课堂范例——设置单元格的数据格式

步骤 01 打开"素材文件\第 8 章\表格数据.dwg"，选择对象，如图 8-71 所示。

步骤 02 在【表格单元】面板中单击【数据格式】下拉按钮 ，在打开的菜单中单击【货币】选项，如图 8-72 所示。

图 8-71　选择单元格

图 8-72　单击【货币】选项

步骤 03 单击选择设置数据格式的单元格，如图 8-73 所示。

步骤 04 单击【数据格式】下拉按钮，在打开的菜单中单击【自定义表格单元格式】选项，如图 8-74 所示。

图 8-73　设置各参数

图 8-74　单击【自定义表格单元格式】选项

步骤 05 打开【表格单元格式】对话框，在【数据类型】中选择【小数】，在【格式】中选择【小数】，单击【精度】下拉按钮，选择【0.00】，单击【确定】按钮，如图 8-75 所示。

步骤 06 设置完成后，效果如图 8-76 所示。

图 8-75　设置格式

图 8-76　最终效果

🍭 课堂问答

问题 1：如何插入特殊符号？

答：在文本标注的过程中，有时需要输入一些控制码和专用字符，AutoCAD 根据用户的需要提供了一些特殊字符的输入方法。具体操作步骤如下。

步骤 01 输入【文字】命令 T，按空格键确定；输入内容【2800%% p】，如图 8-77 所示。

步骤 02 按空格键换行，输入文字【1200】，如图 8-78 所示。

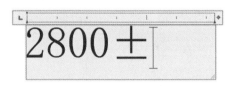

图 8-77　输入内容

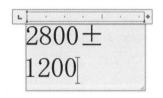

图 8-78　输入文字

步骤 03 单击【插入】面板中的【符号】下拉按钮 ，单击【直径 %%c】命令，如图 8-79 所示。

步骤 04 完成设置后单击【关闭文字编辑器】按钮，效果如图 8-80 所示。

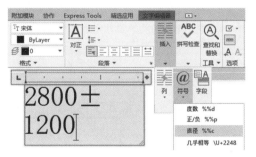

图 8-79　单击【直径 %%c】命令

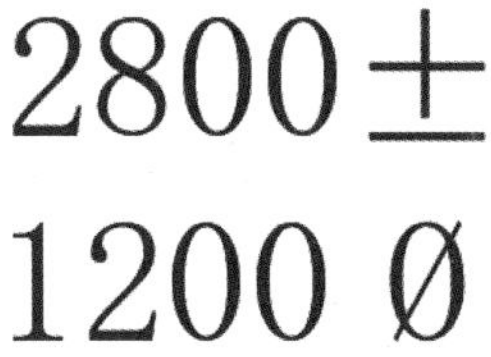

$$2800\pm$$
$$1200\ \emptyset$$

图 8-80　显示效果

> **技能拓展**
>
> 在【文字类型】设置中，在【字体样式】对话框中选择能同时接受中文和英文的样式类型，如【常规】样式；在【字体】区域选中【仿宋】字体，在【高度】文本框中输入一个默认字高，然后单击【应用】和【关闭】按钮，即可解决标注和单行文本中输入汉字不能识别的问题。

问题 2：修改文本对象时，单行文字和多行文字有何不同？

答：在修改对象文本中，除了【编辑】和【比例】外，还有【对正】命令。对正是指文本对象自身的对正方式，使用 JUSTIFYTEXT 命令可以重定义文字的插入点而不移动文字。

使用 MTXET 输入的文本，无论行数是多少，都将作为一个实体，可以对它进行整体选择、编辑等操作；而使用 DTEXT 命令输入多行文字时，每一行都是一个独立的实体，只能单独对每行进行选择、编辑等操作。

问题 3：如何设置文字效果？

答：在【文字样式】对话框的【效果】区域中可以修改字体的特性，例如，宽度因子、倾斜角度及是否颠倒显示、反向或垂直对齐等内容，在左侧的预览框中可观察修改效果，具体操作方法如下。

步骤 01　未设置效果时，当前样式正常显示，如图 8-81 所示。

步骤 02　选中【效果】区域中的【颠倒】复选框，预览栏内显示文字颠倒效果，如图 8-82 所示。

图 8-81　正常显示

图 8-82　颠倒效果

步骤 03　选中【效果】区域中的【反向】复选框，预览栏内显示文字的反向效果，如图 8-83 所示。

步骤 04　在【效果】区域中的【倾斜角度】文本框内输入数值，如 45，如图 8-84 所示。

图 8-83　反向效果

图 8-84　指定倾斜角度

上机实战——创建图册图例及说明

为了帮助读者巩固本章知识点，下面安排一个"上机实战"案例，使读者对本章知识有更深入的理解。

效果展示

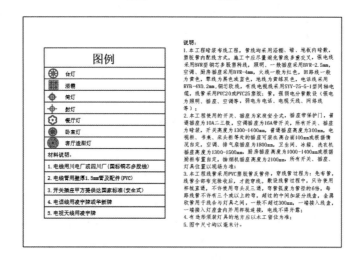

图例主要是各种灯的注释，说明主要是对材料的要求、施工现场的要求及其他注意事项的强调。本实例主要讲解创建方案图册的图例及说明，使用相关命令完成简易图框内容的制作。

制作步骤

步骤 01　创建【长】为 420，【宽】为 297 的矩形，作为图纸尺寸，创建图例表格，使用【单行文字】命令 DT 创建名称，如【图例】，如图 8-85 所示。

步骤 02　创建图例，依次排列到表格左侧适当位置，如图 8-86 所示。

步骤 03　将各图例的名字标注在后方对应的位置，如图 8-87 所示。

步骤 04　在图例下方位置创建材料的说明，用文字标明图中材料的各个注意细节，如图 8-88 所示。

图例

图 8-85　绘制矩形

图例
⊕
▦
⊕
⊕
◎
⊛
⊛

图 8-86　创建图例

图例	
⊕	台灯
▦	浴霸
⊕	筒灯
⊕	射灯
◎	餐厅灯
⊛	卧室灯
⊛	客厅造型灯

图 8-87　输入文字内容

图例	
⊕	台灯
▦	浴霸
⊕	筒灯
⊕	射灯
◎	餐厅灯
⊛	卧室灯
⊛	客厅造型灯
材料说明:	
1. 电线用川电厂或四川厂(国标铜芯多股线)	
2. 电线管用壁厚1.5mm管及配件(PVC)	
3. 开关插座甲方提供达国家标准(安全式)	
4. 电话线用凌宇牌或华新牌	
5. 电视天线用凌宇牌	

图 8-88　输入文字说明

步骤 05　使用【文字】命令创建本方案图册的说明，如图 8-89 所示。

步骤 06　完成文字说明的创建后，使用【矩形】命令 REC 创建图框，如图 8-90 所示。

图 8-89　创建图册的说明

图 8-90　创建图框

🌐 **同步训练——创建灯具图例表**

为了增强读者的动手能力，下面安排一个同步训练案例，让读者能举一反三，触类旁通。

图解流程

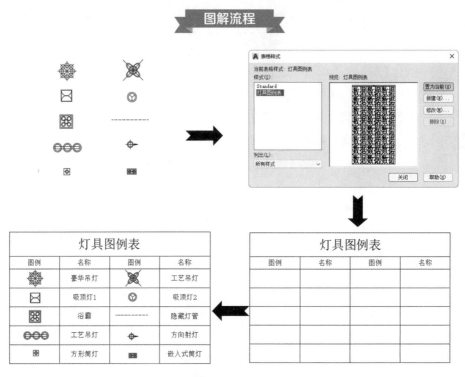

思路分析

图例表用来说明图形名称、规格及安装形式等，本实例主要讲解灯具图例表的创建，目的是让读者熟练掌握表格创建和编辑的方法。本实例首先设置表格样式；然后创建需要的表格；接着创建表格样式，要注意表格的标题、表头和数据的合理排列，并调整表格的大小；最后添加文字，完成表格的创建。

关键步骤

步骤 01 打开"素材文件\第8章\灯具图例.dwg"，输入快捷键TS，按空格键确定。打开【表格样式】对话框，单击【新建】按钮，打开【创建新的表格样式】对话框，输入样式名称【灯具图例表】，单击【继续】按钮。

步骤 02 打开【新建表格样式：灯具图例表 副本】对话框，单击【常规】选项卡，选择对齐方式为【正中】，如图8-91所示。

步骤 03 单击【文字】选项卡，单击【文字样式】后的按钮，如图8-92所示。

步骤 04 打开【文字样式】对话框，新建文字样式【文字说明】，设置【字体名】及【宽度因子】，单击【应用】按钮，如图8-93所示。

图 8-91 设置内容

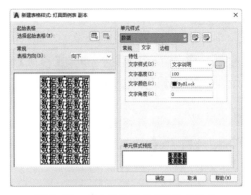

图 8-92 单击【文字样式】后的按钮

步骤 05 在【文字样式】对话框中单击【关闭】按钮，输入【高度】为100，单击【确定】按钮。

步骤 06 在【表格样式】对话框中选择新建的表格样式，单击【置为当前】按钮，然后单击【关闭】按钮，如图 8-94 所示。

图 8-93 设置内容

图 8-94 单击【关闭】按钮

步骤 07 单击【表格】面板中的【表格】按钮▦，打开【插入表格】对话框，选择【指定窗口】单选按钮，在【列数】与【数据行数】的文本框中分别输入4和5，单击【确定】按钮，如图 8-95 所示。

步骤 08 指定插入点，进入【文字编辑器】选项卡，选择【文字说明】样式，设置【高度】180，输入文字内容【灯具图例表】，如图 8-96 所示。

图 8-95 设置表格内容

图 8-96 创建表格

步骤09 选择表格，拖动右下角的功能节点，调整表格大小；双击单元格，激活文字编辑器，输入文字内容【图例】；在空白处单击，即可退出文字编辑，如图 8-97 所示。

步骤10 输入其他文字；执行【移动】命令M，将灯具图例移动到表格相应位置；双击单元格，输入文字，最终效果如图 8-98 所示。

灯具图例表			
图例	名称	图例	名称

图 8-97 输入文字

灯具图例表			
图例	名称	图例	名称
	豪华吊灯		工艺吊灯
	吸顶灯1		吸顶灯2
	浴霸	----------	隐藏灯管
	工艺吊灯		方向射灯
	方形筒灯		嵌入式筒灯

图 8-98 最终效果

📎 知识能力测试

本章讲解了文字样式的使用、输入文字、创建表格、编辑表格等内容，为对知识进行巩固和考核，请读者完成以下练习题。

一、填空题

1. 在实际使用AutoCAD绘图时，常常根据需要修改_____，如字体、大小、效果等内容。

2. 空白表格是创建由行和列组成，可在其任一_____创建对象和格式的表格对象。

3. 在 AutoCAD 中，【多行文字】是由沿_____方向任意数目的文字行或段落构成的。

二、选择题

1. 在【文字样式】对话框中，左侧的（   ）中可观察修改效果。

A. 效果 　　　　B. 预览框 　　　　C. 字体 　　　　D. 大小

2. 在创建表格之前，可以先设置好表格的样式，再进行表格的创建。设置表格样式需要在（   ）对话框中进行。

A.【表格样式】 　　B.【表格】 　　C.【文字样式】 　　D.【文字】

3. AutoCAD 2022 中，在（   ）的情况下，【插入】面板会显示【公式】下拉按钮 。

A. 打开图形文件 　B. 创建表格和文字 　C. 选择单元格 　　D. 选择表格

三、简答题

1. 单行文字与多行文字之间的区别是什么？

2. AutoCAD中的表格有什么作用？

AutoCAD 2022

第9章
创建常用三维图形

AutoCAD 提供了从不同视角显示图形的工具，可以在不同的用户坐标系和正交坐标系之间切换，从而方便地绘制和编辑三维图形。使用三维绘图功能，可以直观地表现出物体的实际形状。

学习目标

- 学会显示与观察三维图形的方法
- 熟练掌握创建三维实体的方法
- 熟练掌握通过二维对象创建实体的方法

9.1 显示与观察三维图形

在 AutoCAD 中，二维图形是默认的俯视图，即平面图。要在二维平面中查看三维图形，就必须掌握三维对象的线条显示与消隐、模型的明暗颜色处理选项。切换到"三维建模"工作空间，进行本章的内容操作。

9.1.1 动态观察模型

【3D 导航立方体】默认位于绘图区右上角，单击立方体或其周围的文字，可以切换到相应的视图，选择并拖动导航立方体上的任意文字，可以在同一个平面上旋转当前视图。具体操作方法如下。

步骤 01　打开"素材文件\第 9 章\9-1-1.dwg"，如图 9-1 所示。

步骤 02　单击导航体下方的【南】字，视图转换为【前视图】，如图 9-2 所示。

图 9-1　打开素材

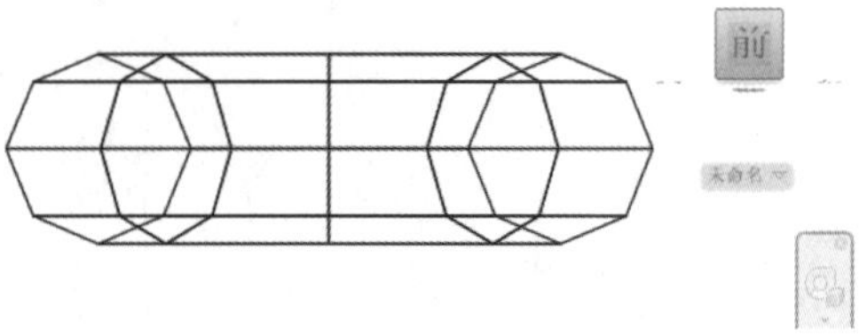

图 9-2　转换视图

技能拓展　　在 AutoCAD 中，使用三维动态的方法可以从任意角度实时、直观地观察三维模型。用户可以通过使用动态观察工具对模型进行动态观察。

步骤 03　在导航体上按住鼠标左键不放移动指针，旋转至所需视图时释放鼠标，如图 9-3 所示。

步骤 04　单击【WCS】下拉按钮 WCS ▾，在菜单中选择【新 UCS】，即可新建 UCS 坐标系，如图 9-4 所示。

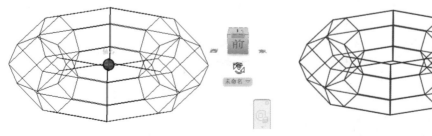

图 9-3　旋转视图

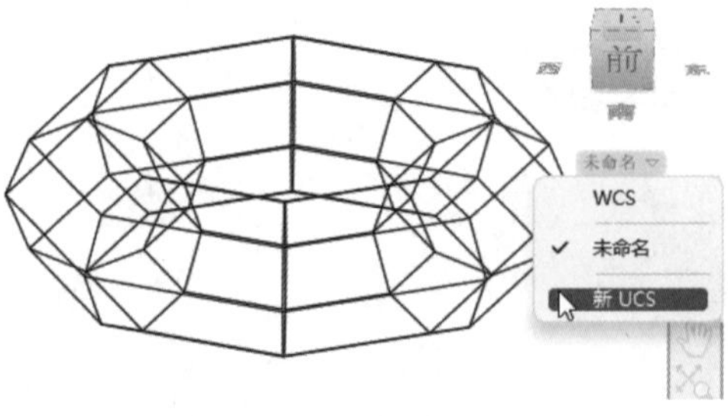

图 9-4　新建 UCS 坐标系

9.1.2　隐藏图形

隐藏图形即将当前图形对象用三维线框模式显示，是将当前二维线框模型重新生成且不显示隐藏线的三维模型。具体操作步骤如下。

步骤 01　打开"素材文件\第 9 章\9-1-2.dwg"，选择【三维基础】工作空间，单击【可视化】面板中的【视图控制】下拉按钮，在菜单中单击【西南等轴测】视图，如图 9-5 所示。

步骤 02　输入【消隐】命令 HIDE，当前文件中的对象即以三维线框模式显示，如图 9-6 所示。

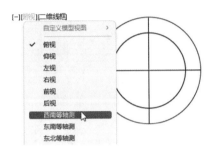

图 9-5　切换视图

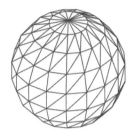

图 9-6　显示隐藏效果

9.1.3　应用视觉样式

用视觉样式可以对三维实体进行染色并赋予明暗光线。在 AutoCAD 2022 中默认有 10 种视觉样式可以选择。具体操作步骤如下。

步骤 01　打开"素材文件\第 9 章\9-1-3.dwg"，在【可视化】面板下的【视觉样式】面板中单击【视觉样式】下拉按钮，在菜单中单击选择【概念】选项，如图 9-7 所示。

步骤 02　当前窗口显示【概念】视觉样式，效果如图 9-8 所示。

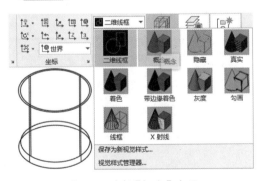

图 9-7　选择【概念】选项

图 9-8　显示效果

步骤 03　单击【视觉样式】下拉按钮，单击选择【真实】选项，如图 9-9 所示。

步骤 04　单击【视觉样式】下拉按钮，单击选择【X 射线】选项，效果如图 9-10 所示。

图 9-9　选择【真实】选项

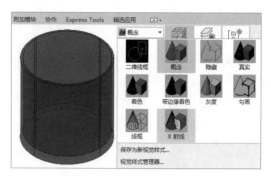

图 9-10　选择【X 射线】选项

课堂范例——为视口设置视图

步骤 01　单击【视口控件】按钮[-]，单击【视口配置列表】下拉按钮，在菜单中单击【三个：左】命令，如图 9-11 所示。

步骤 02　要调整视口，可在面板中单击【视口配置】下拉按钮，单击【西南等轴测】命令，如图 9-12 所示。

> **温馨提示**
> 在绘制三维图形对象时，通过切换视图可以从不同角度观察三维模型，但是操作起来不够简便明了。为了更直观地了解图形对象，用户可以根据自己的需要新建多个视口，同时使用不同的视图来观察三维模型，以提高绘图效率。

图 9-11　设置视口

图 9-12　设置视图

> **技能拓展**
> 要将当前窗口切换为一个视口，单击【视口控件】按钮[-]，单击【最大化视口】命令，当前文件即将所选窗口放大为当前的唯一视口。

步骤 03　当前视口即以三维等轴测视图显示，如图 9-13 所示。

步骤 04　设置右下窗口为【前视】视图，如图 9-14 所示。

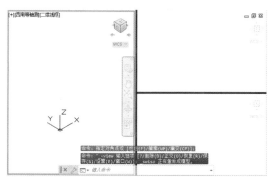

图 9-13 显示视图

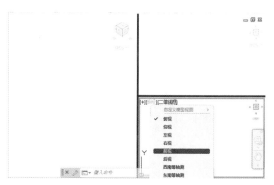

图 9-14 设置视图

　　在默认状态下，三维绘图命令绘制的三维图形都是俯视的平面图，但是用户可以根据系统提供的俯视、仰视、前视、后视、左视和右视 6 个正交视图分别从对象的上、下、前、后、左、右 6 个方位进行观察。

9.2 创建三维实体

在创建三维实体的操作中，实体对象表示整体对象的体积。在各类三维建模中，实体的信息最完整，歧义最少，复杂实体形比线框和网格更容易构造和编辑。

9.2.1 创建球体

　　创建三维实心球体，通过指定圆心和半径创建球体。具体操作步骤如下。

步骤 01 选择【三维建模】工作空间，设置视图为【西南等轴测】，单击【长方体】下拉按钮 长方体，在菜单中单击【球体】命令 ○球体，如图 9-15 所示。

步骤 02 在绘图区空白处单击指定中心点，如图 9-16 所示。

步骤 03 输入球体【半径】，如 500，按空格键确定即完成球体的创建，如图 9-17 所示。

步骤 04 在命令行输入【消隐】命令 HIDE，按空格键确定，如图 9-18 所示。

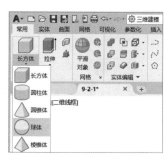

图 9-15 单击【球体】命令

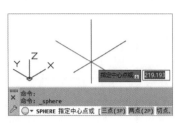

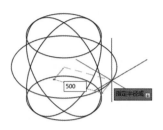

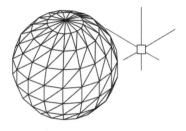

图 9-16　指定中心点　　　　　图 9-17　指定半径　　　　　图 9-18　执行【消隐】命令

技能拓展

在激活【球体】命令，指定中心点后，根据提示直接输入数值是指定球体半径；此时输入子命令D，按空格键确定，则以直径来创建球体。HIDE 命令为消隐图形的快捷键。

9.2.2　创建长方体

在创建三维实心长方体时，始终将长方体的底面绘制为与当前UCS的*XY*平面平行。在*Z*轴方向上指定长方体的高度。可以为高度输入正值，向上建立长方体；也可以为高度输入负值，向下建立长方体。具体操作步骤如下。

步骤 01　单击【长方体】命令 🔲，在绘图区单击指定角点，输入子命令【长度】L，按空格键确定，如图 9-19 所示。

步骤 02　在命令行输入【长度】889.076，按空格键确定；输入【宽度】500，按空格键确定，如图 9-20 所示。

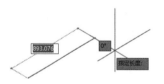

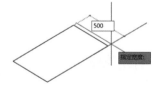

图 9-19　单击【长方体】命令　　　　　　　图 9-20　指定长度和宽度

步骤 03　输入【高度】300，按空格键确定，完成长方体的绘制，如图 9-21 所示。

步骤 04　单击【长方体】命令 🔲，在绘图区单击指定角点，在命令行输入【立方体】命令C，按空格键确定；指定【长度】为300，按空格键确定，如图 9-22 所示。

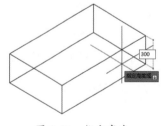

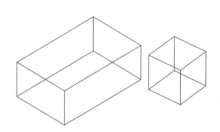

图 9-21　指定高度　　　　　　　　　图 9-22　绘制立方体

9.2.3　创建圆柱体

在创建三维实心圆柱体的过程中，要注意圆柱体的底面始终位于与工作平面平行的平面上。具体操作步骤如下。

步骤 01　单击【长方体】下拉按钮 长方体，单击【圆柱体】命令 圆柱体，如图 9-23 所示。

步骤 02　在绘制区单击指定底面的中心点，如图 9-24 所示。

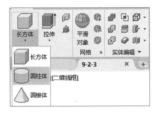

图 9-23　单击【圆柱体】命令

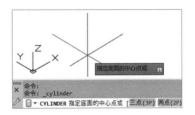

图 9-24　指定底面的中心点

步骤 03　在命令行输入【底面半径】500，按空格键确定，效果如图 9-25 所示。

步骤 04　在命令行输入圆柱体【高度】1000，按空格键确定，效果如图 9-26 所示。

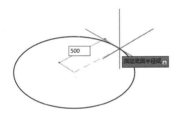

图 9-25　指定底面半径

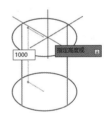

图 9-26　指定高度

9.2.4　创建圆锥体

在创建三维实心圆锥体的过程中，该实体以圆或椭圆为底面，以对称方式形成锥体表面，最后可以集于一点形成圆锥体，也可以集于一个圆或椭圆平面形成一个圆台体。在创建圆锥体的过程中，只要设置圆锥体的顶面半径为大于 0 的值，创建的对象就是一个圆台体。具体操作步骤如下。

步骤 01　单击【长方体】下拉按钮 长方体，在菜单中单击【圆锥体】命令 圆锥体，在绘图区单击指定中心点，如图 9-27 所示。

步骤 02　输入【底面半径】500，按空格键确定，输入【高度】1000，按空格键确定，如图 9-28 所示。

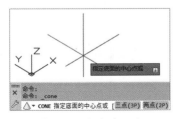

图 9-27　指定中心点

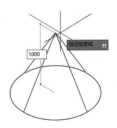

图 9-28　指定高度

9.2.5 创建楔体

楔体命令WEDGE创建三维实心楔形体，绘制图形时，倾斜方向始终沿UCS的X轴正方向。具体操作步骤如下。

步骤01 单击【长方体】下拉按钮 长方体，在菜单中单击【楔体】命令 楔体，在绘图区单击指定起点，输入子命令【长度】L 并按空格键，如图 9-29 所示。

步骤02 输入【长度】，如 500，按空格键确定，如图 9-30 所示。

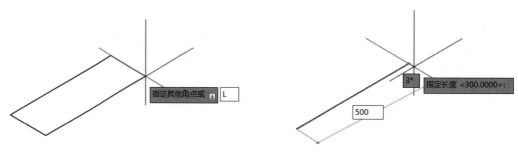

图 9-29　指定起点　　　　　　　　　图 9-30　执行子命令【长度】L

步骤03 输入【宽度】，如 300，按空格键确定，如图 9-31 所示。

步骤04 下移鼠标指针，输入【高度】，如 200，按空格键确定，如图 9-32 所示。

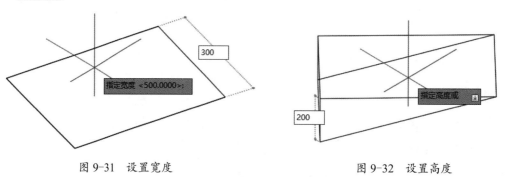

图 9-31　设置宽度　　　　　　　　　图 9-32　设置高度

9.2.6 创建棱锥体

在创建三维实体棱锥体的操作中，默认情况下，使用底面的中心、边的中点和可确定高度的另一个点来定义棱锥体。具体操作步骤如下。

步骤01 单击【长方体】下拉按钮 长方体，在菜单中单击【棱锥体】命令 棱锥体，在绘图区单击指定中心点，如图 9-33 所示。

步骤02 在命令行输入【底面半径】300，按空格键确定；输入【高度】800，按空格键确定，如图 9-34 所示。

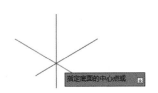

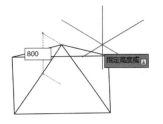

图 9-33　指定底面的中心点　　　　　　　　图 9-34　指定高度

步骤 03　按空格键激活【棱锥体】命令，在命令行输入子命令【边】E，按空格键，在绘图区单击指定第一点，如图 9-35 所示。

步骤 04　单击指定边的第二个端点，上移鼠标指针单击指定棱锥体的高度，如图 9-36 所示。

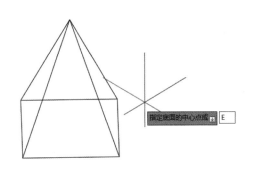

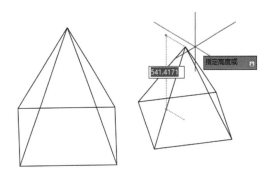

图 9-35　指定边的第一个端点　　　　　　　图 9-36　指定高度

9.3　通过二维对象创建实体

在创建三维实体的过程中，可以直接创建三维基本体，也可以通过对二维图形对象进行三维拉伸、三维旋转、扫掠和放样等来创建三维实体。

9.3.1　创建拉伸实体

使用【拉伸】命令 EXTRUDE 可以沿指定路径拉伸对象或按指定高度值和倾斜角度拉伸对象，从而将二维图形拉伸为三维实体。使用二维图形拉伸为三维实体的方法可以方便地创建外形不规则的实体。使用该方法要先用二维绘图命令绘制不规则的截面，然后将其拉伸即可创建出三维实体。此实例在【西南等轴测】视图中完成。具体操作步骤如下。

步骤 01　绘制一个矩形，单击【拉伸】按钮 ，如图 9-37 所示。

步骤 02　单击选择需要拉伸的对象，如图 9-38 所示。

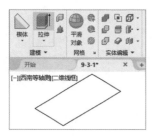

图 9-37　单击【拉伸】按钮

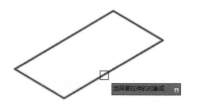

图 9-38　选择对象

步骤 03　按空格键确定选择，输入【拉伸高度】，如 1000，如图 9-39 所示。

步骤 04　按空格键确定并结束【拉伸】命令，效果如图 9-40 所示。

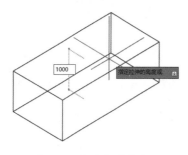

图 9-39　指定拉伸高度

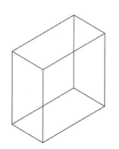

图 9-40　结束【拉伸】命令

9.3.2　创建旋转实体

使用【旋转】命令REVOLVE可以通过绕轴旋转开放或闭合的平面曲线来创建新的实体或曲面，并且可以旋转多个对象，具体操作步骤如下。

步骤 01　打开"素材文件\第 9 章\9-3-2.dwg"，单击【拉伸】下拉按钮 拉伸 ，单击【旋转】按钮 旋转 ，在绘图区单击选择要旋转的对象，按空格键确定，如图 9-41 所示。

步骤 02　单击指定旋转实体的中心轴线端点，如图 9-42 所示。

步骤 03　单击指定旋转实体的中心轴线另一端点，如图 9-43 所示。

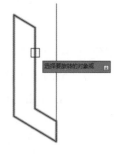

图 9-41　选择对象

图 9-42　指定旋转轴起点

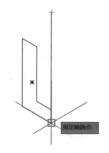

图 9-43　指定旋转轴终点

步骤 04　输入【旋转角度】，如 360，按空格键确定，效果如图 9-44 所示。

步骤 05 即可完成对象的旋转，如图 9-45 所示。

步骤 06 将模型的视觉样式设置为【真实】，效果如图 9-46 所示。

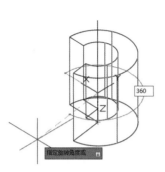

图 9-44 指定旋转角度

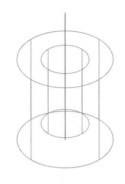

图 9-45 完成对象的旋转

图 9-46 显示效果

技能
拓展

　在旋转实体的操作中，首先绘制一条线作为旋转对象的中心线，便于实体对象的创建。作为被从二维对象
通过【旋转】命令创建为三维对象的基础线条，可以是连续开放的，也可以是闭合线段。开放的二维线条通过【旋
转】命令创建为三维对象后，只作为一个面存在；而闭合线段通过【旋转】命令创建为三维对象后，则是有厚度的
三维体。

9.3.3 创建放样实体

　　使用【放样】命令LOFT可以通过对包含两条或两条以上横截面曲线的一组曲线进行放样来创
建三维实体或曲面。其中横截面决定了放样生成实体或曲面的形状，它可以是开放的曲线或直线，
也可以是闭合的图形，如圆、椭圆、多边形和矩形等。具体操作步骤如下。

步骤 01 打开"素材文件\第 9 章\9-3-3.dwg"，单击【拉伸】下拉按钮 拉伸，单击【放样】按
钮 放样，输入子命令【模式】MO并按空格键确认实体模式，如图 9-47 所示。

步骤 02 单击选择第一个横截面，如图 9-48 所示。

步骤 03 单击选择第二个横截面，如图 9-49 所示。

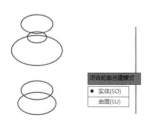

图 9-47 执行【放样】命令

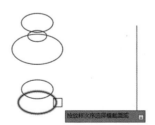

图 9-48 选择横截面 1

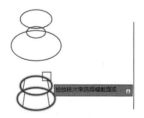

图 9-49 选择横截面 2

步骤 04 依次单击选择横截面，完成横截面的指定后按空格键确定，如图 9-50 所示。

步骤 05 输入子命令【路径】P，按空格键确定，如图 9-51 所示。

步骤 06   单击选择路径轮廓，如图 9-52 所示。

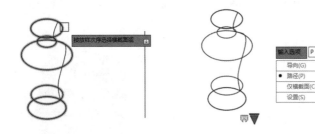  

图 9-50   依次选择横截面   图 9-51   指定【路径】放样   图 9-52   选择路径轮廓

步骤 07   即可完成对象的放样，效果如图 9-53 所示。

步骤 08   将模型的视觉样式设置为【真实】，效果如图 9-54 所示。

图 9-53   完成放样   图 9-54   显示【真实】效果

课堂问答

问题 1：如何解决三维对象网格密度太低的问题？

答：在 AutoCAD 中，如果创建的三维模型因网格密度太低，看起来不够立体，那么在创建三维对象之前，可以将文件中的【网格密度】（ISOLINES）设置为 20，方便实时观察。

问题 2：如何创建圆环体？

答：在创建三维圆环实体的过程中，可以通过指定圆环体的圆心、半径或直径及围绕圆环的圆管的半径或直径创建圆环体。具体操作步骤如下。

步骤 01   单击【长方体】下拉按钮，单击【圆环体】命令，如图 9-55 所示。

步骤 02   在绘图区单击指定中心点，在命令行输入【外环半径】500，按空格键确定，如图 9-56 所示。

图 9-55　激活【圆环体】命令

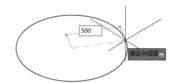

图 9-56　指定半径

步骤 03　在命令行输入【圆管半径】200，按空格键确定，如图 9-57 所示。

步骤 04　输入【消隐】命令 HIDE，按空格键确定，效果如图 9-58 所示。

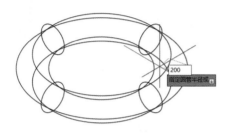

图 9-57　指定圆管半径

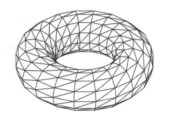

图 9-58　显示效果

问题 3：如何通过【扫掠】命令创建三维实体对象？

答：【扫掠】命令 SWEEP 和【拉伸】命令类似，但前者更侧重于使用路径定义拉伸的方向，具体操作方法如下。

步骤 01　绘制圆弧和圆，单击【扫掠】按钮，单击扫掠对象，按空格键，如图 9-59 所示。

步骤 02　单击选择扫掠路径，如图 9-60 所示。

步骤 03　即可完成对象的扫掠，如图 9-61 所示。

步骤 04　输入【消隐】命令 HIDE，按空格键确定，效果如图 9-62 所示。

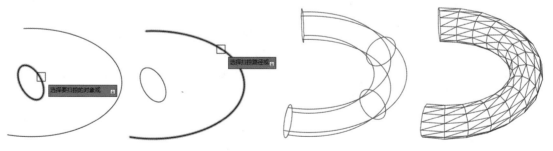

图 9-59　激活【扫掠】命令　图 9-60　选择扫掠路径　图 9-61　完成对象的扫掠　图 9-62　显示效果

上机实战——创建齿轮模型

为了帮助读者巩固本章知识点，下面安排一个"上机实战"案例，使读者对本章知识有更深入的理解。

效果展示

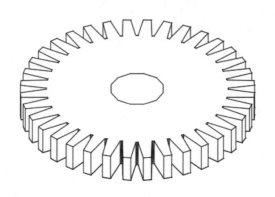

思路分析

齿轮中的"齿"是齿轮上每一个用于啮合的凸起部分，这些凸起部分一般呈辐射状排列，本实训主要涉及视口、环形阵列、按住并拖动等相关知识。

本例首先设置视口，接下来绘制齿轮的二维图形，然后使用【环形阵列】命令阵列对象，最后使用【按住并拖动】命令完成齿轮三维模型的制作，得到最终效果。

制作步骤

步骤 01 单击【可视化】面板，设置【4 个：相等】视口，在对应的视口中设置相应的视图，如图 9-63 所示。

步骤 02 在【俯视】视口执行【圆】命令 C，绘制内外直径分别为 20 和 67 的同心圆，如图 9-64 所示。

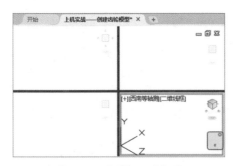

图 9-63 设置视口及视图

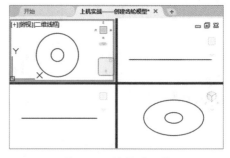

图 9-64 绘制同心圆

步骤 03 执行【多段线】命令 PL，在绘图区绘制图形，如图 9-65 所示。

步骤 04 输入【阵列】命令 AR，按空格键确定，单击选择多段线作为阵列对象，按空格键确定，输入【极轴】阵列命令 PO，按空格键确定，然后指定圆心为阵列的中心点，如图 9-66 所示。

步骤 05 单击【关联】按钮取消阵列的关联，输入【项目数】36 并按空格键确定，再次按空格键结束【阵列】命令，如图 9-67 所示。

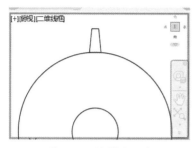

图 9-65　绘制多段线

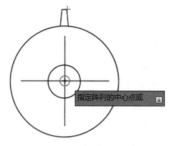

图 9-66　指定阵列的中心点

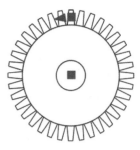

图 9-67　阵列对象

步骤 06　使用【修剪】命令 TR 修剪图形，效果如图 9-68 所示。

步骤 07　选择阵列后被修剪的对象，使用【分解】命令 X 分解对象，如图 9-69 所示。

步骤 08　选择被分解的对象，输入【合并】命令 JOIN，按空格键确定，如图 9-70 所示。

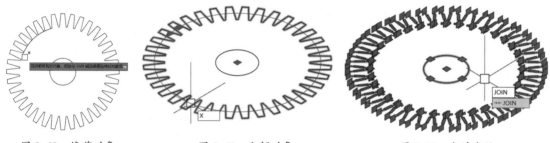

图 9-68　修剪对象　　　　　图 9-69　分解对象　　　　　图 9-70　合并线段

步骤 09　单击【按住并拖动】按钮，在【西南等轴测】视口中单击合并的图形，如图 9-71 所示。

步骤 10　向上引导光标输入【高度】20，按两次空格键确定，完成齿轮的创建，如图 9-72 所示。

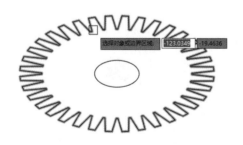
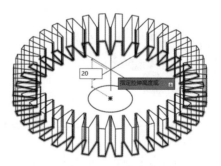

图 9-71　选择对象　　　　　　　　　图 9-72　指定高度

步骤 11　按空格键激活【按住并拖动】命令，单击选择圆，向上引导光标输入【高度】20，按两次空格键确定，如图 9-73 所示。

步骤 12　输入【消隐】命令 HIDE，按空格键确定，如图 9-74 所示。

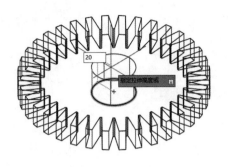

图 9-73　指定高度

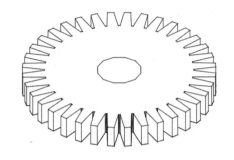

图 9-74　显示效果

⊕ **同步训练——绘制多样式积木**

　　为了增强读者的动手能力，下面安排一个同步训练案例，让读者能举一反三，触类旁通。

图解流程

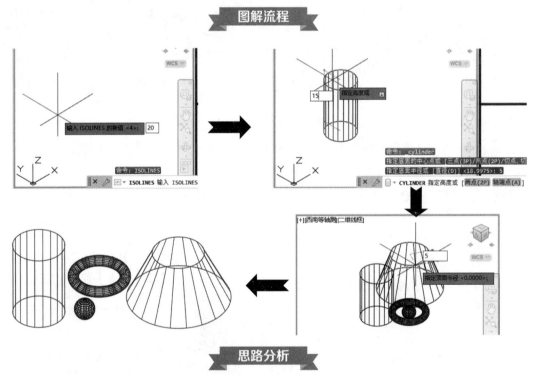

思路分析

　　使用 AutoCAD 制作积木是非常普遍的建模方式，本例首先设置网格密度，然后创建圆柱体，再创建圆环体、球体和圆锥体，最后完成积木的绘制，得到最终效果。

关键步骤

　　步骤 01　新建图形文件，切换视图为【西南等轴测】，设置【ISOLINES】实体线框密度为 20，如图 9-75 所示。

　　步骤 02　单击【圆柱体】命令📦圆柱，在绘制区单击指定底面中心点，输入【底面半径】5，按空格键确定，上移鼠标输入圆柱体【高度】15，按空格键确定，如图 9-76 所示。

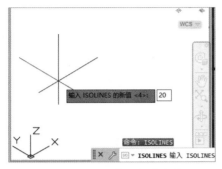

图 9-75　设置实体框线密度

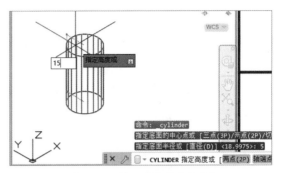

图 9-76　输入圆柱体【高度】

步骤 03　单击【圆环体】命令 ◎ 圆环体，单击指定中心点，输入【外环半径】5，按空格键确定；输入【圆管半径】1，按空格键确定，如图 9-77 所示。

步骤 04　单击【球体】命令 ○ 球体，单击指定中心点，输入球体【半径】2，按空格键确定，如图 9-78 所示。

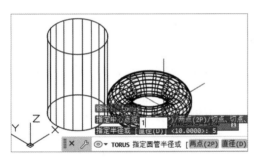

图 9-77　输入【圆管半径】

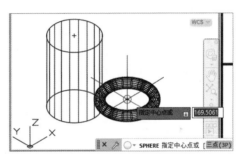

图 9-78　指定球体中心点

步骤 05　单击【圆锥体】命令 △ 圆锥体，单击指定中心点，输入【底面半径】10，按空格键确定，输入子命令【顶面半径】T，按空格键，如图 9-79 所示。

步骤 06　上移鼠标输入顶面半径，如 5，按空格键，如图 9-80 所示。

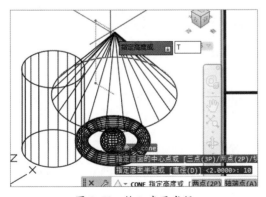

图 9-79　输入底面半径

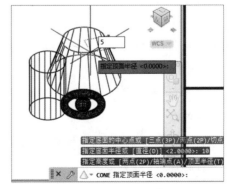

图 9-80　输入顶面半径

步骤 07　输入【高度】10，按空格键确定，如图 9-81 所示。

步骤 08 将各个积木移动到适当位置排列，如图 9-82 所示。

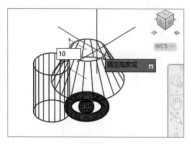

图 9-81 输入【高度】

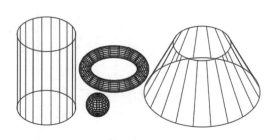

图 9-82 效果展示

知识能力测试

本章讲解了显示与观察三维图形、创建三维实体、通过二维对象创建实体等内容，为对知识进行巩固和考核，请读者完成以下练习题。

一、填空题

1.隐藏图形即将当前图形对象用_____模式显示，是将当前二维线框模型重新生成且不显示隐藏线的三维模型。

2.在各类三维建模中，实体的信息最完整，_____，复杂实体形比线框和网格更容易构造和编辑。

3.使用拉伸命令可以沿_____拉伸对象或按指定高度值和倾斜角度拉伸对象，从而将二维图形拉伸为三维实体。

二、选择题

1.在创建三维实体的操作中，实体对象表示整体对象的（　　　）。

A.面积　　　　　　　　B.体积　　　　　　　　C.曲面　　　　　　　　D.空间

2.使用放样命令可以通过对包含两条或两条以上的（　　　）曲线的一组曲线进行放样来创建三维实体或曲面。

A.横截面　　　　　　　B.样条　　　　　　　　C.放样　　　　　　　　D.二维

3.在 AutoCAD 2022 中，支持三维建模的图形中，将无法渲染（　　　）。

A.隐藏图层中的对象　　　　　　　　　　B.锁定图层中的对象

C.冻结图层中的对象　　　　　　　　　　D.打印图层中的对象

三、简答题

1.为什么有些通过二维对象创建的实体只是面，而有些却是有厚度的实体？

2.请简述通过二维对象创建三维实体的方法和技巧。

AutoCAD 2022

使用 AutoCAD 2022 不仅可以直接创建三维基本体，还可以通过对二维图形的编辑，创建出各种各样的三维实体。在制作三维模型的过程中，用户还可以根据需要对实体进行编辑，以便得到更多的模型效果。

学习目标

- 熟练掌握编辑三维实体对象的方法
- 熟练掌握编辑实体边和面对象的方法
- 熟练掌握布尔运算的方法

10.1 编辑三维实体对象

在将图形对象从二维对象创建为三维对象，或者直接创建三维基础体后，可以对三维对象进行整体编辑以改变其形状。本节的操作都在【三维建模】工作空间进行，使用 4 个相等的视图，左上角的视图为俯视图，右上角的视图为左视图，左下角的视图为前视图，右下角的视图为【西南等轴测】视图。

10.1.1 剖切三维实体

使用【剖切】命令SLICE可以通过剖切或分割现有对象，创建新的三维实体和曲面，达到编辑三维实体对象的目的。具体操作方法如下。

步骤 01　单击【实体】选项卡，单击【楔体】命令 楔体，根据提示创建楔体，如图 10-1 所示。

步骤 02　单击【剖切】命令 ，在绘图区单击选择对象并按空格键，如图 10-2 所示。

步骤 03　单击指定切面的起点，如图 10-3 所示。

图 10-1　创建楔体

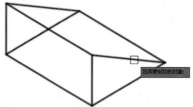

图 10-2　选择对象

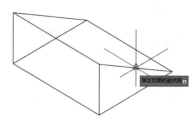

图 10-3　指定切面起点

步骤 04　单击指定平面上的第二个点，如图 10-4 所示。

步骤 05　单击需要保留的侧面，如图 10-5 所示。

步骤 06　即可剖切所选对象，如图 10-6 所示。

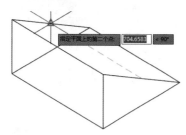

图 10-4　指定平面上的第二个点

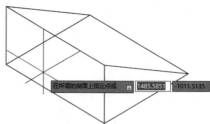

图 10-5　单击要保留的侧面

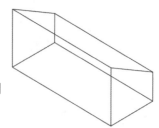

图 10-6　显示剖切效果

10.1.2 抽壳三维实体

使用【抽壳】命令可以给三维实体抽壳，通过偏移被选中的三维实体的面，将原始面与偏移面之外的实体删除。正的偏移距离使三维实体向内偏移，负的偏移距离使三维实体向外偏移。具体操作步骤如下。

步骤 01　绘制一个长方体，在【实体】选项卡单击【抽壳】命令，单击选择三维实体，如图 10-7 所示。

步骤 02　出现提示时按空格键，如图 10-8 所示。

步骤 03　输入抽壳偏移距离，如 100，并按空格键，如图 10-9 所示。

步骤 04　按两次空格键结束【抽壳】命令，如图 10-10 所示。

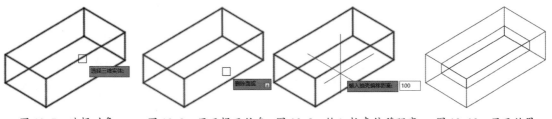

图 10-7　选择对象　　图 10-8　显示提示信息　　图 10-9　输入抽壳偏移距离　　图 10-10　显示效果

10.2 编辑实体边和面对象

实体编辑命令提供了以特定方式编辑面、边和整个实体的选项，可以对实体的面和边进行拉伸、移动、旋转、偏移、倾斜、复制、分割、抽壳、清除、检查或删除等操作。

10.2.1 压印实体边

【压印边】选项可以压印三维实体或曲面上的二维几何图形，从而在平面上创建其他边。为了使压印操作成功，被压印对象必须与选定对象的一个或多个面相交。具体操作步骤如下。

步骤 01　设置【ISOLINES】为 12，绘制一个圆锥体，以相同底部圆心绘制一个圆柱体，在【实体】选项卡中单击【压印】命令，单击选择三维实体，如图 10-11 所示。

步骤 02　单击选择要压印的对象，如图 10-12 所示。

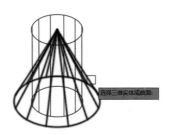

图 10-11　选择三维实体　　　　　　　　图 10-12　选择要压印的对象

步骤 03　输入【Y】命令确定删除源对象，如图 10-13 所示。

步骤 04 　按空格键确定，完成压印操作，如图 10-14 所示。

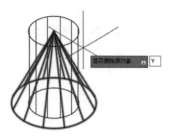

图 10-13　输入命令删除源对象

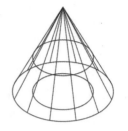

图 10-14　显示压印效果

10.2.2　圆角实体边

使用【圆角边】命令 FILLETEDGE 可以为三维实体对象的边制作圆角。操作中可以选择多条边，输入圆角半径值或单击并拖动圆角节点。具体操作步骤如下。

步骤 01 　绘制一个长方体，单击【实体】面板下的【实体编辑】面板中的【圆角边】按钮，如图 10-15 所示。

步骤 02 　单击选择对象需要圆角的边，如图 10-16 所示。

步骤 03 　输入子命令【半径】R，按空格键确认执行命令，如图 10-17 所示。

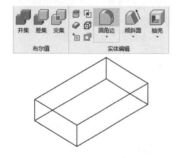

图 10-15　激活命令

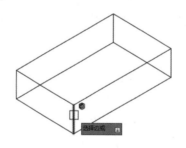

图 10-16　选择边

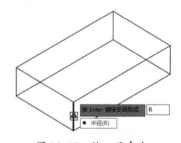

图 10-17　输入子命令

步骤 04 　输入【圆角半径】，如 50，按空格键确认，如图 10-18 所示。

步骤 05 　按两次空格键结束【圆角边】命令，如图 10-19 所示。

步骤 06 　效果如图 10-20 所示。

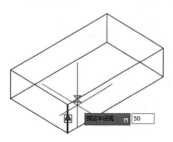

图 10-18　输入【圆角半径】

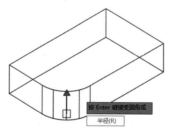

图 10-19　结束【圆角边】命令

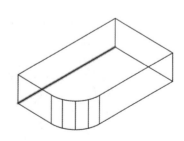

图 10-20　显示圆角效果

10.2.3 倒角实体边

使用【倒角边】命令 CHAMFEREDGE 为三维实体对象的边制作倒角。操作中可同时选择属于相同面的多条边，输入倒角距离值，或单击并拖动倒角节点。具体操作步骤如下。

步骤 01 绘制一个正方体，单击【圆角边】下拉按钮 圆角边，单击【倒角边】命令 倒角边，效果如图 10-21 所示。

步骤 02 单击要倒角的第一条边，如图 10-22 所示。

步骤 03 单击要倒角的第二条边，如图 10-23 所示。

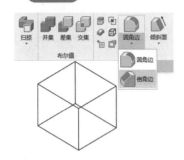

图 10-21 激活命令

图 10-22 选择第一条边

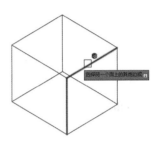

图 10-23 选择第二条边

步骤 04 单击要倒角的第三条边，如图 10-24 所示。

步骤 05 在命令行输入子命令【距离】D，按空格键确定，如图 10-25 所示。

步骤 06 指定【距离 1】的值，如 100，按空格键确定，如图 10-26 所示。

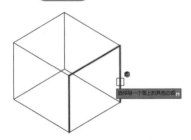

图 10-24 选择第三条边

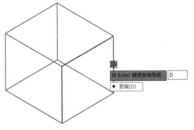

图 10-25 输入子命令

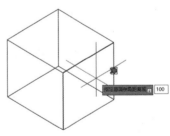

图 10-26 指定【距离 1】

步骤 07 指定【距离 2】的值，如 50，按空格键确定，效果如图 10-27 所示。

步骤 08 单击倒角节点使其变为红色，移动节点可改变倒角距离；按空格键结束倒角，最终效果如图 10-28 所示。

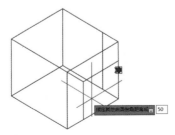

图 10-27 指定【距离 2】

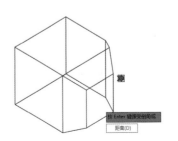

图 10-28 显示倒角效果

课堂范例——按住并拖动三维实体

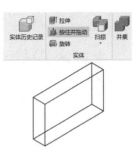

步骤 01　绘制长方体，单击【按住并拖动】按钮 按住并拖动，如图 10-29 所示。

步骤 02　单击选择对象或对象的面，如图 10-30 所示。

步骤 03　输入拉伸高度值，如 600，如图 10-31 所示。

步骤 04　按两次空格键结束【按住并拖动】命令，如图 10-32 所示。

图 10-29　绘制长方体

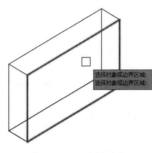

图 10-30　选择对象

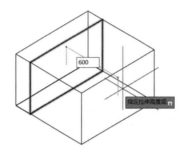

图 10-31　设置拉伸高度值

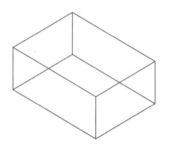

图 10-32　显示效果

10.3 布尔运算实体对象

【布尔运算】BOOLEAN 通过对两个或两个以上的三维实体对象进行【并集】【差集】【交集】的运算，从而得到新的物体形态。AutoCAD 提供了 3 种布尔运算方式:【并集】UNION、【交集】INTERSECT 和【差集】SUBTRACT。

10.3.1 并集运算

使用【并集】运算 UNION 可以将选定的三维实体或二维面域合并，但合并的物体必须选择类型相同的对象。具体操作步骤如下。

步骤 01　在【实体】面板下的【布尔值】面板中单击【并集】按钮，如图 10-33 所示。

图 10-33　激活【并集】命令

步骤 02　单击选择要组合的第一个对象，如图 10-34 所示。

步骤 03　单击选择要组合的第二个对象，如图 10-35 所示。

步骤 04　按空格键确定，对象组合为一个实体，效果如图 10-36 所示。

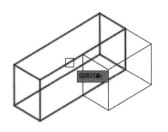

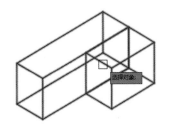

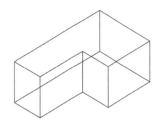

图 10-34　选择第一个对象　　　　图 10-35　选择第二个对象　　　　图 10-36　合并对象

10.3.2　差集运算

使用【差集】运算 SUBTRACT 可以用后选择的三维实体减去先选择的三维实体部分，后选择的三维实体与先选择的三维实体相交的部分被减去。具体操作步骤如下。

步骤 01　用【ISOLINES】设置线框密度为 20，绘制一个圆锥体，以相同圆心绘制圆柱体，单击【差集】按钮，如图 10-37 所示。

步骤 02　单击选择要保留的对象，按空格键确定，如图 10-38 所示。

步骤 03　单击选择要减去的实体对象，如图 10-39 所示。

步骤 04　按空格键确定，效果如图 10-40 所示。

图 10-37　执行【差集】命令

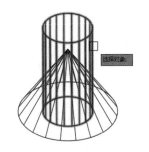

图 10-38　选择要保留的对象　　　图 10-39　选择要减去的对象　　　图 10-40　显示效果

10.3.3　交集运算

使用【交集】命令 INTERSECT 可以提取一组实体的公共部分，并将其创建为新的组合实体对象。具体操作步骤如下。

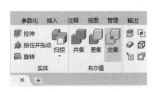

步骤 01　在【实体】面板的【布尔值】面板中单击【交集】按钮，如图 10-41 所示，在绘图区绘制一个圆柱体、一个长方体。

步骤 02　单击选择对象，如图 10-42 所示。

步骤 03　单击选择另一个相交的对象，如图 10-43 所示。

图 10-41　执行【交集】命令

步骤 04 按空格键确定,效果如图 10-44 所示。

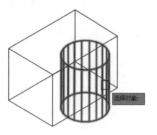

图 10-42 选择对象

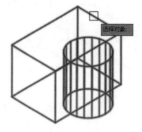

图 10-43 选择另一个对象

图 10-44 显示效果

10.4 对象的三维操作

对象的三维操作包括对实体对象进行三维旋转、对齐、镜像、阵列等命令,这些命令可以使图形在总体形状不变的情况下移动或复制实体对象。

10.4.1 旋转三维模型

【旋转】命令 ROTATE 可以在 *XY* 平面内旋转三维对象。若要在任意其他平面内旋转对象,需要使用【三维旋转】命令 3DROTATE。具体操作步骤如下。

步骤 01 绘制一个长方体,在【常用】选项卡的【修改】面板中单击【三维旋转】按钮⊕,单击选择需要旋转的对象,如图 10-45 所示。

步骤 02 按空格键,在图形中出现一个由 3 个圆环组成的旋转小控件,该空间的蓝色圆环表示 *Z* 轴,绿色圆环表示 *Y* 轴,红色圆环表示 *X* 轴,如图 10-46 所示。

步骤 03 单击指定基点,旋转小控件将随着基点移动,如图 10-47 所示。

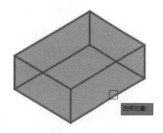

图 10-45 选择对象

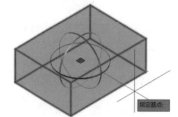

图 10-46 显示旋转控件

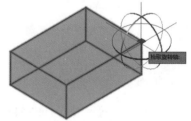

图 10-47 指定基点

步骤 04 用鼠标指针指向蓝色圆环,该圆环变为黄色,此时在视图中将出现一条蓝色的轴线,单击蓝色圆环表示长方体将绕 *Z* 轴旋转,如图 10-48 所示。

步骤 05 输入旋转角度,如 90,如图 10-49 所示。

步骤 06 按空格键确定,即可完成对象的旋转,如图 10-50 所示。

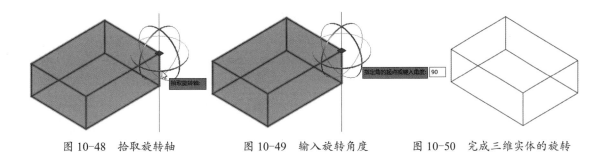

图 10-48　拾取旋转轴　　　图 10-49　输入旋转角度　　　图 10-50　完成三维实体的旋转

10.4.2　对齐三维模型

使用【三维对齐】命令 3DALIGN 可以在三维空间中将两个图形按指定的方式对齐，AutoCAD 将根据用户指定的对齐方式来改变对象的位置或进行缩放，以便能够与其他对象对齐。具体操作步骤如下。

步骤 01　绘制两个长方体，在【常用】面板的【修改】面板中单击【三维对齐】按钮，单击选择对象并按空格键，在所选对象上单击指定基点，如图 10-51 所示。

步骤 02　在所选对象上单击指定第二个点，如图 10-52 所示。

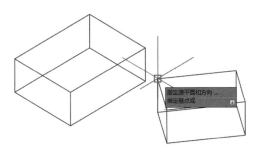

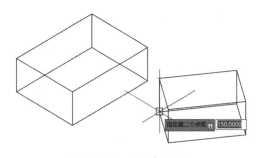

图 10-51　指定基点　　　　　　　图 10-52　指定第二个点

步骤 03　单击指定第三个点，如图 10-53 所示。

步骤 04　在另一个对象上单击指定第一个目标点，如图 10-54 所示。

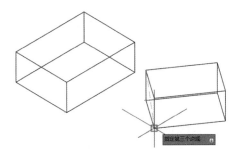

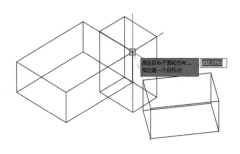

图 10-53　指定第三个点　　　　　　图 10-54　指定第一个目标点

步骤 05　单击指定第二个目标点，如图 10-55 所示。

步骤 06 单击指定第三个目标点，如图 10-56 所示。

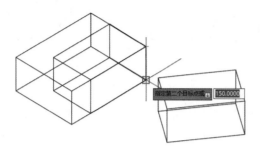

图 10-55 指定第二个目标点

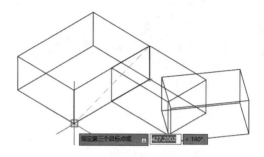

图 10-56 指定第三个目标点

📢 课堂问答

问题 1：如何镜像三维模型？

答：使用【三维镜像】命令MIRROR3D可以在镜像平面上创建选定对象的镜像副本。单击【三维镜像】按钮选择对象，按空格键确定；依次指定镜像的第一个点、第二个点、第三个点，按空格键确定，即可镜像三维模型。

问题 2：三维模型可以阵列吗？

答：使用【三维阵列】命令 3DARRAY 可以将所选对象进行矩形或环形阵列。

问题 3：如何拉伸三维实体的一个面？

答：【拉伸面】命令可以按指定的距离或沿某条路径拉伸三维实体的选定平面，具体操作方法如下。

步骤 01 绘制一个棱锥体，在【常用】面板的【实体编辑】面板中单击【拉伸面】按钮，单击选择面，按空格键确定，如图 10-57 所示。

步骤 02 输入拉伸高度50，按空格键确定，如图 10-58 所示。

步骤 03 输入倾斜角度0，如图 10-59 所示。

步骤 04 按空格键确定，完成所选面的拉伸，效果如图 10-60所示。

图 10-57 选择面

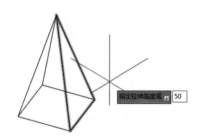

图 10-58 输入拉伸高度

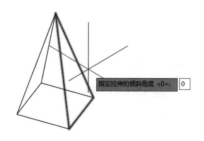

图 10-59 输入拉伸的倾斜角度

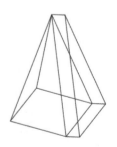

图 10-60 显示效果

上机实战——创建六角头螺栓和螺母

为了帮助读者巩固本章知识点，下面安排一个"上机实战"案例，使读者对本章知识有更深入的理解。

效果展示

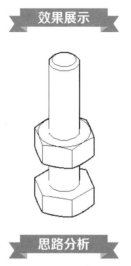

思路分析

要创建逼真的机械图形对象，通常需要编辑这些模型。可以通过对实体进行加、减或相交操作来创建复杂的实体。

本例首先将多边形进行拉伸创建螺帽，接下来绘制圆柱体螺纹，再创建螺母，最后合并对象，得到最终效果。

制作步骤

步骤01　新建图形文件，将视图调整为【西南等轴测】视图，输入并执行【多边形】命令POL，输入【侧面数】6，按空格键确定，如图10-61所示。

步骤02　指定正多边形的中心点，如图10-62所示。

步骤03　按空格键确定默认选项，输入【半径】16.6，按两次空格键，如图10-63所示。

图 10-61　输入【侧面数】　图 10-62　指定正多边形的中心点　　图 10-63　指定圆的【半径】

步骤04　单击【拉伸】按钮，单击选择六边形作为拉伸对象，输入子命令【模式】MO，按空格键确定，如图10-64所示。

步骤05　按空格键确定执行默认选项【实体】，如图10-65所示。

步骤06　输入【拉伸高度】-11.62，按空格键确定，如图10-66所示。

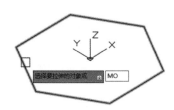

图 10-64　输入子命令

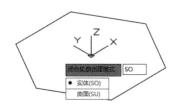

图 10-65　执行默认选项

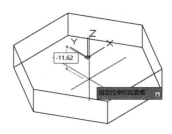

图 10-66　输入拉伸高度

步骤 07　将当前线框密度由 4 调整为 12，如图 10-67 所示。

步骤 08　接下来创建螺帽上的过渡圆角，单击【长方体】下拉按钮 长方体，单击【球体】命令 ○球体，指定球体中心点，如图 10-68 所示。

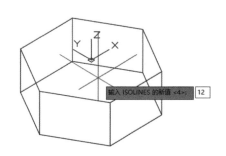

图 10-67　设置参数

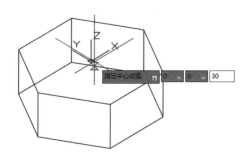

图 10-68　指定中心点

步骤 09　单击六边形的边线中点作为球体半径，如图 10-69 所示。

步骤 10　单击【交集】按钮，依次单击选择需要进行交集的对象，如图 10-70 所示。

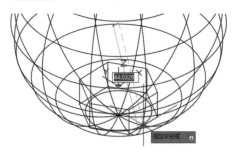

图 10-69　指定球体半径

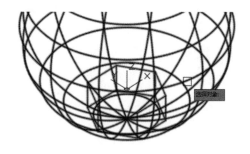

图 10-70　选择对象

步骤 11　按空格键确定，效果如图 10-71 所示。

步骤 12　单击【长方体】下拉按钮 长方体，单击【圆柱体】命令 ○圆柱体，指定中心点，如图 10-72 所示。

步骤 13　输入【底面半径】8.3，按空格键确定，如图 10-73 所示。

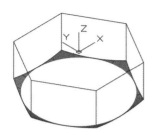
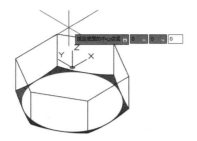
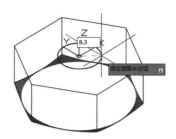

图 10-71　显示效果　　　　图 10-72　指定中心点　　　　图 10-73　输入【底面半径】

步骤 14 输入圆柱体【高度】80，如图 10-74 所示。

步骤 15 按空格键确定，即可完成圆柱体的绘制。激活【倒角边】命令，单击选择要倒角的对象，如图 10-75 所示。

步骤 16 按空格键确定选项为【当前】，如图 10-76 所示。

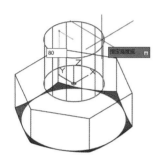
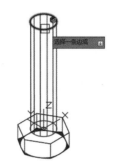
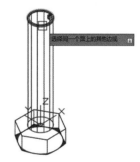

图 10-74　输入【高度】　　　图 10-75　选择倒角对象　　　图 10-76　确认选项

步骤 17 输入基面【倒角距离】1.66，按空格键确定，如图 10-77 所示。

步骤 18 按【Enter】键确定其他曲面倒角距离，如图 10-78 所示。

步骤 19 输入并执行【多边形】命令 POL，指定【边数】为 6，输入中心点并确定，如图 10-79 所示。

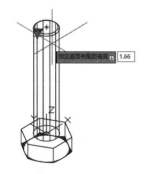
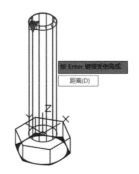
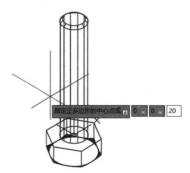

图 10-77　输入【倒角距离】　　图 10-78　确定倒角距离　　图 10-79　指定中心点

步骤 20 输入圆的【半径】16.6，按空格键确定，如图 10-80 所示。

步骤 21 使用【拉伸】命令将六边形向上拉伸 13.28，如图 10-81 所示。

步骤 22 创建螺母下端的过渡圆角，单击【长方体】下拉按钮，单击【球体】命令，指定球体中心点，如图 10-82 所示。

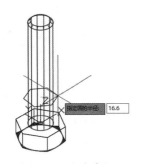

图 10-80　指定半径

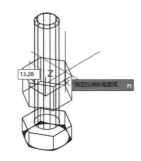

图 10-81　指定拉伸的高度

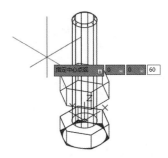

图 10-82　指定中心点

步骤 23　单击新建六边形下侧边线中点作为球体半径，如图 10-83 所示。

步骤 24　单击【交集】按钮，依次单击选择需要进行交集的对象，如图 10-84 所示。

步骤 25　按空格键确定，效果如图 10-85 所示。

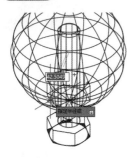

图 10-83　指定球体半径

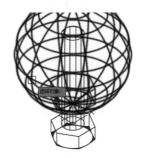

图 10-84　选择对象

图 10-85　显示效果

步骤 26　创建螺母上端的过渡圆角，激活【球体】命令，指定球体中心点，如【0,0,-6.72】，如图 10-86 所示。

步骤 27　单击新建六边形上侧边线的中点作为球体半径，如图 10-87 所示。

步骤 28　单击【交集】按钮，依次单击选择需要进行交集的对象，按空格键确定，如图 10-88 所示。

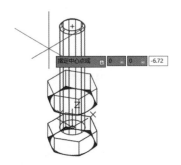

图 10-86　指定中心点

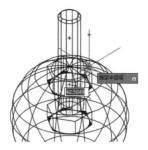

图 10-87　指定半径

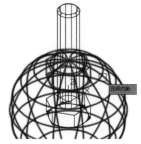

图 10-88　选择对象

步骤 29　效果如图 10-89 所示。

步骤 30　激活【复制】命令CO，选择螺纹，将下端圆心处指定为基点，如图 10-90 所示。

步骤 31 在该圆心处单击指定为第二点，即可将螺纹在原位置复制一份，如图 10-91 所示。

 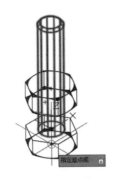 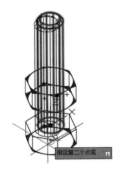

图 10-89　显示效果　　　　图 10-90　指定基点　　　　图 10-91　复制螺纹

步骤 32 单击【差集】按钮，单击选择要留下的对象，按空格键确定，如图 10-92 所示。

步骤 33 单击选择要减去的对象，如图 10-93 所示。

步骤 34 按空格键确定，效果如图 10-94 所示。

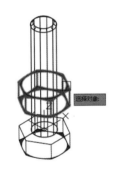  

图 10-92　选择要留下的对象　　　图 10-93　选择要减去的对象　　　图 10-94　显示效果

步骤 35 单击【并集】按钮，单击选择螺帽，如图 10-95 所示。

步骤 36 单击选择螺纹，如图 10-96 所示。

步骤 37 按空格键确定，完成所选对象的合并，如图 10-97 所示。

步骤 38 调整视觉样式为【隐藏】样式，效果如图 10-98 所示。

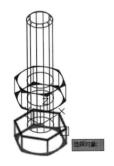  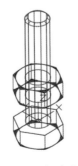 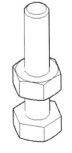

图 10-95　选择螺帽　　　图 10-96　选择螺纹　　　图 10-97　合并对象　　　图 10-98　最终效果

同步训练——创建弹片

为了增强读者的动手能力，下面安排一个同步训练案例，让读者能举一反三，触类旁通。

图解流程

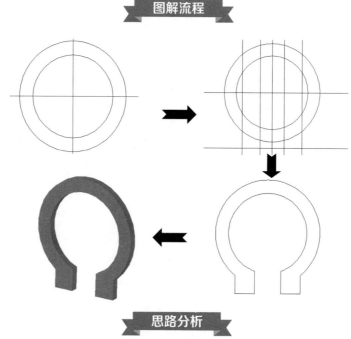

思路分析

绘制简单的三维弹片模型，让读者熟练掌握三维图形的绘制与修改操作。

本例首先绘制弹片的平面图形，然后拉伸为三维模型，得到最终效果。

关键步骤

步骤 01　使用【直线】命令L绘制一条水平线段和一条垂直线段，执行【圆】命令C，以线段的交点为圆心，绘制半径分别为15和20的同心圆，如图10-99所示。

步骤 02　使用【偏移】命令，将水平直线向下偏移22.5，将垂直线段分别向左和向右各偏移5、12.5，如图10-100所示。

步骤 03　使用【修剪】命令TR和【删除】命令E，对图形进行修剪和删除，完成效果如图10-101所示。

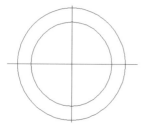

图 10-99　绘制线段和圆

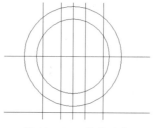

图 10-100　偏移对象

图 10-101　显示效果

步骤 04 切换到【西南等轴测】视图中，选择图形中的圆弧与线段，输入【合并】命令JOIN，按空格键确定，对所选对象进行合并，如图 10-102 所示。

步骤 05 单击【拉伸】按钮█，单击选择合并的二维图形，按空格键确定，输入拉伸高度，如 3，按空格键确定，如图 10-103 所示。

步骤 06 将【视觉样式】设置为真实效果，如图 10-104 所示。

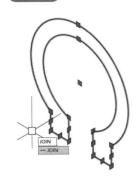
图 10-102　合并对象

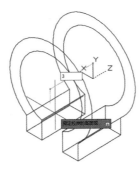
图 10-103　指定拉伸值

图 10-104　最终效果

知识能力测试

本章讲解了编辑三维实体对象、编辑实体边和面对象、布尔运算等内容，为对知识进行巩固和考核，请读者完成以下练习题。

一、填空题

1. _____命令可以使两个对象进行运算时只保留相交的部分。

2. 对三维实体进行布尔运算的方式有 _____、_____、_____3 种。

3. 使用【压印边】选项时，为了使压印操作成功，被压印对象必须与选定对象的 _____相交。

二、选择题

1. 使用【倒角边】命令可以为三维实体对象的（　　　）制作倒角。

A. 线　　　　　　　　B. 边　　　　　　　　C. 面　　　　　　　　D. 角

2. 并集命令不仅可以把相交实体组合成为一个（　　　），而且还可以把不相交实体组合成为一个对象。

A.【二维对象】　　　B.【三维对象】　　　C.【复合对象】　　　D.【模型对象】

3. AutoCAD 2022 开发的全新跨平台三维图形系统的（　　　），与先前版本相比，此新图形系统利用现代GPU和多核CPU的强大功能，为更大的图形提供流畅的导航体验。

A. 三维显示　　　　B. 目录内容　　　　C. 功能区　　　　D. 技术预览

三、简答题

1. 对三维实体进行编辑时，圆角和倒角的区别是什么？

2. 二维中的【旋转】和【对齐】命令与三维中的【旋转】和【对齐】命令有什么不同？

AutoCAD 2022

在 AutoCAD 2022 中，不仅可以创建二维图形和三维图形，还可以创建动画。在完成模型的创建后，还能使用材质、灯光及渲染将模型对象存储为图片并打印输出。

学习目标

- 学会制作动画的方法
- 掌握设置灯光的方法
- 熟练掌握设置材质的方法

11.1 制作动画

在AutoCAD 2022 中，同样可以使用二维线条创建简单的动画，本节主要讲解制作动画的方法和过程。

11.1.1 创建运动路径动画

在AutoCAD 2022 中创建动画主要使用【运动路径动画】命令，可以创建动画的对象包括直线、圆弧、椭圆弧、椭圆、圆、多段线、三维多段线或样条曲线。具体操作步骤如下。

步骤 01 打开"素材文件\第 11 章\11-1-1.dwg"，在【三维建模】工作空间中单击【可视化】选项卡，在空白处单击打开快捷菜单，单击【动画】命令，如图 11-1 所示。

步骤 02 单击【视图】面板中的【动画运动路径】按钮，如图 11-2 所示。

图 11-1　打开素材文件

图 11-2　单击【运动路径动画】按钮

步骤 03 打开【运动路径动画】对话框，选择【路径】单选按钮，单击【相机】区域的【选择对象】按钮，如图 11-3 所示。

步骤 04 单击选择相机路径，如图 11-4 所示。

图 11-3　单击【选择对象】按钮

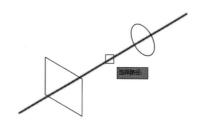

图 11-4　选择相机路径

步骤 05 打开【路径名称】对话框，输入【名称】，如【相机路径】，单击【确定】按钮，如图 11-5 所示。

步骤 06 选择【路径】单选按钮，单击【目标】区域的【选择对象】按钮，如图 11-6 所示。

图 11-5　单击【确定】按钮

图 11-6　单击【选择对象】按钮

步骤 07 单击选择目标路径，如图 11-7 所示。

步骤 08 打开【路径名称】对话框，默认名称为【路径 2】，单击【确定】按钮，如图 11-8 所示。

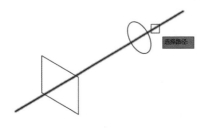

图 11-7　选择目标路径

图 11-8　单击【确定】按钮

步骤 09 在【运动路径动画】对话框左下角单击【预览】按钮，如图 11-9 所示。

步骤 10 显示动画效果，如图 11-10 所示。

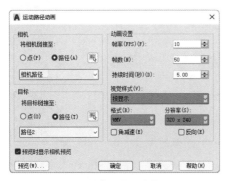

图 11-9　单击【预览】按钮

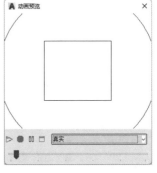

图 11-10　显示效果

11.1.2　动画设置

在【运动路径动画】对话框的右侧，是动画设置的相关内容，调整其中的选项，可改变动画效果，具体操作步骤如下。

步骤 01 关闭【动画预览】对话框，更改【动画设置】区域的内容，选择【反向】复选框，如

图 11-11 所示。

步骤 02　单击【预览】按钮，效果如图 11-12 所示。

图 11-11　设置内容

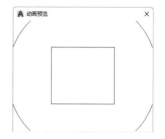

图 11-12　显示效果

步骤 03　关闭【动画预览】对话框，单击【确定】按钮，打开【另存为】对话框，在【文件名】后的文本框中输入文件名，单击【保存】按钮，如图 11-13 所示。

步骤 04　此时在文件夹中可查看保存的【运动路径动画】文件，如图 11-14 所示。

图 11-13　输入【文件名】并保存

图 11-14　查看保存效果

技能拓展　保存创建的动画时，文件名默认为【wmv1. Wmv】，可直接使用默认文件名，也可更改文件名。保存格式默认为【WMV动画】。

11.2　设置灯光

在AutoCAD 2022 中，用户可以根据需要创建相应的光源并查看效果，本节将对灯光进行详细的介绍。

11.2.1　创建点光源

创建【点光源】POINTLIGHT 是指从其位置向所有方向发射光线，可以使用点光源来获得基本照明效果。具体操作步骤如下。

步骤 01　打开"素材文件\第 11 章\11-2-1.dwg"，在【三维建模】工作空间中单击【可视化】

面板下【光源】面板中的【创建光源】按钮 创建光源，如图 11-15 所示。

步骤 02　打开【光源 - 视口光源模式】提示框，单击选择【关闭默认光源（建议）】选项，如图 11-16 所示。

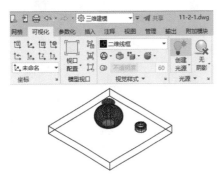

图 11-15　打开素材　　　　　　　　　　　　图 11-16　选择【关闭默认光源（建议）】选项

步骤 03　单击指定光源的新位置，按两次空格键确定，即可创建点光源，如图 11-17 所示。

步骤 04　单击【视觉样式】下拉按钮，在打开的菜单中选择【着色】选项，观看所创建的点光源的照明情况，如图 11-18 所示。

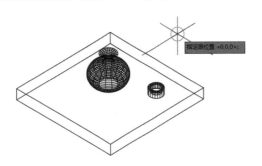

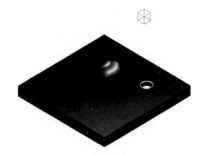

图 11-17　创建点光源　　　　　　　　　　　　图 11-18　观看照明效果

步骤 05　创建点光源，单击指定光源的新位置，按两次空格键确定，如图 11-19 所示。

步骤 06　创建点光源，单击指定光源的新位置，按两次空格键确定，移动各光源至适当位置，最终效果如图 11-20 所示。

图 11-19　创建点光源　　　　　　　　　　　　图 11-20　观看照明效果

　在激活【点光源】命令后，也可以输入精确的光源位置，按空格键确定即可创建点光源。点光源从其所在位置向四周发射光线，不以某一个对象为目标，可以达到基本的照明效果。

11.2.2　创建聚光灯

创建【聚光灯】SPOTLIGHT 是指该光源发射出一个圆锥形光柱，聚光灯投射一个聚集光束。具体操作步骤如下。

步骤 01　打开"素材文件\第 11 章\11-2-2.dwg"，单击【创建光源】下拉按钮，在打开的菜单中单击【聚光灯】命令，如图 11-21 所示。

步骤 02　指定源位置【305,500,-320】，按空格键确定，如图 11-22 所示。

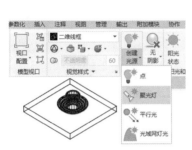

图 11-21　单击【聚光灯】命令

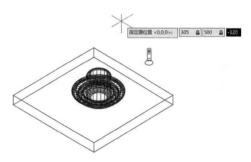

图 11-22　指定源位置

步骤 03　单击指定光源的新位置，按两次空格键确定，即可创建点光源，如图 11-23 所示。

步骤 04　单击【视觉样式】下拉按钮，在打开的菜单中选择【着色】选项，观看所创建点光源的照明情况，如图 11-24 所示。

图 11-23　完成点光源的创建

图 11-24　显示点光源效果

11.2.3　创建平行光

平行光类似于太阳光，由于光线是从很远的地方射来的，因此在实际应用中，它们是平行的。具体操作步骤如下。

步骤 01　打开"素材文件\第 11 章\11-2-3.dwg"，单击【创建光源】下拉按钮，在打开的菜单中单击【平行光】命令，如图 11-25 所示。

步骤 02　在打开的对话框中单击【关闭默认光源（建议）】选项，如图 11-26 所示。

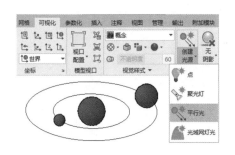

图 11-25　单击【平行光】命令

图 11-26　单击【关闭默认光源（建议）】选项

步骤 03　在打开的对话框中单击【允许平行光】选项，如图 11-27 所示。

步骤 04　单击指定光源来源，如图 11-28 所示。

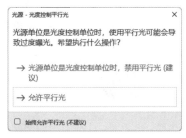

图 11-27　单击【允许平行光】选项

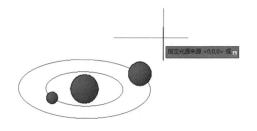

图 11-28　指定光源来源

步骤 05　单击指定光源去向，如图 11-29 所示。

步骤 06　按空格键确定，效果如图 11-30 所示。

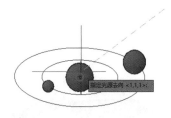

图 11-29　指定光源去向

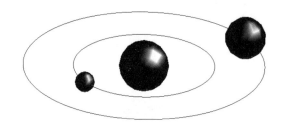

图 11-30　显示效果

技能
拓展

平行光源的光束辐射得很远，宽度却没有明显的增加，这些光线的运行互相平行，如激光和太阳光的光源。

11.3　设置材质

　　将材质添加到图形对象上，可以使其产生逼真的效果。在材质的选择过程中，不仅要了解对象本身的材质属性，还需要配合场景的实际用途、采光条件等。本节将介绍设置模型材质的方法。

11.3.1 创建材质

使用材质编辑器可以创建材质，并可以将新创建的材质赋予模型对象，为渲染视图提供逼真的效果。具体操作步骤如下。

步骤 01 打开"素材文件\第 11 章\11-3-1.dwg"，单击【材质浏览器】按钮◎，打开【材质浏览器】面板，如图 11-31 所示。

步骤 02 双击【AutoCAD 库】，单击【金属漆】命令，指向类别颜色，单击【添加到文档】按钮⬆，如图 11-32 所示。

图 11-31　打开素材文件

图 11-32　单击【添加到文档】按钮

步骤 03 选择需要创建材质的对象，在添加到文档中的材质类型上右击，在打开的快捷菜单中单击【指定给当前选择】命令，如图 11-33 所示。

步骤 04 所选模型对象即完成材质的创建，效果如图 11-34 所示。

图 11-33　单击【指定给当前选择】命令

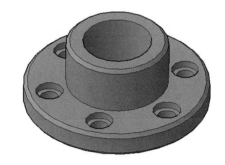

图 11-34　显示效果

11.3.2 编辑材质

在实际操作中，当已创建的材质不能满足当前模型的需要时，就需要对材质进行相应的编辑。具体操作步骤如下。

步骤 01　打开"素材文件\第 11 章\11-3-2.dwg"，单击【材质浏览器】按钮⊗，打开【材质浏览器】面板，如图 11-35 所示。

步骤 02　在已创建的材质空白处双击，打开【材质编辑器】面板，如图 11-36 所示。

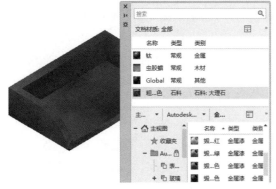

图 11-35　打开【材质浏览器】面板　　　　　图 11-36　打开【材质编辑器】面板

步骤 03　单击【图像】后的下拉按钮，选择【波浪】选项，如图 11-37 所示。

步骤 04　打开【纹理编辑器】面板，单击【变换】下拉按钮，如图 11-38 所示。

图 11-37　选择【波浪】选项　　　　　图 11-38　单击【变换】下拉按钮

步骤 05　由于【波浪】效果不理想，所以关闭【纹理编辑器】，在【材质编辑器】中设置【大理石】材质，如图 11-39 所示。

步骤 06　所选模型对象即完成材质的创建，效果如图 11-40 所示。

图 11-39　设置【大理石】材质　　　　　图 11-40　显示效果

课堂问答

问题 1：如何编辑光源？

答：如果要编辑光源，为了记录和管理光源，要使用【模型中的光源】选项板，在该选项板中选择需要编辑的光源，双击打开【特性】面板，调整相应的内容，即可对光源进行编辑。具体操作步骤如下。

步骤 01 单击【光源】面板右下角的【模型中的光源】按钮，如图 11-41 所示。

步骤 02 打开【模型中的光源】面板，如图 11-42 所示。

步骤 03 【模型中的光源】面板可以帮助用户选择、修改和删除光源。当前文件中创建的第一个光源，也会显示在【模型中的光源】面板中，如图 11-43 所示。

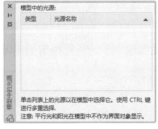
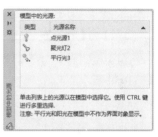

图 11-41　单击【模型中的光源】按钮　图 11-42　【模型中的光源】面板　图 11-43　面板显示内容

步骤 04 要选择某个光源，在该面板中单击该光源即可，双击该光源，即可打开【特性】面板，如图 11-44 所示。

步骤 05 在要删除的光源上右击，单击【删除光源】命令，如图 11-45 所示。

步骤 06 即可将该光源从【模型中的光源】面板中删除，如图 11-46 所示。

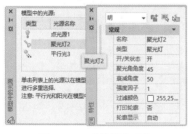
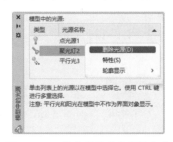
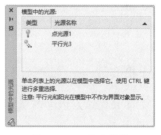

图 11-44　【特性】面板　　　图 11-45　单击【删除光源】命令　　　图 11-46　显示效果

问题 2：如何渲染图形？

答：通过渲染可以将模型对象的光照效果、材质效果及环境效果等完美地展现出来，渲染环境设置完成后，即可对当前视图中的模型对象进行渲染。具体操作步骤如下。

步骤 01 打开"素材文件\第 11 章\问题 2.dwg"，单击【渲染到尺寸】按钮，打开【渲染】窗口，如图 11-47 所示。

步骤 02 单击【将渲染的图像保存到文件】按钮，如图 11-48 所示。

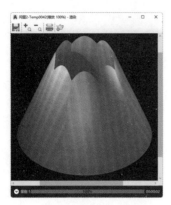

图 11-47　打开【渲染】窗口

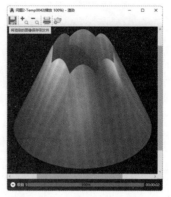

图 11-48　保存渲染结果

步骤 03　打开【渲染输出文件】对话框，设置存储位置，在【文件名】后输入文件名，设置【文件类型】为【PNG】，单击【保存】按钮，如图 11-49 所示。

步骤 04　在打开的【PNG 图像选项】对话框中设置【每英寸点数】为 150，单击【确定】按钮，如图 11-50 所示。

图 11-49　设置保存内容

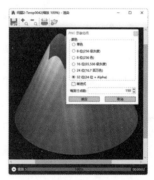

图 11-50　设置图像质量

上机实战——创建茶具材质并渲染存储

为了帮助读者巩固本章知识点，下面安排一个"上机实战"案例，使读者对本章知识有更深入的理解。

效果展示

素材

效果

思路分析

通过给素材文件赋予材质，添加灯光使其达到渲染要求，并将渲染的模型对象保存为独立的图片，是保存三维模型的一种重要方法。

本实例首先打开素材文件，通过材质浏览器创建材质，并将材质赋给相应的对象；接着给已经创建了材质的对象创建点光源；选择相应的渲染条件渲染模型，最后将渲染的模型对象保存为图片。

制作步骤

步骤01　打开"素材文件\第11章\茶具.dwg"，单击【材质浏览器】按钮⊗，设置材质为金色玻璃，如图11-51所示。

步骤02　选择需要设置材质的对象，在所选材质空白处右击，在打开的快捷菜单中单击【指定给当前选择】命令，如图11-52所示。

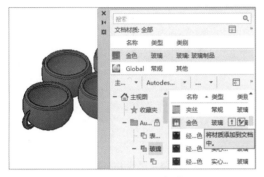

图11-51　打开素材

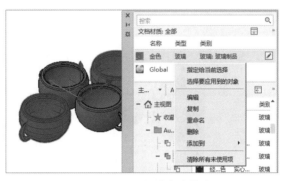

图11-52　指定创建的材质

步骤03　设置玻璃材质后的效果如图11-53所示。

步骤04　用同样的方法给其他两个杯子设置木材材质，如图11-54所示。

图11-53　显示材质效果

图11-54　创建材质

步骤05　设置完成的效果如图11-55所示。

步骤06　单击【创建光源】下拉按钮，在打开的菜单中单击【点】命令，打开【光源－视口光源模式】对话框，单击【关闭默认光源（建议）】选项，如图11-56所示。

图 11-55　显示材质效果

图 11-56　关闭默认光源

步骤 07　在适当位置单击，按空格键确定，完成点光源的创建，并将其移动至适当位置，如图 11-57 所示。

步骤 08　打开【模型中的光源】面板，在【点光源 1】上右击，单击【特性】命令，如图 11-58 所示。

图 11-57　显示效果

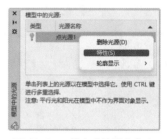

图 11-58　单击【特性】命令

步骤 09　打开【特性】面板，在【灯的强度】后的文本框内输入【600 Cd】，按空格键确定，如图 11-59 所示。

步骤 10　单击【渲染预设】下拉按钮，在打开的菜单中单击选择【高】选项，再单击【渲染到尺寸】按钮，如图 11-60 所示。

图 11-59　设置灯光参数

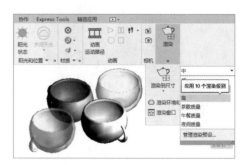

图 11-60　选择渲染质量

步骤 11　在【渲染】窗口单击【将渲染的图像保存到文件】按钮，在打开的【渲染输出文件】对话框中设置保存位置，输入【文件名】，单击【保存】按钮，如图 11-61 所示。

步骤 12　最终效果如图 11-62 所示。

图 11-61　设置保存内容

图 11-62　最终效果

同步训练——渲染花瓶

为了增强读者的动手能力，下面安排一个同步训练案例，让读者能举一反三，触类旁通。

图解流程

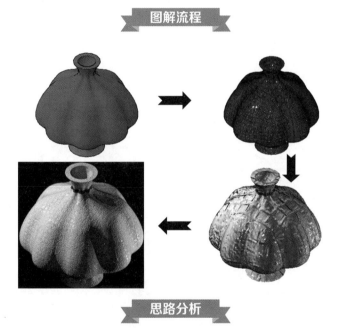

思路分析

创建工艺品模型并赋予材质后进行渲染出图，是 AutoCAD 的一个重要功能。本例首先打开素材文件，创建材质，再编辑材质，最后进行渲染，完成效果制作。

关键步骤

步骤 01　打开"素材文件\第 11 章\花瓶.dwg"，在【三维建模】工作空间单击【可视化】选项卡。

步骤 02　单击【材质浏览器】按钮⊗，打开【材质浏览器】面板，选择陶瓷材质，单击【添加到文档】按钮↑，将添加的材质拖到花瓶上，如图 11-63 所示。

步骤 03　在已创建的材质名称空白处双击，在打开的【材质编辑器】面板中选中【浮雕图案】复选框，如图 11-64 所示。

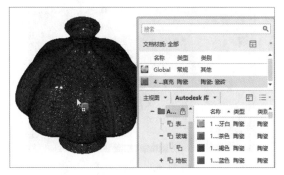

图 11-63　选择材质

图 11-64　调整材质内容

步骤 04 单击【图像】后的下拉按钮□，单击选择【颜色】命令，如图 11-65 所示。关闭打开的对话框。

步骤 05 单击【颜色】后的下拉按钮，单击【平铺】选项，如图 11-66 所示。

图 11-65　选择【颜色】命令

图 11-66　调整材质效果

步骤 06 打开【纹理编辑器 -COLOR】面板，设置填充图案【类型】为【叠层式砌法】，【瓷砖计数】每行 0，每列 3，如图 11-67 所示。

步骤 07 单击【可视化】面板中的【渲染到尺寸】按钮，渲染效果如图 11-68 所示。

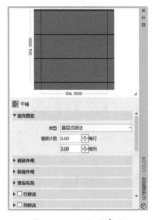

图 11-67　设置参数

图 11-68　显示效果

步骤 08 打开【渲染】窗口，单击【将渲染的图像保存到文件】按钮▣，打开【渲染输出文件】对话框，设置存储位置；在【文件名】后输入文件名，如【花瓶 】，单击【保存】按钮；在打开的【JPEG 图像选项】对话框中单击【确定】按钮。

🖋 知识能力测试

本章讲解了制作动画、设置灯光、设置材质的方法，为对知识进行巩固和考核，请读者完成以下练习题。

一、填空题

1. 在 AutoCAD 2022 中，动画保存格式默认为 _____。

2. 激活【点光源 】命令后，也可以输入精确的 _____，按空格键确定即可创建点光源。

3. 通过 _____ 可以将模型对象的光照效果、材质效果及环境效果等完美地展现出来。

二、选择题

1. 保存创建的动画时，文件名默认为（　　），可直接使用默认文件名，也可更改文件名。

A.【acad.dwg 】　　　　　B.【wmv1.Wmv 】　　　C.【Drawing1.dwg 】　　　D.【Drawing1.png 】

2. 为了记录和管理光源，要使用（　　）选项板；在该选项板中可选择需要编辑的光源，双击打开【特性 】面板，调整相应的内容。

A.【模型中的光源 】　　B.【特性 】　　　　　　C.【材质浏览器 】　　　D.【材质编辑器 】

3. 以下描述不是 AutoCAD 2022 中更新功能的是（　　）。

A. 添加在覆盖和附着之间转换外部参照的功能

B. 添加将路径更改为绝对路径的功能

C. FILLET 给对象加圆角

D. 用圆心和半径创建圆

三、简答题

1. 请简单回答 AutoCAD 中各个灯光的区别。

2. 材质的作用是什么？

AutoCAD 2022

第12章
商业案例实训

AutoCAD 广泛应用于计算机辅助绘图和设计制作中，包括室内装饰设计、建筑设计、园林景观设计、机械设计等。本章主要通过几个实例的讲解，帮助用户加深对软件知识与操作技巧的理解，并熟练应用于计算机辅助绘图和设计制作案例中。

学习目标

- 熟练掌握绘制家装平面设计图的方法
- 熟练掌握绘制多层建筑立面图的方法
- 熟练掌握绘制小区景观设计图的方法
- 熟练掌握制作支架模型的方法

12.1 室内装饰案例：绘制家装平面设计图

效果展示

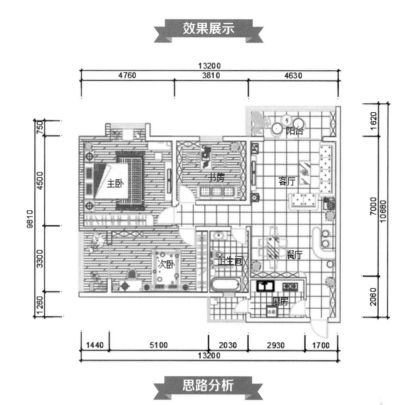

思路分析

平面设计图是室内设计的关键性图样。它是在原始结构平面的基础上，根据业主和设计师的设计意图，对室内空间进行详细的功能划分和室内设施的定位。

本例首先绘制户型图，创建并选择图层，接着调入家具图例，根据尺寸调整至合适的位置，最后标注文字说明和外部尺寸，完成平面设计图的绘制，得到最终效果。

制作步骤

步骤 01　执行【图层特性】命令LA，打开【图层特性管理器】面板，新建图层并设置图层特性，将【轴线】设为当前图层，如图 12-1 所示。

步骤 02　按【F8】键打开【正交模式】，使用【构造线】命令 ML 绘制两条相交线，用【偏移】命令 O 将垂直线向右依次偏移 4760、3810、4630；将最左侧的垂直辅助线向右偏移 1440，将其颜色更改为蓝色，再将蓝色辅助线向右依次偏移 5100、4960；水平线向下依次偏移 1620、7000、2060，将最上侧水平辅助线向下偏移 870，将其颜色更改为蓝色，依次将蓝色辅助线向下偏移 3950、1300、3300，如图 12-2 所示。

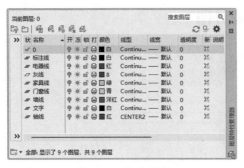

图 12-1　新建图层

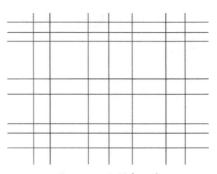

图 12-2　绘制中心线

步骤 03　选择【墙线】图层，按【F8】键打开【正交模式】，使用多段线沿辅助线绘制最外沿的墙中线，依次绘制内墙的墙体中线；使用【偏移】命令将各墙线向中线两侧各偏移 120；将厨房和卫生间的墙中线辅助线向两侧各偏移 60，将厨房和卫生间相连的墙中线向右侧偏移 120，如图 12-3 所示。

步骤 04　根据辅助线绘制伸出墙体的阳台墙体线，关闭轴线图层，删除墙体中线；将墙体中多余的线段使用【修剪】命令 TR 修剪；使用【直线】命令 L 创建门洞和窗户的位置，使用修剪命令将直线中多余的墙体修剪，如图 12-4 所示。

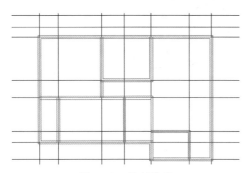

图 12-3　绘制墙线

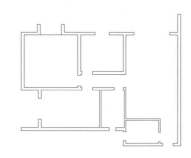

图 12-4　绘制门窗位置

步骤 05　选择【门窗线】图层，使用【矩形】【直线】【圆弧】命令，结合复制、修剪、删除工具，创建门窗，如图 12-5 所示。

步骤 06　执行 D 命令打开【标注样式管理器】对话框；新建【室内装饰】样式；单击【关闭】按钮，如图 12-6 所示。

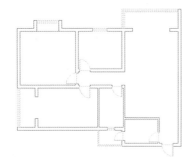

图 12-5　创建门窗

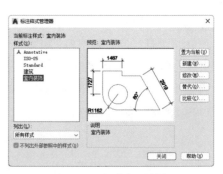

图 12-6　新建标注样式

步骤 07　使用【线性标注】命令DLI、【连续标注】命令DCO创建尺寸标注，如图 12-7 所示。

步骤 08　关闭【轴线】图层，复制当前图形，在复制得到的图形中删除内部多余的标注，如图 12-8 所示。

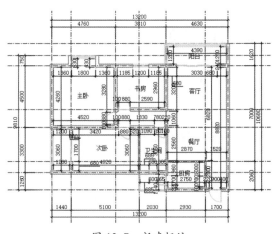

图 12-7　新建标注　　　　　　　　　　　　　图 12-8　显示效果

温馨提示

【户型图】主要是反映室内空间分割的设计，对性质不同或相反的活动空间进行功能分区。

步骤 09　单击【图层】下拉按钮，单击【家具线】图层并将其设置为当前图层，如图 12-9 所示。

步骤 10　在进门处绘制鞋柜，如图 12-10 所示。

图 12-9　选择图层

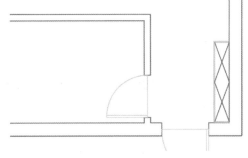

图 12-10　绘制鞋柜

步骤 11　打开"素材文件\第 12 章\图库 .dwg"，复制沙发和电视图例粘贴到当前文件中，结合【旋转】和【移动】命令将这些家具移动到合适位置，选择素材中的家具图例，逐一复制并粘贴至本实例适当位置，如图 12-11 所示。

步骤 12　执行【填充】命令 H，选择【DOLMIT】图案，【比例】为 30，填充卧室，如图 12-12 所示。

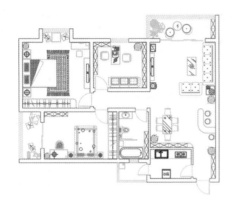

图 12-11　复制素材　　　　　　　　　　图 12-12　填充卧室

步骤 13　继续使用【填充】命令，选择【NET】图案，填充地面，如图 12-13 所示。

步骤 14　选择【文字】图层，使用【文字】命令 T 创建功能区说明，完成平面设计图的绘制，如图 12-14 所示。

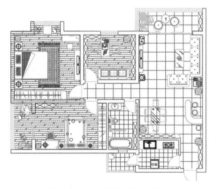

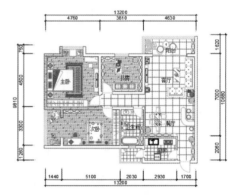

图 12-13　填充其他区域　　　　　　　　图 12-14　创建文字说明

12.2　建筑设计案例：绘制多层建筑立面图

效果展示

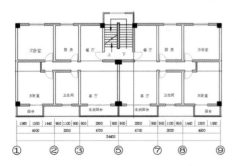

建筑为人们提供了各种各样的活动场所，是人类通过物质或技术手段建造的，力求满足自身活动需求的各种空间环境。

本例主要绘制建筑立面图，首先制作建筑立面框架，接着绘制建筑立面窗户和阳台，再绘制建筑屋顶立面部分，最后标注建筑立面图形，从而得到最终效果。

制作步骤

步骤 01 打开"素材文件\第 12 章\建筑平面图.dwg"，执行【直线】命令L，在平面图中的合适位置绘制一条线段，如图 12-15 所示。

步骤 02 使用【修剪】命令TR，修剪删除多余的图形；使用【直线】命令L，按照辅助线绘制剖面轮廓，如图 12-16 所示。

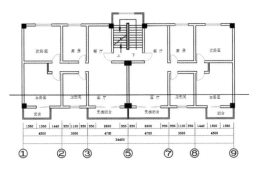

图 12-15 打开素材绘制线段

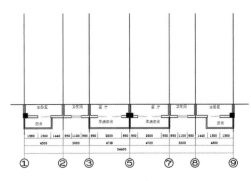

图 12-16 创建辅助线

步骤 03 使用【直线】命令L绘制立面墙高为 1070；执行【偏移】命令O，将水平线段依次向上偏移 3000，如图 12-17 所示。

步骤 04 使用【偏移】命令O，将垂直线向左右各偏移 100，删除中线，如图 12-18 所示。

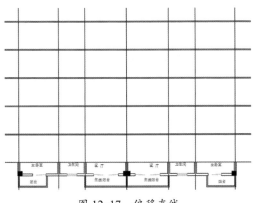

图 12-17 偏移直线

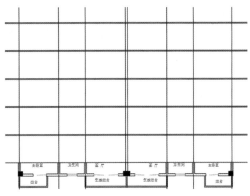

图 12-18 偏移垂直线

步骤 05 执行【偏移】命令O，将各下端水平线向上依次偏移 500、1670、1330，如图 12-19 所示。

步骤 06　执行【修剪】命令TR，对偏移对象进行修剪处理，效果如图 12-20 所示。

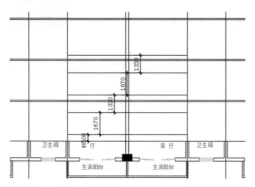

图 12-19　偏移水平线

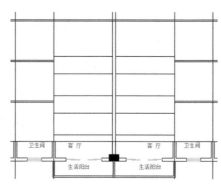

图 12-20　修剪偏移对象

步骤 07　执行【直线】命令L，按照平面图绘制立面界线，如图 12-21 所示。

步骤 08　执行【修剪】命令TR，将多余的对象进行修剪处理，如图 12-22 所示。

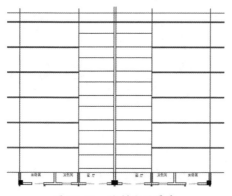

图 12-21　绘制立面界线

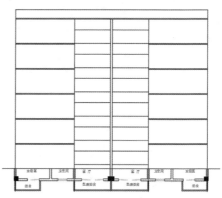

图 12-22　修剪线段

步骤 09　结合【直线】命令L、【偏移】命令O、【修剪】命令TR绘制护栏，如图 12-23 所示。

步骤 10　选择【门窗线】图层，执行【多段线】命令PL，绘制门窗立面图，门高为 2100，窗高为 1913；执行【偏移】命令O，将边框向内偏移 50，如图 12-24 所示。

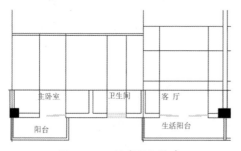

图 12-23　创建护栏轮廓

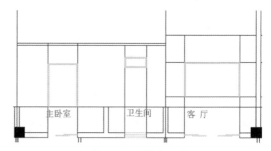

图 12-24　创建门窗

步骤 11　结合【直线】命令L、【偏移】命令O绘制阳台门，如图 12-25 所示。

步骤 12　结合【直线】命令L、【偏移】命令O、【修剪】命令TR绘制护栏外尺寸，如图 12-26

所示。

图 12-25　绘制阳台门

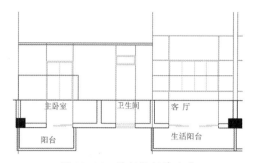

图 12-26　绘制护栏外尺寸

步骤 13　选择【辅助线】图层，结合【直线】命令L、【偏移】命令O、【修剪】命令TR绘制护栏，如图 12-27 所示。

步骤 14　结合【直线】命令L、【偏移】命令O、【修剪】命令TR绘制阳台护栏，如图 12-28 所示。

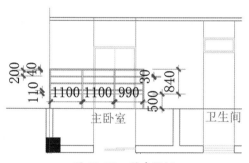

图 12-27　创建护栏

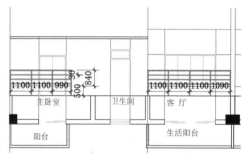

图 12-28　创建阳台护栏

步骤 15　执行【镜像】MI 命令，将绘制好的护栏以中间墙线为镜像线进行镜像复制，如图 12-29 所示。

步骤 16　选择【尺寸标注】图层，设置标注样式；执行【线性标注】命令DLI、【连续标注】命令DCO，在图形右侧进行标注，如图 12-30 所示。

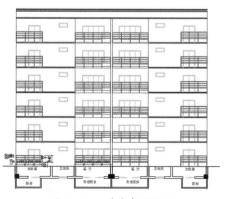

图 12-29　镜像复制护栏

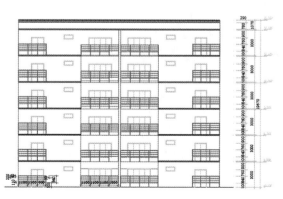

图 12-30　标注图形

12.3 园林景观设计：绘制小区景观设计图

效果展示

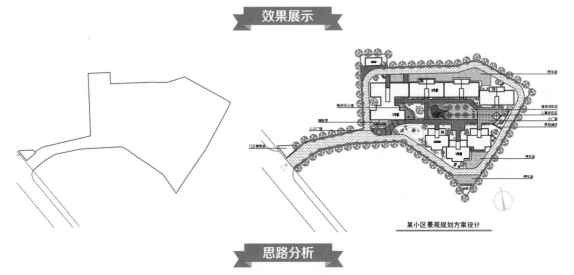

某小区景观规划方案设计

思路分析

景观规划设计涵盖的内容十分广泛，主要涉及房屋的位置和朝向、周围的道路交通、园林绿化及地貌等内容。

本例首先规划设计小区道路的交通组织；完成景区的设施绘制，封闭要填充的区域，填充图案，完成地面硬质铺装图；再绘制行道树，根据需要搭配植物群落，最后标注景观说明，得到最终效果。

制作步骤

步骤 01　打开"素材文件\第 12 章\小区规划图.dwg"，执行【图层特性】命令 LA，打开【图层特性管理器】面板，新建图层并设置图层颜色，如图 12-31 所示。

步骤 02　设置【道路】为当前图层，执行【直线】命令 L，沿建筑红线捕捉勾画一圈，执行【偏移】命令 O，向内偏移 4500，如图 12-32 所示。

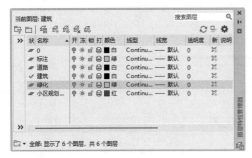

图 12-31　新建图层并设置颜色

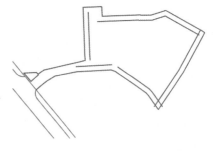

图 12-32　偏移线段

步骤 03　执行【圆角】命令 F，设置圆角【半径】为 7000，依次进行圆角处理，并调整图形，如图 12-33 所示。

步骤 04　执行【偏移】命令 O，将绘制的车行道线向外偏移 4000，如图 12-34 所示。

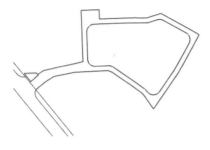

图 12-33　圆角线段

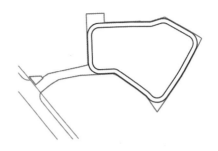

图 12-34　偏移车行道

步骤 05　执行【插入】命令 I，打开【插入】对话框，打开 "素材文件\第 12 章\住宅楼.dwg"，如图 12-35 所示。

步骤 06　指定插入点，插入对象，调整图形位置，将住宅楼转换至【建筑】图层，如图 12-36 所示。

图 12-35　插入图块

图 12-36　选择要插入的文件

步骤 07　单击指定插入点，插入对象，调整图形位置，如图 12-37 所示。

步骤 08　将住宅楼转换至【建筑】图层，效果如图 12-38 所示。

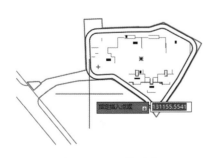

图 12-37　调整图块

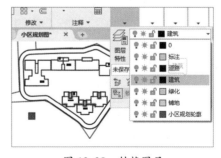

图 12-38　转换图层

步骤 09　创建【辅助线】图层，执行【直线】命令 L，根据住宅户型的入口绘制辅助线，如图 12-39 所示。

步骤 10　执行【直线】命令 L，根据住宅户型轮廓绘制辅助线，进行偏移，如图 12-40 所示。

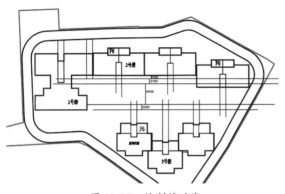

图 12-39　绘制辅助线　　　　　　　　　　图 12-40　偏移辅助线

步骤 11　结合【修剪】【延伸】【直线】【删除】命令，编辑调整图形，如图 12-41 所示。

步骤 12　执行【样条曲线】命令 SPL，绘制入口道路，用控制点调整图形，如图 12-42 所示。

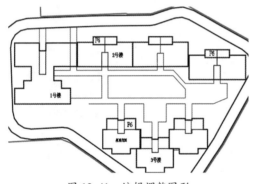

图 12-41　编辑调整图形

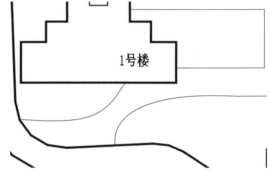

图 12-42　调整图形

步骤 13　按空格键激活【样条曲线】命令，绘制 1 号楼的小道并调整曲线，执行【偏移】命令 O，将样条曲线向右偏移 900，如图 12-43 所示。

步骤 14　执行【矩形】命令 REC，绘制【长】600、【宽】300 的矩形为梯步；执行【旋转】命令 RO，将图形旋转至合适角度；执行【复制】命令 CO，如图 12-44 所示。

图 12-43　绘制小道

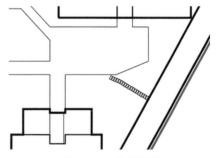

图 12-44　绘制梯步

步骤 15　执行【圆角】命令 F，设置【半径】600，依次对道路边缘进行圆角处理，如图 12-45 所示。

第12章 商业案例实训

步骤 16 新建【坡度】图层，设置【颜色】为绿色；执行【样条曲线】命令SPL，绘制闭合曲线，通过控制点调整图形的弧度，如图 12-46 所示。

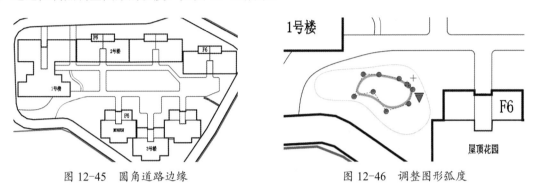

图 12-45　圆角道路边缘　　　　　　　　图 12-46　调整图形弧度

步骤 17 使用【样条曲线】命令绘制其他地形，并调整曲线弧度，如图 12-47 所示。

步骤 18 执行【偏移】命令O，设置偏移【距离】100，偏移挡土线，如图 12-48 所示。

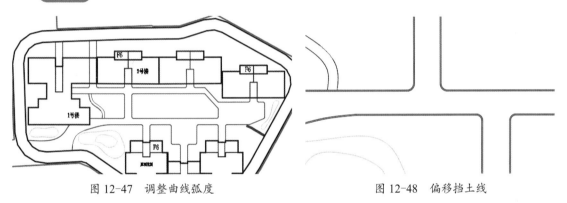

图 12-47　调整曲线弧度　　　　　　　　图 12-48　偏移挡土线

步骤 19 执行【样条曲线】命令 SPL，绘制儿童游乐园区域，并通过控制点调整曲线的弧度，如图 12-49 所示。

步骤 20 执行【直线】命令 L，绘制区域的地面分界线如图 12-50 所示。

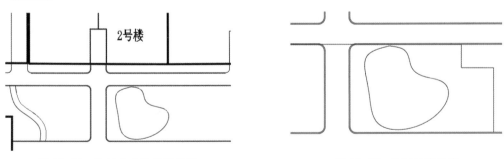

图 12-49　绘制儿童游乐园区域　　　　　　图 12-50　绘制区域界线

步骤 21 执行【矩形】命令REC，绘制 1200×1200 的正方形，向内偏移 250；执行【阵列】命令 AR，设置矩形阵列的【列数】为 3，设置【介于】参数为 5000，【行数】为 2；设置【介于】参数为-5000；执行【矩形】命令 REC，绘制 4000×4000 的正方形；执行【偏移】命令O，向内偏移 50；

· 281 ·

执行【直线】命令L，绘制对角线，效果如图 12-51 所示。

步骤 22   执行【旋转】命令 RO，将其旋转至合适位置，如图 12-52 所示。

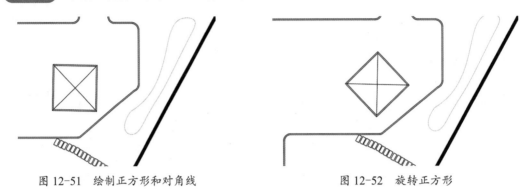

图 12-51　绘制正方形和对角线　　　　　　　　　图 12-52　旋转正方形

步骤 23   执行【图层特性】命令 LA，新建【铺装】图层；执行【圆】命令 C，绘制圆；执行【修剪】命令 TR，修剪图形，如图 12-53 所示。

步骤 24   执行【偏移】命令 O，偏移 150；执行【直线】命令 L，将其道路或其他未闭合的区域封闭起来，便于后面的图案填充，如图 12-54 所示。

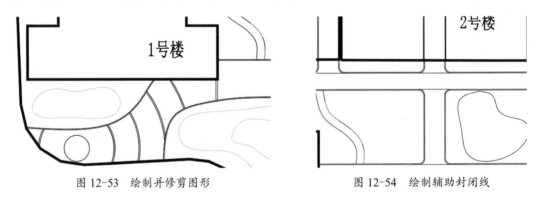

图 12-53　绘制并修剪图形　　　　　　　　　　图 12-54　绘制辅助封闭线

步骤 25   执行【图案填充】命令 H，选择【AR-B88】图案，设置【颜色】为 8 号，【比例】为 1，填充图案，如图 12-55 所示。

步骤 26   执行【图案填充】命令 H，选择【AR-HBONE】图案，设置【颜色】为 107 号，【比例】为 5，填充图案，如图 12-56 所示。

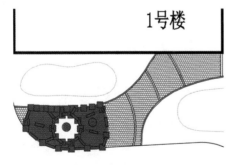

图 12-55　填充区域 1

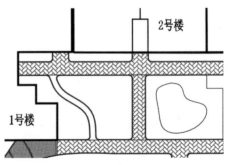

图 12-56　填充区域 2

步骤 27 执行【图案填充】命令 H，选择【NET】图案，设置【颜色】为 8 号，【比例】为 300，填充图案，如图 12-57 所示。

步骤 28 执行【多段线】命令 PL，绘制停车道区域；执行【图案填充】命令 H，选择【TRIANG】图案，设置【颜色】为 63 号，【比例】为 100，填充图案，如图 12-58 所示。

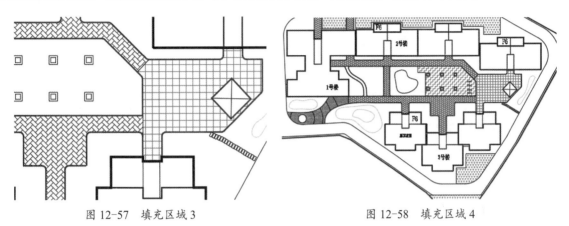

图 12-57 填充区域 3   图 12-58 填充区域 4

步骤 29 执行【图案填充】命令 H，选择【DASH】图案，设置【颜色】为 8 号，【比例】为 300，填充图案，如图 12-59 所示。

步骤 30 根据设计构思完成地面铺装。使用【多段线】勾画小区规划轮廓，打开"素材文件\第 12 章\植物平面图.dwg"，将车行道树的图形复制并粘贴至本实例中，执行【缩放】命令 SC，将图形放大至合适的大小，移动至车行道适当位置，如图 12-60 所示。

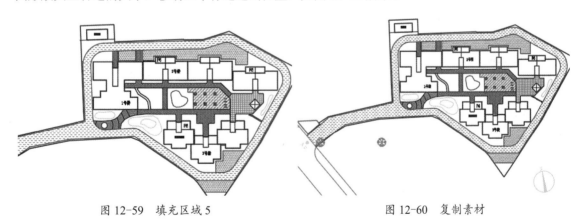

图 12-59 填充区域 5   图 12-60 复制素材

步骤 31 使用【路径阵列】命令阵列行道树，选择多段线为【阵列路径】，激活【阵列创建】选项卡，设置【介于】参数为 6000，如图 12-61 所示。

步骤 32 将素材文件中的图例复制并粘贴至树池中，调整大小；将素材文件中的图例复制并粘贴至本实例中，调整植物图形位置，如图 12-62 所示。

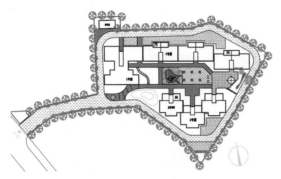

图 12-61　阵列植物

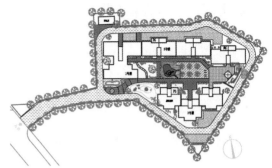

图 12-62　复制植物并调整位置

步骤 33　执行【直线】命令L，在需要标注说明的地方绘制引线，执行【单行文字】命令DT，设置【比例】为1500，标注景观的说明，并调整至合适的位置，如图 12-63 所示。

步骤 34　执行【多段线】命令 PL，设置比例【宽度】为150，绘制一条多段线；执行【直线】命令 L，在多段线下方绘制一条等长的直线；执行【多行文字】命令 T，设置【文字高度】为3000，【字体】为黑体，输入文字内容，调整文字的位置，如图 12-64 所示。

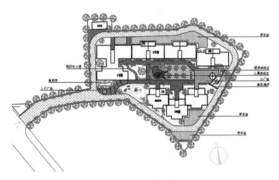

图 12-63　创建引线标注

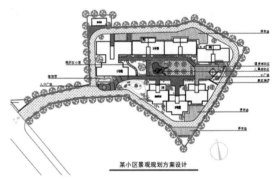

图 12-64　输入文字内容

技能拓展

景观规划设计要遵循以下几个原则。

（1）以人为本原则：真正的以人为本应当首先满足人作为使用者的最根本的需求。

（2）科学性原则：植物是有生命力的有机体，每一种植物对其所处的生态环境都有特定的要求，在利用植物布置景观时，必须先满足其生态要求。

（3）艺术性原则：完美的植物景观必须具备科学性与艺术性的高度统一。

（4）景观生态性原则：植物景观除供人们欣赏外，更须创建出适合人类生存的生态环境。

（5）历史文化延续性原则：植物景观是保持和塑造城市风情和特色的重要方面。

（6）经济性原则：植物景观以创造生态效益和社会效益为主要目的，但不能无限制地增加投入，须遵循经济性原则。

12.4 机械设计案例：制作支架模型

效果展示

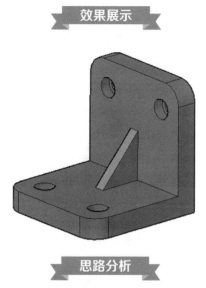

思路分析

机械设计是机械工程的重要组成部分，是机械生产的第一步，是决定机械性能的最主要的因素。机器的质量基本上取决于设计的质量，机器的设计阶段是决定机器好坏的关键。

本例首先创建图层，接着绘制二维图形，对图形进行修改，再对底座模型进行旋转、复制和镜像操作，创建出支架模型，绘制出直角支架的平面图，并将其拉伸为三维实体。

制作步骤

步骤01 使用【矩形】命令REC，绘制一个长度为100的正方形，使用【圆角】命令F，设置圆角半径为15，对矩形左方两个顶角进行圆角处理，如图12-65所示。

步骤02 使用【圆】命令C，在矩形的左上方绘制一个半径为5的圆形，使用【镜像】命令MI以正方形左右两边的中点为镜像轴，对圆形进行镜像复制，如图12-66所示。

步骤03 切换到【西南等轴测】视图，单击【拉伸】按钮，选择创建的所有图形，指定拉伸的高度为8，如图12-67所示。

图 12-65　圆角矩形

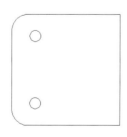

图 12-66　绘制并复制圆

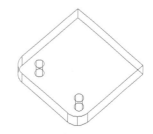

图 12-67　拉伸对象

步骤04 执行【差集】命令，选择拉伸后的正方形作为被修剪的对象并确定，再选择拉伸后的两个圆形作为要减去的对象并确定，更改模型【视觉样式】为灰度，如图 12-68 所示。

步骤 05　使用【复制】命令 CO，复制对象，如图 12-69 所示。

步骤 06　切换到【前视】视图，使用【旋转】命令 RO，旋转复制的对象，如图 12-70 所示。

图 12-68　差集对象

图 12-69　复制对象

图 12-70　旋转对象

步骤 07　使用移动命令将两个对象重合，执行【并集】命令，如图 12-71 所示。

步骤 08　切换到【前视】视图，执行【多段线】命令 PL，绘制一条三角形多段线，如图 12-72 所示。

步骤 09　单击【拉伸】按钮，选择创建的所有图形，指定拉伸的高度为 8，如图 12-73 所示。

图 12-71　并集对象

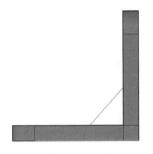
图 12-72　绘制多段线

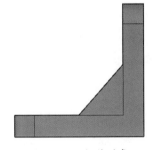
图 12-73　拉伸对象

步骤 10　切换到【俯视】视图，如图 12-74 所示。

步骤 11　将拉伸后的三角形实体移动到图形中点位，如图 12-75 所示。

步骤 12　切换到【西南等轴测】视图，最终效果如图 12-76 所示。

图 12-74　切换视图

图 12-75　移动三角形

图 12-76　切换视图显示效果

AutoCAD 2022

1. 绘图快捷键

命令名称	快捷键命令	执行命令	命令名称	快捷键命令	执行命令
线	L	LINE	删除	E	ERASE
构造线	XL	XLINE	复制对象	CO	COPY
多线	ML	MLINE	镜像	MI	MIRROR
多段线	PL	PLINE	偏移	O	OFFSET
正多边形	POL	POLYGON	阵列	AR	ARRAY
矩形	REC	RECTANG	移动	M	MOVE
圆弧	A	ARC	旋转	RO	ROTATE
圆	C	CIRCLE	缩放	SC	SCALE
圆环	DO	DONUT	拉伸	S	STRETCH
样条曲线	SPL	SPLINE	修剪	TR	TRIM
椭圆	EL	ELLIPSE	延伸	EX	EXTEND
插入块	I	INSERT	打断于点	BR	BREAK
创建块	B	BLOCK	倒角	CHA	CHAMFER
写块	W	WBLOCK	圆角	F	FILLET
图案填充	H	BHATCH	分解	X	EXPLODE
多行文字	MT（T）	MTEXT	点	PO	POINT
单行文本	DT	TEXT	定距等分	ME	MEASURE

2. 标注快捷键

命令名称	快捷键命令	执行命令	命令名称	快捷键命令	执行命令
定数等分	DIV	DIVIDE	坐标点标注	DOR	DIMORDINATE
形位公差标注	TOL	TOLERANCE	快速引出标注	LE	QLEADER
角度标注	DAN	DIMANGULAR	基线标注	DBA	DIMBASELINE
圆和圆弧的半径标注	DRA	DIMRADIUS	连续标注	DCO	DIMCONTINUE
圆和圆弧的直径标注	DDI	DIMDIAMETER	标注样式	D	DIMSTYLE
对齐线性标注（斜向）	DAL	DIMALIGNED	编辑标注	DED	DIMEDIT

续表

命令名称	快捷键命令	执行命令	命令名称	快捷键命令	执行命令
圆心标记	DCE	DIMCENTER	标注样式管理器	DST	DIMSTYLED
线性尺寸标注	DLI	DIMLINEAR	替换标注系统变量	DOV	DIMOVERRIDE

3. 对象特性及修改命令快捷键

命令名称	快捷键命令	执行命令	命令名称	快捷键命令	执行命令
文字样式	ST	STYLE	对齐	AL	ALIGN
表格样式	TS	TABLESTYLE	属性定义	ATT	ATTDEF
设置颜色	COL	COLOR	块属性	ATE	ATTEDIT
图层操作	LA	LAYER	面域	REG	REGION
线型管理	LT	LINETYPE	创建边界	BO	BOUNDARY
线型比例	LTS	LTSCALE	比例缩放	SC	SCALE
线宽设置	LW	LWEIGHT	特性	CH	PROPERTIES
图形单位	UN	UNITS	选项	OP	OPTIONS
实时缩放	Z	ZOOM	视图管理	V	VIEW
实时平移	P	PAN	自定义用户界面	TO	TOOLBAR
特性匹配	MA	MATCHPROP	多段线编辑	PE	PEDIT
测量	DI	DIST	减集	SU	SUBTRACT
数据信息	LI	LIST	加集	UNI	UNION
捕捉设置	OS	OSNAP	交集	IN	INTERSECT
计算机面积与周长	REA（AA）	AREA			

4. 键盘功能快捷键

命令名称	快捷键	命令名称	快捷键
全屏显示	【Ctrl+0】	剪切文件	【Ctrl+X】
修改特性	【Ctrl+1】	取消上一次操作	【Ctrl+Y】
设计中心	【Ctrl+2】	放弃	【Ctrl+Z】
工具选项板	【Ctrl+3】	带基点复制	【Ctrl+Shift+C】

命令名称	快捷键	命令名称	快捷键
图纸集管理器	【Ctrl+4】	粘贴	【Ctrl+Shift+V】
信息选项板	【Ctrl+5】	VBA 宏管理器	【Alt+F8】
数据库链接	【Ctrl+6】	AutoCAD 和 VBA 编辑器切换	【Alt+F11】
标记集管理器	【Ctrl+7】	【文件】下拉菜单	【Alt+F】
快速计算器	【Ctrl+8】	【编辑】下拉菜单	【Alt+E】
命令行	【Ctrl+9】	【视图】下拉菜单	【Alt+V】
选择全部对象	【Ctrl+A】	【插入】下拉菜单	【Alt+I】
捕捉模式，同【F9】	【Ctrl+B】	【格式】下拉菜单	【Alt+O】
复制内容	【Ctrl+C】	【工具】下拉菜单	【Alt+T】
坐标显示，同【F6】	【Ctrl+D】	【绘图】下拉菜单	【Alt+D】
等轴测平面切换	【Ctrl+E】	【标注】下拉菜单	【Alt+N】
对象捕捉	【Ctrl+F】	【修改】下拉菜单	【Alt+M】
栅格显示，同【F7】	【Ctrl+G】	【窗口】下拉菜单	【Alt+W】
Pickstyle 变量	【Ctrl+H】	【帮助】下拉菜单	【Alt+H】
超链接	【Ctrl+K】	帮助	【F1】
正交模式，同【F8】	【Ctrl+L】	文本窗口	【F2】
同【Enter】功能键	【Ctrl+M】	对象捕捉	【F3】
新建文件	【Ctrl+N】	三维对象捕捉	【F4】
打开文件	【Ctrl+O】	等轴测平面切换	【F5】
打印输出	【Ctrl+P】	允许/禁止动态 UCS	【F6】
退出 AutoCAD	【Ctrl+Q】	显示栅格	【F7】
保存文件	【Ctrl+S】	正交模式	【F8】
数字化仪模式	【Ctrl+T】	捕捉模式	【F9】
极轴追踪，同【F10】	【Ctrl+U】	极轴追踪	【F10】
粘贴文件	【Ctrl+V】	对象捕捉追踪	【F11】
对象捕捉追踪	【Ctrl+W】	动态输入	【F12】
另存为	【Ctrl+Shift+S】		

AutoCAD 2022

为了强化学生的上机操作能力，专门安排了以下上机实训项目，老师可以根据教学进度与教学内容，合理安排学生上机训练操作的内容。

实训一：机械座体尺寸标注

在 AutoCAD 2022 中，制作如图 B-1 所示的机械座体尺寸标注。

素材文件	上机实训\素材文件\实训一：机械实例尺寸标注.dwg
结果文件	上机实训\结果文件\实训一：机械实例尺寸标注.dwg

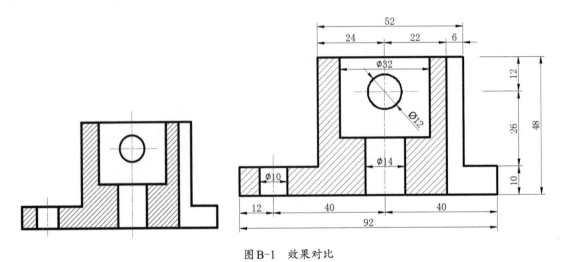

图 B-1   效果对比

操作提示

在标注机械座体实例中，主要用到线性标注、连续标注、直径标注及编辑标注等知识。主要操作步骤如下。

（1）打开"上机实训\素材文件\实训一：机械实例尺寸标注.dwg"，选择标注样式。

（2）单击【标注】面板中的【直径】命令，标注图形中的直径。

（3）单击【标注】面板中的【线性】命令，使用线性标注来标注图形。

（4）双击标注文字，进入编辑状态；在数字前面输入"%%c"直径符号的代码；在空白处单击确定。

（5）用同样的方法编辑其他直径符号，完成尺寸标注。

实训二：创建吊顶布置图

在 AutoCAD 2022 中，制作如图 B-2 所示的"吊顶布置图"效果。

素材文件	上机实训\素材文件\实训二：创建吊顶布置图.dwg
结果文件	上机实训\结果文件\实训二：创建吊顶布置图.dwg

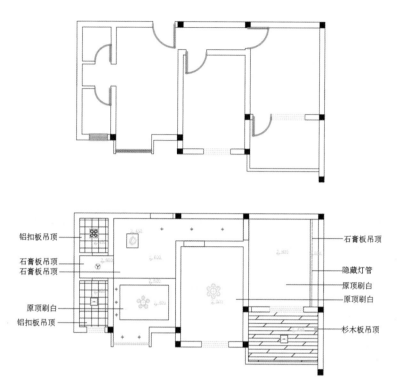

铝扣板吊顶 ——
石膏板吊顶 ——
石膏板吊顶 ——
原顶刷白 ——
铝扣板吊顶 ——

—— 石膏板吊顶
—— 隐藏灯管
—— 原顶刷白
—— 原顶刷白
—— 杉木板吊顶

图 B-2　效果对比

操作提示

吊顶布置图首先绘制吊顶的造型，然后创建灯具、填充材质及标注装饰材料和标高。主要操作步骤如下。

（1）打开"上机实训\素材文件\实训二：创建吊顶布置图.dwg"，将本书中绘制的灯具复制到当前文件中，移动至适当位置。在各房间中创建标高。

（2）选择当前图层。执行【图案填充】命令 H，激活【图案填充编辑器】选项卡，设置图案样式为【NET】；设置图案比例，如 95，填充厨房和卫生间的吊顶图案。

（3）重复执行【图案填充】命令 H，设置图案样式为【DOLMIT】；设置图案【比例】，如 25，填充阳台吊顶图案。

（4）执行【直线】L 命令，绘制引线，执行【单行文字】DT 命令，指定文字【高度】200，输入文字内容。

（5）使用【直线】命令 L 和【文字】命令创建标高符号。

实训三：标注手柄图形

在 AutoCAD 2022 中，制作如图 B-3 所示的"标注手柄图形"效果。

素材文件	上机实训\素材文件\实训三：手柄.dwg
结果文件	上机实训\结果文件\实训三：标注手柄图形dwg

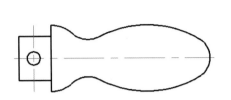
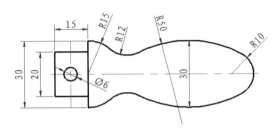

图 B-3　效果对比

操作提示

在制作"标注手柄图形"的实例操作中，主要使用了标注的知识。主要操作步骤如下。

（1）打开"上机实训\素材文件\实训三：手柄 .dwg"。

（2）设置【尺寸标注】图层为当前图层，执行【线性标注】命令 DLI，标注出图形的线性尺寸。

（3）执行【半径标注】命令 DRA，标注出图形的所有圆弧的半径。

（4）执行【直径标注】命令 DDI，标注出图形中圆直径的尺寸。完成手柄图形尺寸标注。

实训四：绘制盆景

在 AutoCAD 2022 中，制作如图 B-4 所示的"盆景"。

素材文件	无
结果文件	上机实训\结果文件\实训四：绘制盆景 .dwg

图 B-4　效果

操作提示

在制作"盆景"效果的实例操作中，主要使用了圆和样条曲线等知识。主要操作步骤如下。

（1）使用【样条曲线】命令绘制叶子的主叶脉。

（2）使用【弧线】命令绘制叶片中的纹路。

（3）使用【样条曲线】命令绘制第二片叶子及叶脉。

（4）使用【样条曲线】命令绘制第三片叶子及叶脉，并排列到适当位置。

（5）使用【样条曲线】命令，将其他叶子及叶脉绘制完成，并依次排列。

（6）使用【圆】命令 C 绘制花盆尺寸，向内偏移 50 作为花盆边的厚度；使用【修剪】命令 TR 将多余的线段修剪掉，盆景绘制完成。

实训五：绘制装饰画

在 AutoCAD 2022 中，制作如图 B-5 所示的"装饰画"效果。

素材文件	无
结果文件	上机实训\结果文件\实训五：绘制装饰画.dwg

图 B-5　效果

操作提示

在制作"装饰画"效果的实例操作中，主要使用了【矩形】和【修剪】命令等知识。主要操作步骤如下。

（1）使用【矩形】命令 REC 绘制长、宽都为 450 的矩形。

（2）使用【偏移】命令 O 将矩形依次向内进行偏移，偏移值依次为 15、35。

（3）使用【直线】命令 L 在画框内绘制直线，以划分画面区域。

（4）关闭【正交模式】，使用【样条曲线】命令 SPL 绘制树干。

（5）使用【修订云线】命令绘制树叶。

（6）使用【修剪】命令 TR 将对象衔接处多余的线段修剪掉，使用【缩放】命令 SC 将树缩放到合适大小，并将其移动到适当位置，将对象多余部分修剪掉。

（7）将树镜像复制到画框左侧，并放大到合适大小，将画框外多余的线段修剪掉。

（8）打开【正交模式】，使用【矩形】命令 REC 绘制凉亭台阶并复制，修改其大小。

（9）使用【直线】命令 L 绘制凉亭的台面和柱子，使用【矩形】命令绘制凉亭顶面。

（10）使用【直线】命令 L 和【圆弧】命令 ARC 绘制凉亭顶棚的形状，使用【修剪】命令 TR 将多余部分修剪掉。

（11）使用【修订云线】命令在画面中的适当位置绘制凉亭后的背景风景。

（12）使用【修剪】命令 TR 修剪亭柱中的多余线段，使用【填充】命令将亭台的材质填充出来。

（13）使用【填充】命令将凉亭顶棚的材质填充出来。

（14）绘制一个圆，在圆附近使用【直线】命令 L 绘制两条长短不一的线段；使用【镜像】命令 AI 将两条线段以圆心为极轴阵列的中心点进行阵列，绘制太阳，完成装饰画的绘制。

实训六：绘制螺钉图形

在 AutoCAD 2022 中，制作如图 B-6 所示的"螺钉图形"效果。

素材文件	无
结果文件	上机实训\结果文件\实训六：绘制螺钉图形.dwg

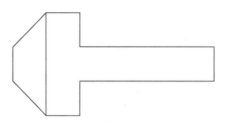

图 B-6　效果

操作提示

在制作"螺钉图形"实例操作中，主要使用了直线、极轴等知识。主要操作步骤如下。

（1）激活【直线】命令 L，单击指定起点，按【F8】键打开【正交模式】，右移光标输入下一点的距离 5，按空格键确定，上移光标输入下一点的距离 5，按空格键确定。

（2）右移光标输入下一点的距离 20，按空格键确定，上移光标输入下一点的距离 5，按空格键确定，左移光标输入下一点的距离 20，按空格键确定。

（3）上移光标输入下一点的距离 5，按空格键确定，左移光标输入下一点的距离 5，按空格键确定，输入【闭合命令】C，按空格键确定。

（4）按【F10】键打开极轴，按空格键激活【直线】命令 L，单击闭合点指定为直线起点，左移光标至大约 135° 的位置，输入直线长度值 7.07，按空格键确定。

（5）上移光标输入下一点的距离 5，按空格键确定。

（6）右移光标至右侧图形左上角，单击指定为下一点，按空格键结束直线命令。

实训七：绘制机件主视图

在 AutoCAD 2022 中，制作如图 B-7 所示的"机件主视图"效果。

素材文件	无
结果文件	上机实训\结果文件\实训七：绘制机件主视图.dwg

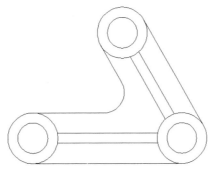

图 B-7　效果

操作提示

在制作"机件主视图"的实例中，主要使用了直线、圆、偏移、修剪等知识。主要操作步骤如下。

（1）新建文件，在【视图控件】按钮上单击，在下拉菜单中单击【前视】命令。

（2）输入【圆】命令 C，按空格键确定；单击指定圆心，输入半径 30，按空格键确定。按空格键激活【圆】命令，单击已绘制圆的圆心，输入半径 50，按空格键。

（3）输入【直线】命令 L，按空格键确定；单击外圆的下侧象限点。

（4）鼠标向右移，按【F8】键打开【正交模式】，输入直线距离值 300，按两次空格键结束【直线】命令。

（5）选择所绘制的圆，输入【镜像】命令 MI，按空格键确定；单击直线的中点作为镜像线的第一点，鼠标向下移，在空白处单击，按空格键确认镜像。

（6）输入【圆】命令 C，按空格键确定；输入命令 FROM，按空格键确定，捕捉右侧圆的圆心为基点，输入偏移位置的相对坐标值【@-120,207】，按空格键确定。

（7）输入外圆半径 50，按空格键确定。

（8）按空格键激活【圆】命令，单击外圆圆心，输入内圆半径 30，按空格键确定。

（9）输入【直线】命令 L，按空格键确定；单击第三组圆心作为直线第一点，单击第二组圆作为直线端点，按两次空格键束【直线】命令。

（10）输入【偏移】命令 O，按空格键确定；输入偏移距离 50，按空格键确定；单击直线，鼠标向圆外侧移动并单击。

（11）单击以圆心为基点绘制的直线，向圆内侧单击；单击第一组圆和第二组圆连接的水平直线，鼠标向上移单击；单击偏移的直线，鼠标向上移并单击；按空格键结束【偏移】命令。

（12）输入【构造线】命令 XL，按空格键确定；输入命令 FROM，按空格键确定；单击内侧线交点处为基点，输入相对坐标值【@-70,0】，按空格键确定。

（13）鼠标向上移并单击指定通过点，按空格键。

（14）输入【直线】命令 L，按空格键确定；输入 FROM，按空格键确定；单击构造线与最上方水平直线的交点处为基点，输入偏移相对坐标值【@0,40】，按空格键确定。

（15）单击最内侧倾斜线的垂足，按空格键确定。

（16）输入【圆】命令 C，按空格键确定；单击长、短辅助线的交点处作为圆心，按【F8】键关闭【正交模式】，单击短辅助线的端点。

（17）选择辅助线删除，输入【偏移】命令 O，按空格键确定；输入偏移距离 10，按空格键确定；选择要偏移的对象倾斜线的中线，鼠标向外侧单击。

（18）单击倾斜线中线，鼠标向内侧单击；单击水平直线的中线，鼠标向上单击；单击水平直线中线，鼠标向下单击；选择两条中线并删除。

（19）输入【修剪】命令 TR，按空格键确定，依次单击选择第一组、第二组、第三组圆的外圆作为修剪界限，按空格键确定。

（20）依次单击与所选修剪界限交叉并需要修剪的对象部分。

（21）将界限内需要修剪的对象全部修剪完成后，按空格键结束命令；按空格键激活【修剪】命令，再按空格键可直接修剪图形需要修剪的部分。

实训八：绘制沙发组

在 AutoCAD 2022 中，制作如图 B-8 所示的"沙发组"效果。

素材文件	无
结果文件	上机实训\结果文件\实训八：绘制沙发组.dwg

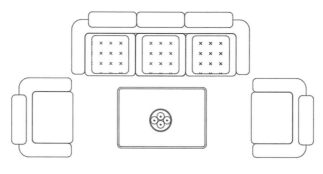

图 B-8　效果

操作提示

在制作"沙发组"的实例操作中，主要使用了多段线、矩形、圆角、修剪、移动、填充等知识。主要操作步骤如下。

（1）使用【多段线】命令 PL 从沙发外沿依次绘制内沿、扶手，完成沙发外框的绘制。

（2）使用【矩形】命令 REC 绘制沙发靠背。

（3）使用【矩形】命令 REC 绘制沙发座椅。

（4）使用【圆角】命令 F 圆角沙发各角。

（5）复制沙发靠背和座椅。

（6）使用【移动】命令 M 移动沙发靠背位置。

（7）将沙发靠背中多余的线段使用【修剪】命令 TR 修剪删除。

（8）在沙发座椅上绘制矩形并填充。

（9）绘制长为 1200，宽为 800 的茶几并将各角点圆角，在茶几上绘制一个果盘和一些水果。

（10）绘制长和宽都为 600 的小矮几，并将各角点圆角，在矮几上绘制一盏台灯。

（11）使用【多段线】命令 PL 绘制单人沙发。

（12）使用【镜像】命令 O 镜像单人沙发，完成沙发组的绘制。

实训九：绘制台灯

在 AutoCAD 2022 中，制作如图 B-9 所示的"台灯"效果。

素材文件	无
结果文件	上机实训\结果文件\实训九：绘制台灯.dwg

图 B-9　效果

操作提示

在制作"台灯"的实例操作中，主要使用了矩形、直线、样条曲线等知识。主要操作步骤如下。

（1）执行【矩形】命令 REC，在绘图区空白处单击，指定起点。

（2）执行【扩展】命令 D（尺寸），指定矩形的长度为 175，宽度为 8。

（3）执行【直线】命令 L，捕捉矩形中点，向上垂直引导光标，输入距离 500，按空格键确定。

（4）执行【直线】命令 L，在图形一旁的空白处单击指定起点，向右引导光标绘制水平直线，长度为 165。

（5）向右下引导光标，注意在 60° 的参数下，输入斜线距离 250。

（6）向左引导光标，输入距离 418。

（7）确定捕捉的起点，完成灯罩的绘制。

（8）选择灯罩图形，执行【移动】命令 M。

（9）选择灯罩上端的中点作为基点，然后捕捉一旁的垂直中线端点，并确定移动的位置。

（10）执行【样条曲线】命令 SPL，在灯罩下端靠中点的位置单击，指定样条曲线的起点。

（11）绘制样条曲线，按空格键结束该命令。

（12）执行【直线】命令 L，捕捉样条曲线的下端点作为起点，向左下绘制一条斜线。

（13）继续向中线附近的合适位置引导光标绘制一条斜线。

（14）选择样条曲线和直线结合绘制的灯柱图形，然后执行【镜像】命令 MI（使灯柱对称）。

（15）选择中心上的两点，以中线为镜像线，按空格键确定，完成灯柱的绘制。

（16）执行【直线】命令 L，在灯罩上绘制两条对称斜线。

实训十：绘制户型图

在 AutoCAD 2022 中，制作如图 B-10 所示的"户型图"效果。

素材文件	无
结果文件	上机实训\结果文件\实训十：绘制户型图.dwg

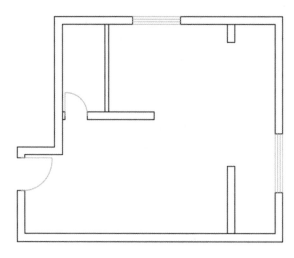

图 B-10　效果

操作提示

在制作"户型图"的实例操作中，主要使用了直线、多线、偏移、修剪、延伸等知识。主要操作步骤如下。

（1）执行【图层特性】命令 LA，打开【图层特性管理器】对话框，新建并设置图层特性。

（2）执行【直线】命令 L，绘制一条长 11001 的水平直线、一条长 9589 的垂直相交直线。

（3）执行【偏移】命令 O，将垂直线向右偏移 1200、5400、1500。

（4）重复执行【偏移】命令 O，将水平线向上偏移 2640、1060、2900。

（5）在功能区的【常用】选项卡中，单击图层下拉列表中的【WALL】为当前图层。

（6）执行【多线】命令 ML，输入【扩展】命令 S（比例），输入 240 并确定，输入【扩展】命令 J（对正），设置【无】。

（7）捕捉线段的交点作为多线的起点，沿着交点捕捉绘制多线，然后输入【扩展】命令C（闭合）。

（8）按空格键重复执形多线命令，绘制内部多线。

（9）隐藏【NOTE】图层，然后执行【分解】命令X，选择所有对象，按空格键分解对象。

（10）执行【偏移】命令O，将内墙线向右偏移1350。

（11）选择偏移后的线，继续向右偏移1416。

（12）重复执行【偏移】命令O，将图形下端的内墙线向上偏移。

（13）执行【修剪】命令TR，修剪对象。

（14）重复执行【偏移】命令O，选择外墙线向下偏移330。

（15）选择偏移后的线，再次向下偏移1000，然后执行【修剪】命令TR，修剪对象。

（16）执行【偏移】命令O，偏移尺寸。

（17）执行【延伸】命令EX，选择最上端的外墙线并按空格键确定，然后选择偏移后的线段，延长对象。

（18）执行【修剪】命令TR，修剪对象，修剪出门窗洞，用同样的方法创建其他门窗洞。

（19）设置【WINDOW】图层为当前图层，在【新建多线样式】对话框中单击【添加】按钮，添加两条线，然后设置多线的偏移为80；单击【确定】按钮，将其【置为当前】。

（20）执行【多线】命令ML，设置【比例】为1，对正方式为【下】。

（21）选择最上方的门窗洞，捕捉下端点，绘制窗户图形，按空格键重复执行多线命令，绘制其他窗户。

（22）执行【多段线】命令PL，捕捉门洞中点，向右引导光标输入1000并确定。

（23）输入【扩展】命令A（圆弧），捕捉门洞的另一中点位置。

（24）选择圆弧的中点，拖动夹点调整圆弧的大小。

（25）用同样的方法绘制其他门，完成户型图的绘制。

AutoCAD 2022

（全卷：100分　答题时间：120分钟）

得分	评卷人

一、选择题（每题2分，共20小题，共计40分）

1. AutoCAD 2022默认的工作界面颜色为（　　），可以根据需要和习惯，在【选项】面板中更换工作界面的颜色。

A. 白　　　　　B. 明　　　　　C. 暗　　　　　D. 黑

2. 在AutoCAD 2022中，应用程序列表显示了【最近使用的文档】按钮🗐和（　　）按钮🗐，通过以图标或小、中、大预览图来显示文档名。

A.【打开文档】　　B.【标题名称】　　C.【控制按钮】　　D.【已排序列表】

3. 按（　　）快捷键，可以在AutoCAD 2022中弹出【打开】对话框。

A.【Ctrl+T】　　B.【Ctrl+O】　　C.【Ctrl+Alt】　　D.【Ctrl+V】

4. 在创建三维图形时，创建多个（　　），可以从不同的角度观察同一个对象，使图形调整更加准确。

A. 窗口　　　　　B. 界面　　　　　C. 视口　　　　　D. 视觉样式

5.【图案填充】的类型包括【图案填充】和（　　）两种。

A.【渐变色填充】　B.【拾取点填充】　C.【选择对象填充】　D.【无边界填充】

6. 一个完整的尺寸标注由（　　）组成。

A. 尺寸线、文本、尺寸箭头、尺寸标记　　B. 尺寸线、尺寸界线、文本、尺寸标记
C. 基线、尺寸界线、文本、尺寸箭头　　D. 尺寸线、尺寸界线、文本、尺寸箭头

7.【拉长】命令对（　　）图形无效。

A. 延伸　　　　　B. 开放　　　　　C. 闭合　　　　　D. 拉伸

8.【镜像】就是可以绕指定轴翻转对象创建对称的镜像图像，也是一种特殊的（　　）方法。

A. 对称镜像　　　B. 对称对象　　　C. 镜像对象　　　D. 复制对象

9. 阵列对象包括矩形阵列、极轴阵列和（　　）三种阵列方式。

A. 环形阵列　　　B. 路径阵列　　　C. 多重阵列　　　D. 阵列对象

10. 要方便、快捷地编辑图形，可以基于（　　）对图形进行拉伸、移动等操作。

A. 点　　　　　B. 线　　　　　C. 面　　　　　D. 夹点

11.【缩放】命令是将选定的图形在（　　）轴方向上按相同的【比例因子】放大或缩小，比例因子不能取负值。

A. X和Y　　B. X和Z　　C. Y和Z　　D. X、Y和Z

12. 默认情况下，所有的图层都处于（　　），按钮显示为☀。

A. 冻结状态　　　B. 解锁状态　　　C. 锁定状态　　　D. 解冻状态

13. 使用特性匹配，默认的情况下，所有可应用的属性都自动从选定的（　　）应用到其他图形。

A. 源图形　　　B. 颜色　　　C. 线型　　　D. 图块

14. 在绘图时遇到线型没有按要求显示的情况，可以通过设置（　　）进行修复。

A. 线型比例　　　　B. 图形颜色　　　　C. 图形线宽　　　　D. 图形线条

15. 在给图层命名的过程中，图层名称最少有一个字符，最多可达（　　）个字符，可以是数字、字母或其他字符。

A. 10　　　　　　　B. 99　　　　　　　C. 199　　　　　　　D. 255

16. 由于绘制图形是在当前图层中进行的，因此，不能对当前的图层进行（　　）。

A. 冻结　　　　　　B. 移动　　　　　　C. 切换　　　　　　D. 重命名

17. 使用【正交模式】将（　　）限制在水平或垂直方向上移动，绘制的都是水平或垂直的对象。

A. 光标　　　　　　B. 动态输入　　　　C. 捕捉　　　　　　D. 注释

18. 使用 AutoCAD 提供的（　　）功能可以对图形的属性进行分析与查询操作。

A. 标注　　　　　　B. 查询　　　　　　C. 合并　　　　　　D. 坐标

19. 文字样式是在图形中添加文字的标准，是文字输入都要参照的准则。通过（　　）可以设置文字的字体、字号、倾斜角度、方向及其他一些特性。

A. 多行文字　　　　B. 单行文字　　　　C. 文字样式　　　　D. 文字面板

20.（　　）是组成表格最基本的元素，在编辑表格时有可能只需要调整某一个单元格，即可完成表格调整。

A. 表格样式　　　　B. 行　　　　　　　C. 列　　　　　　　D. 单元格

得分	评卷人

二、填空题（每题 2 分，共 10 小题，共计 20 分）

1. ＿＿＿＿＿位于 AutoCAD 工作界面的最下方，显示 AutoCAD 绘图状态属性。

2. 对于图形不变而文字变化的符号，可以将其定义为＿＿＿＿＿。

3. ＿＿＿＿＿是先指定所要创建的点与点之间的距离，再根据该间距值分割所选的对象。

4. ＿＿＿＿＿的大小由定义其长度和宽度的两条轴决定，分别为长轴和短轴；长轴和短轴相等时即为圆。

5. 通过对图形进行尺寸标注，可以准确地反映图形中各对象的＿＿＿＿＿。

6. 要在 AutoCAD 中切换二维和三维视图，需要＿＿＿＿＿。

7. 使用＿＿＿＿＿命令可以提取一组实体的公共部分，并将其创建为新的组合实体对象。

8. 表格是由单元格构成的＿＿＿＿＿，这些单元格中包含注释（主要是文字，也可以是块）。

9. 【圆角】命令就是用＿＿＿＿＿来代替两条直线的夹角。

10. 【模型中的光源】面板可以帮助用户＿＿＿＿＿、＿＿＿＿＿、＿＿＿＿＿。

得分	评卷人

三、判断题（每题 1 分，共 20 小题，共计 20 分）

1. 应用程序是指以 AutoCAD 的标志定义的一个按钮，单击这个按钮可以打开一个下拉菜单。

（　　　）

2. 辅助绘图工具主要用于设置一些辅助绘图功能，比如设置点的捕捉方式、设置正交绘图模式、控制栅格显示等。 （　　）

3. 三维【倒角边】命令为三维实体对象的边制作倒角。操作中可同时选择属于多个面的多条边，输入倒角距离值，或单击并拖动倒角节点。 （　　）

4. 在输入数字确定矩形长宽的时候，一定要注意中间的【逗号】是小写的英文状态，其他输入法和输入状态输入的【逗号】程序不执行命令。 （　　）

5.【动态输入】在鼠标指针右下角提供了一个工具提示，打开动态输入时，工具提示将在鼠标指针旁边显示信息，该信息不会随鼠标指针的移动而动态更新。 （　　）

6.【复制】是很常用的二维编辑命令，功能与【镜像】命令很相似。 （　　）

7. AutoCAD 中的夹点并非只用于显示图形是否被选中，其更强大的功能在于可以基于夹点对图形进行拉伸、移动等操作，可以说这些功能有时候比一些编辑命令还要方便。 （　　）

8. 图层名中不允许含有大于号、小于号、斜线及标点等符号；为图层命名时，必须确保图层名的唯一性。 （　　）

9. 使用【移动】命令可以移动图形，只需要指定对象将要移动的方向。 （　　）

10. 带属性的块编辑完成后，还可以在块中编辑属性定义、从块中删除属性及更改插入块时软件提示用户输入属性值的顺序。 （　　）

11. 对图形进行图案填充后，观察填充效果与实际情况不符，即可对相应参数进行修改。 （　　）

12. 并集可以提取一组实体的公共部分，并将其创建为新的组合实体对象。 （　　）

13.【关联图案填充】的特点是图案填充区域与填充边界互相关联，边界发生变动时，图形填充区域随之自动更新。 （　　）

14.【基线标注】和【连续标注】都必须在已有标注上才能开始创建。但【基线标注】是将已经标注的起始点作为基准起始点开始创建的，此基准点也就是起始点是不变的；而【连续标注】是将已有标注的终止点作为下一个标注的起始点，以此类推。 （　　）

15. 在【文字类型】设置中，在【字体样式】选项中选择能同时接受中文和西文的样式类型，如【常规】样式。 （　　）

16. 在创建三维实体的操作中，实体对象表示整体对象的体积。在各类三维建模中，实体的信息最完整，歧义最少，复杂实体形比线框和网格更容易构造和编辑。 （　　）

17. 在将图形对象从二维对象创建为三维对象，或者直接创建三维基础体后，可以对三维对象进行整体编辑以改变其形状。 （　　）

18. 插入图块可以更新所有与之相关的图层，达到自动修改的效果。 （　　）

19. 多线的绘制方法与直线的绘制方法相似，不同的是多线由两条线型相同的平行线组成。 （　　）

20. 使用【延伸】命令时，一次可选择多个实体作为边界，选择被延伸实体时应选取靠近边界的一端，若多个对象将延伸的边界相同，在激活【延伸】命令并选择边界后，可框选对象进行延伸。

（　　）

得分	评卷人

四、简答题（每题 10 分，共 2 小题，共计 20 分）

1. 在 AutoCAD 中，什么是二维图形？什么是三维图形？

2.【修剪】和【延伸】命令的特点是什么？